"十四五"职业教育国家规划教材

"十三五"职业教育国家规划教材

基于移动机器人的嵌入式开发（第二版）

刘业辉　方水平　张明伯◎主　编

郑　其　宋玉娥　赵元苏◎副主编

王笑洋　王英卓

U0172289

中国铁道出版社有限公司

CHINA RAILWAY PUBLISHING HOUSE CO., LTD.

内 容 简 介

本书根据高职学生的特点，以 STM32 开发板、智能车型机器人、Android 终端控制为项目载体，围绕嵌入式技术及应用开发的需要安排学习内容、任务与操作实践，主要包括：嵌入式基本应用的 STM32 控制板的认识、嵌入式智能车型机器人连接、STM32 开发环境搭建、STM32 总线结构和存储映射、STM32 异常和中断处理、STM32 常用初始化函数设置、GPIO 输入与输出配置、STM32 串口通信实现；智能小车各种应用场景，如小车路径规划行驶、超声波测距和避障、智能路灯光强测量、红外通信控制智能路灯光挡、开启报警器、立体显示车牌、自动检测与识别 RFID、LED 显示计时和指定字符、道闸启闭和车牌显示、无线充电开启和关闭、语音播报、TFT 显示车牌、距离和翻页、交通灯状态识别和确认、立体车库、ETC 系统控制、从车控制、语音识别控制、主 / 从车通过特殊地形等；Android 终端应用界面设计、控制智能小车识别颜色、NFC、二维码，实现手机无线监控、智能小车功能、全自动等。

本书适合作为高职院校的嵌入式开发和 Android 应用程序设计课程的教材，也可作为智能机器人爱好者的自学参考用书。

图书在版编目（CIP）数据

基于移动机器人的嵌入式开发 / 刘业辉，方水平，张明伯主编 . —2 版 . —北京：中国铁道出版社有限公司，2022.4（2025.1 重印）
"十三五"职业教育国家规划教材
ISBN 978-7-113-28917-1

Ⅰ.①基… Ⅱ.①刘… ②方… ③张… Ⅲ.①移动式机器人 - 程序设计 - 高等职业教育 - 教材 Ⅳ.① TP242

中国版本图书馆 CIP 数据核字 (2022) 第 031410 号

书　　名：**基于移动机器人的嵌入式开发**
作　　者：刘业辉　方水平　张明伯

策　　划：王春霞　　　　　　　　　　　编辑部电话：(010) 63551006
责任编辑：王春霞　贾淑媛
封面设计：付　巍
封面制作：刘　颖
责任校对：孙　玫
责任印制：赵星辰

出版发行：中国铁道出版社有限公司（100054，北京市西城区右安门西街 8 号）
网　　址：https://www.tdpress.com/51eds
印　　刷：三河市航远印刷有限公司
版　　次：2018 年 8 月第 1 版　2022 年 4 月第 2 版　2025 年 1 月第 3 次印刷
开　　本：850 mm×1 168 mm　1/16　印张：19.25　字数：440 千
书　　号：ISBN 978-7-113-28917-1
定　　价：59.80 元

前　言

党的二十大报告强调中国式现代化，坚定历史自信，走好新时代中国特色自主创新道路。"尺寸课本、国之大者"体现了党中央对教材工作的高度重视。党的二十大报告为职业教育高质量发展指明了方向，要求加强高适应性技术技能人才供给，加快高层次技术技能人才培养。而教材建设是完善人才培养体系的重要组成部分，也是推进"三教"改革的重要工作。

新型教材内容源于企业，而又高于企业。本书基于真实场景，展现行业新业态、新水平、新技术，以培养学生综合职业技能、素养为目标，基于移动机器人的嵌入式开发选取了智能车型机器人的开发、应用与控制典型场景，从 STM32 基本应用的掌握，到智能车型机器人的功能实现，再到 Android 终端上的控制，围绕嵌入式技术及应用开发的综合能力需要设计教学内容，同时，新型教材还融入课程思政内容，强调社会主义核心价值观的培育和实践。

新型教材以"数字资源"为基础，进行一体化课程设计，需要配套微课视频、动画等数字资源，帮助学生理解教材中的重点及难点，训练学生的技术技能和工作能力，同时，也是教学实施、管理的重要保障。因此百科荣创（北京）科技发展有限公司资讯中心为本书提供相关视频讲解和 AI 实训云平台（需注册），并提供在线云编译环境［百科荣创 – 在线学习服务平台 (r8c.com)］。

新型教材开发可根据项目或典型工作环节。本书采取"任务式编写方法"（见下页图），以国家职业标准为依据，以综合职业能力培养为目标，以典型工作任务为载体，融入教法，辅以手段，以学生为中心，以能力培养为本位，将理论学习与实践学习有机结合。本书基于移动机器人的嵌入式开发，从嵌入式应用开发的过程设计学习型工作任务。

本书由刘业辉、方水平、张明伯任主编，郑其、宋玉娥、赵元苏、王笑洋、王英卓任副主编，刘业辉、张明伯负责统稿全书，在百科荣创（北京）科技发展有限公司教研团队技术指导下共同完成，在此向其表示感谢！具体编写分工如下：王英卓编写项目 1 的任务 1～3，宋玉娥、王笑洋负责编写项目 1 的任务 4～8；刘业辉和郑其负责编写项目 2；方水平和赵元苏负责编写项目 3。

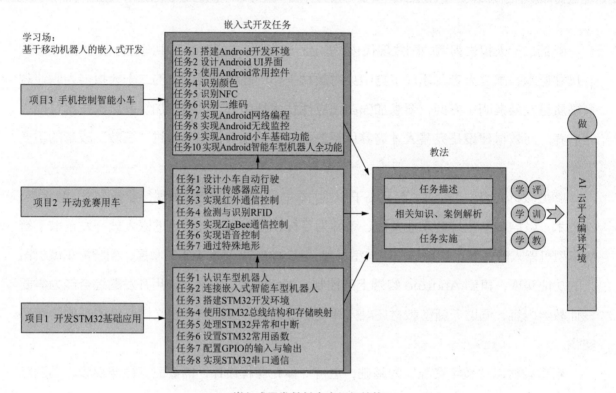

嵌入式开发教材内容组织结构

本书也只是新型教材开发、"三教"改革的初步探索，还有诸多系统方案、实施方法等需要深入探讨。由于编者水平有限，加上技术也在不断发展，书中难免有疏忽和不足之处，敬请使用本书的老师、专家批评指正。

编　者

2024 年 7 月

目 录

项目1

开发 STM32 基础应用

一块芯片的研究生产是一个非常复杂的过程，一般需要产业链中的多个企业进行配合，主要分为芯片设计、芯片制造、测试封装三大环节。

（1）芯片设计方面，我国基本达到国际先进水平。华为通过多年的努力，已经把芯片设计做到了世界领先。

（2）芯片设计所需要的工具和基础模块需要从国外进口。例如芯片设计必须要用到 EDA 软件，而 EDA 软件的研发难度特别大，需要产业链上下游一起配合，长期努力才能做到最先进的水准。另外，一款芯片一般不会从头开始都自己设计，而是会用到一些别人封装好的基础模块，也就是 IP 核，国内企业（如芯原微）尽管也取得了不错的成绩，但产品主要集中在智能穿戴设备、汽车电子等方面，在手机处理器的 IP 核方面，国内仍然处于空白。

（3）芯片制造方面，因为投资巨大，技术限制，追赶难度大。从全球范围来看，芯片制造一直被几个大公司技术垄断，如台积电、三星、Intel 等。

所以我们要不断提高自主创新的能力，坚定信心，加大研发投入，提高效率。

项目描述

认识车型机器人机器主芯片 STM32 特性和开发环境，实现嵌入式芯片的基本应用。

学习目标

● 认识车型机器人结构、部件，掌握车型机器人的组装方法；
● 了解 STM32 特性和开发环境，掌握开发环境的搭建方法、步骤；
● 了解 STM32 系统总线、存储功能区，学会使用 STM32 总线结构和存储映射等；
● 了解 STM32 异常的类型、优先级、异常的处理过程、复位过程、启动过程、Abort 模式、中断及其处理方法，学会编写中断服务程序，实现按键中断控制小灯效果；
● 熟悉 STM32 常用函数，掌握对指定 I/O 口的操作方法，初始化系统时钟，实现软复位，设置待机模式，初始化中断、延迟等操作；
● 了解 GPIO 工作模式、配置步骤和方法，实现跑马灯功能，控制 LED 灯和蜂鸣器效果；
● 了解通信方式及特点、STM32 串口特性、内部结构及相关库函数，掌握STM32 串口通信的实现方法；

学习笔记

课程视频

任务1 认识车型
机器人

● 通过对 STM32 芯片的了解，结合国内芯片业的情况，增强学生的历史责任感、民族自信，同时，借助各子任务的实现，增强学生在结构化、整体性、可利用性等方面的意识。

任务 1　认识车型机器人

任务描述

能对照嵌入式智能车型机器人介绍其各个功能单元、神经中枢、感觉器官、心脏、行动器官、视觉器官等。

相关知识

1. 嵌入式智能车型机器人简介

嵌入式是一种专用的计算机系统，作为装置或设备的一部分。通常，嵌入式系统是一个存储在 ROM 中的嵌入式处理器控制板中的控制程序。事实上，所有带有数字接口的设备，如手表、微波炉、录像机、汽车等，都使用嵌入式系统，有些嵌入式系统还包含操作系统，但大多数嵌入式系统都是由单个程序实现整个控制逻辑。嵌入式技术飞速发展，嵌入式产业涉及的领域也非常广泛，彼此之间的特点也相当明显。如手机、PDA、车载导航、工控、军工、多媒体终端等行业。

嵌入式系统通常包括构成软件的基本运行环境的硬件和操作系统两部分。嵌入式处理器可以分为三类：嵌入式微处理器、嵌入式微控制器、嵌入 DSP。嵌入式微处理器是和通用计算机的微处理器对应的 CPU。在应用中，一般将微处理器装配在专门设计的电路板上，在母板上只保留和嵌入式相关的功能即可，这样可以满足嵌入式系统体积小和功耗低的要求。

通常嵌入式智能车型机器人主要有以下几个特点：

（1）采用当前最稳定、技术最成熟的无线网络通信 Wi-Fi 技术。嵌入式智能车型机器人可称为 Wi-Fi Robot，顾名思义，就是通过 Wi-Fi 控制的机器人。

（2）利用 Android 智能手机就可以对其控制。通过对 Android 应用开发技术的学习与掌握，可以开发出属于自己的"遥控器"。

（3）可以检测外部环境。嵌入式智能车型机器人携带多种传感器设备，用于测量外部环境数据。例如：携带的超声波传感器可用于距离测量；携带的光照强度传感器可用于测量周围环境光照强度。

（4）拥有坚固、轻便的外甲。嵌入式智能车型机器人采用全钢制底盘，可以更好地保护配有的 4 个电动机。同时，为减轻车身质量，对全钢制底盘进行了开槽处理。

（5）可扩展性强。嵌入式智能车型机器人采用了可重构架构设计，任务板可自由更换，从而只要对任务板进行修改，就可以在原有的基础上添加传感器，使其拥有新的功能。

（6）拥有一颗可环视四周的"眼睛"。嵌入式智能车型机器人拥有一个可环视四周的云台摄像头，能够时时监控周边的情况。

嵌入式智能车型机器人实物图如图 1.1.1 所示。

2. 嵌入式智能车型机器人的功能单元

嵌入式智能车型机器人包括重要的功能单元：神经中枢——核心板；感觉器官——任务板；心脏——驱动板；行动器官——循迹板；面部器官——通信显示板；视觉器官——云台摄像头。

神经中枢在人的大脑中负责调度人体中某一项相应的生理功能，如运动、语言、感觉等。嵌入式智能车型机器人的核心板就好比人的神经中枢，负责调度其运动以及功能。图 1.1.2 所示为嵌入式智能车型机器人核心板实物图。图中，核心板上采用的是基于 ARM Cortex-M3 的 STM32F103VCT6 微处理器。通过该微处理器，可以调度机器人的各个功能。在核心板上还有 Wi-Fi 和 ZigBee 两个无线通信模块，用户可以通过无线方式控制机器人上的 STM32 微处理器进行调度和接收信息。

图 1.1.1　嵌入式智能车型机器人实物图

图 1.1.2　核心板实物图

嵌入式智能车型机器人对周围环境必须依赖各种传感器。在嵌入式智能车型机器人上，各种传感器都集成到一块任务板上。图 1.1.3 所示为嵌入式智能车型机器人任务板实物图。图中，任务板上集成了多种传感器。例如，超声波传感器、红外发射传感器、光敏传感器以及光照度采集传感器等，并且为其配置了 LED 灯和蜂鸣器等可控制对象。为了便于对可控制对象进行控制，任务板还集成有多种逻辑芯片，以及方载波发生单元和电压比较电路。

嵌入式智能车型机器人的心脏是驱动板，为机器人提供所有活动所需动力，图 1.1.4 所示为嵌入式智能车型机器人驱动板实物图。图中，驱动板上有两组电源输入口，这两组电源输入口为嵌入式智能车型机器人提供了运动和各种功能所需要的动力。驱动板上的两组 L298N 驱动单元是用于给 4 个电动机供电的，同时，配有 3 个光耦电路，用于电路隔离，这样做可以有效地防止电动机转动时所存在的电磁感应产生的电流对其他芯片和电路造成的伤害。驱动板上的 3 个 5 V 稳压单元用于为光耦电路、核心板以及云台摄像头供电。

图 1.1.3　任务板实物图

图 1.1.4　驱动板实物图

📝 **学习笔记**

嵌入式智能车型机器人的行动器官。

嵌入式智能车型机器人有一种特殊的移动方式，那就是它会按照地图上的黑线进行运动。而控制嵌入式智能车型机器人这种奇特运动方式的就是循迹板。图1.1.5所示为循迹板正面实物图，图1.1.6所示为循迹板背面实物图。

图 1.1.5　循迹板正面实物图 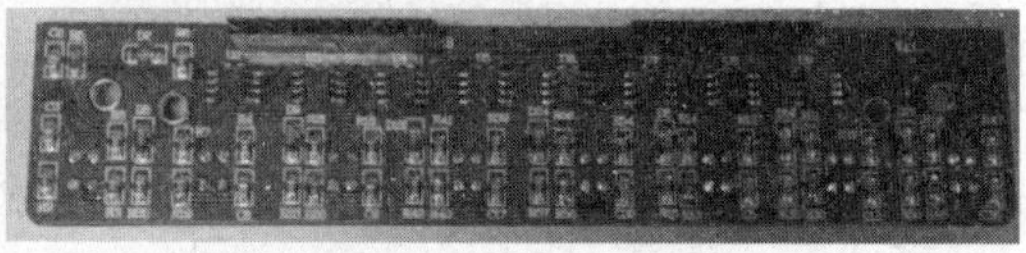　　　　图 1.1.6　循迹板背面实物图

如图 1.1.5 和图 1.1.6 所示，在嵌入式智能车型机器人的循迹板背面有 8 路红外对管，每一路对应一个 LM358 电压比较器，共配有 8 个 LM358 电压比较器，这些电压比较器的基准电压都是可以调节的。为了方便循迹板的调试，每一个 LM358 电压比较器旁都有一个 LED 灯。这样，就可以根据 LED 灯的亮灭，通过调节 LM358 电压比较器来调试循迹板。

嵌入式智能车型机器人的视觉器官就是嵌入式智能车型机器人上配的云台摄像头，它的像素为 300 万，采用 5 V 供电，可以水平旋转接近 360°，竖直旋转接近 180°，因此，可以观察到四周的环境。图 1.1.7 所示为嵌入式智能车型机器人云台摄像头实物图。

平常使用摄像头时，注意以下事项：

（1）不要将电源插入云台摄像头的耳机口内。

图 1.1.7　云台摄像头实物图

（2）云台摄像头在启动时，首先会进行自检，这时云台摄像头会先水平旋转接近 360°，然后竖直旋转接近 180°。自检过程会持续接近 1 min。在云台摄像头进行自检时，请不要对云台摄像头进行任何操作。

📋 **任务实施**

根据前面的分析介绍，请在图 1.1.8 所示的嵌入式小车及关键部件的指示框中填写各部分名称，并简要描述其功能，可自行准备表格填写。

（a）嵌入式开发平台　　（b）嵌入式智能小车循迹板　　（c）嵌入式智能小车任务板

图 1.1.8　嵌入式智能车型机器人开发平台

1. 嵌入式智能车型机器人上的功能单元有_____、_____、_____、_____以及_____。
2. 嵌入式智能车型机器人核心板上采用的是基于_____的微处理器。
3. 通过对本任务的学习，简单描述嵌入式智能车型机器人是什么。
4. 嵌入式智能车型机器人与遥控汽车有什么区别？
5. 简单描述嵌入式智能车型机器人的各个功能单元都有什么作用。
6. 在日常使用嵌入式智能车型机器人上的云台摄像头时，需要注意哪几点？

任务1 认识车型
机器人评价表

课程视频

任务2 连接嵌入
式智能车型
机器人

任务 2　连接嵌入式智能车型机器人

📋 任务描述

根据给定的嵌入式智能车型机器人的各个零部件，组装连接机器人，并通过测试。

🖥 相关知识

1. 电动机与驱动板的连线方式

嵌入式智能车型机器人上共有 5 个功能单元，分别是核心板、任务板、循迹板、驱动板、通信显示板以及云台摄像头。嵌入式智能车型机器人功能单元连接图如图 1.2.1 所示。

图中，嵌入式智能车型机器人的核心板与驱动板之间是通过一根 4P 小白线进行连接的，核心板与任务板之间是一根 16P 的软排线，驱动板与循迹板之间是一根 10P 的软排线，驱动板通过一根电源线为云台摄像头供电。

可以在嵌入式智能车型机器人的驱动板上找到 JP3、JP4、JP5、JP6 这 4 个接口。其中，JP3 接口和 JP4 接口的作用是控制机器人左侧的电动机，JP5 接口和 JP6 接口的作用是控制机器人右侧的电动机。图 1.2.2 所示为嵌入式智能车型机器人上电动机与驱动板的具体连接方式。

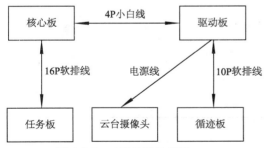

图 1.2.1　功能单元连接图

图 1.2.2　电动机与驱动板的连线

2. 循迹板与任务板的连线方式

嵌入式智能车型机器人的循迹板与驱动板之间是通过一根 10P 的软排线进行

连接的，连接的方式为驱动板上的 P1 接口与循迹板上的 Sensor 接口进行连接。嵌入式智能车型机器人上的循迹板共分为两层，上层是贴片 LED 灯与 LM358 电压比较器，以及与驱动板的 Sensor 接口；下层为 8 路红外对管。图 1.2.3 所示为嵌入式智能车型机器人循迹板与任务板的具体连线方式。

图 1.2.3　循迹板与任务板的连线

3.　核心板与驱动板的连线方式

嵌入式智能车型机器人核心板与驱动板之间的连线是指驱动板上的底部电动机控制线和核心板的电动机控制线之间的连线方式。嵌入式智能车型机器人的电动机控制线为核心板的 PE8、PE13，它们控制着机器人的运动速度。核心板上的 PE9 ~ PE12 为使能控制线，控制着机器人的运动使能。图 1.2.4 所示为嵌入式智能车型机器人核心板与驱动板的具体连线方式。

4.　核心板与任务板的连线方式

嵌入式智能车型机器人核心板与任务板之间的连线，是通过一根 16P 的软排线进行连接的，其具体的连接方式为嵌入式智能车型机器人核心板的 J3 接口与任务板的 P2 接口进行连线。图 1.2.5 所示为嵌入式智能车型机器人核心板与任务板的具体连线方式。

图 1.2.4　核心板与驱动板的连线

图 1.2.5　核心板与任务板的连线

任务实施

表 1.2.1 所示为实施检查表，以判断各部分连接是否正确。

表 1.2.1　实施检查表

序号	任　务	具体内容	分　值	备　注
1	连接驱动板与电机	连接是否正确，是否准确到位	20	
2	连接循迹板与任务板	连接是否正确，是否准确到位	20	
3	连接核心板与驱动板	连接是否正确，是否准确到位	20	
4	连接核心板与任务板	连接是否正确，是否准确到位	20	
5	上电检查	指示灯、初始化是否正常	20	

注意：上电之前检查各部分连接是否正确。

任务2　连接嵌入式智能车型机器人评价表

任务 3　搭建 STM32 开发环境

任务描述

在了解 STM32 及其开发平台的基础上，选择开发平台，安装 Keil μVision5，设置开发环境，创建工程，试着编译一个程序，并下载程序到开发板。

相关知识

1. 认识 STM32

1）STM32 简介

STM32 是意法半导体（ST Microelectronics，ST）有限公司出品的一系列微控制器（Micro Controller Unit，MCU）的统称。

意法半导体集团 1987 年 6 月成立，由意大利的 SGS 微电子公司和法国 Thomson 半导体公司合并而成，是世界最大的半导体公司之一。

STM32 微控制器基于 ARM Cortex®-M0、M0+、M3、M4 和 M7 内核，这些内核是专门为高性能、低成本和低功耗的嵌入式应用设计的。STM32 微控制器按内核架构可以分为以下系列（见图 1.3.1）：

- 主流产品系列：STM32F0、STM32F1、STM32F3。
- 超低功耗产品系列：STM32L0、STM32L1、STM32L4、STM32L4+。
- 高性能产品系列：STM32F2、STM32F4、STM32F7、STM32H7。

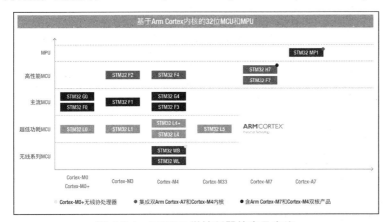

图 1.3.1　STM32 微控制器的产品家族

2）STM32 应用场景

随着电子、计算机、通信技术的发展，嵌入式技术已经无处不在。从随身携带的可穿戴智能设备，到智慧家庭中的远程抄表系统、智能洗衣机和智能音箱，再到智慧交通中的车辆导航、流量控制和信息监测等，各种创新应用及需求不断涌现。

在电子产品快速更新迭代、淘汰的背后，作为它们组成部分中最基础的底层架构芯片——微控制器（MCU）功不可没。目前 MCU 已成为电子产品及行业应用解决方案中不可替代的一环。

ST 公司在 2007 年发布首款搭载 ARM Cortex-M3 内核的 32 位 MCU，在 10 余年时间内，STM32 产品线相继加入了基于 ARM Cortex-M0、Cortex-M4 和 Cortex-M7 的产品，产品线覆盖通用型、低成本、超低功耗、高性能低功耗以及甚高性能类型。正是由于 STM32 拥有结构清晰、覆盖完整的产品家族线，以及简单易用的应用开发生态系统，越来越多的电子产品使用 STM32 微控制器作为主控的解决方案，涵盖智能硬件、智能家居、智慧城市、智慧工业、智能驾驶等领域。图 1.3.2 所示为一些生活中常见的使用 STM32 微控制器作为主控的电子产品。

图 1.3.2　STM32 的应用领域

3）STM32 为控制器的器件选型

针对不同的应用场景，应选不同的器件型号进行开发，通过官方提供的产品选型手册可以从性能、功耗、需求三个方面入手，选择最适合产品的芯片型号（见图 1.3.3）。

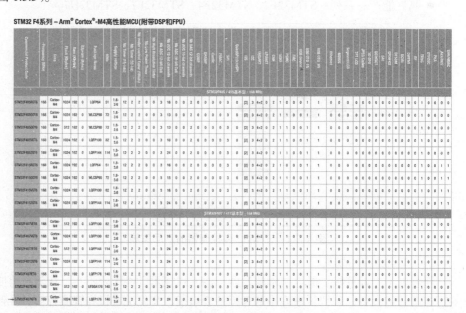

图 1.3.3　STM32 的器件选型

4）STM32 微控制器的命名规则

除了通过 ST 官网的产品选型手册选择芯片外，还可以通过 STM32 微控制器的命名规则来反向确定芯片的封装方式、引脚数量和闪存大小等信息，如图 1.3.4 和图 1.3.5 所示。

学习笔记

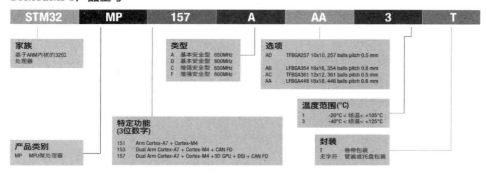

图 1.3.4　STM32 微处理器型号各组成部分含义介绍

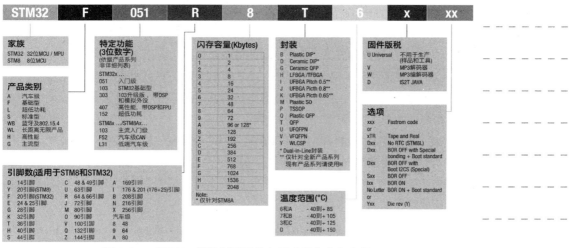

图 1.3.5　STM32 微控制器型号各组成部分含义介绍

以微控制器 STM32F407IGT6 为例说明各部分的命名含义，如表 1.3.1 所示。

表 1.3.1　STM32 微控制器型号 STM32F407IGT6 的各部分含义

序号	型号	具体含义
1	STM32	代表 ST 公司出品的基于 ARM Cortex®–M 内核的 32 位微控制器
2	F	代表"基础型"产品类别
3	407	代表"高性能"产品系列
4	I	代表 MCU 的引脚数，如：T 代表 36 脚，C 代表 48 脚，R 代表 64 脚，V 代表 100 脚，Z 代表 144 脚，I 代表 176 脚等

续表

序号	型号	具体含义
5	G	代表 MCU 的内存容量，如：6 代表 32 KB，8 代表 64 KB，B 代表 128 KB，C 代表 256 KB，D 代表 384 KB，E 代表 512 KB，G 代表 1 MB
6	T	代表 MCU 的封装，如：H 代表 BGA 封装，T 代表 LQFP 封装，U 代表 VFQFPN 封装
7	6	代表 MCU 的工作温度范围，如：6 和 A 代表 –40～85℃，7 和 B 代表 –40～105℃

5）STM32F4 内部框图

通过简单的命名规则并不能确定某一特定的芯片资源，STM32 微控制器在芯片上集成了各种基本功能部件，它们之间通过总线相连。功能部件包括：内核 Core、系统时钟发生器、复位电路、程序存储器、数据存储器、中断控制器、调试接口以及各种外设等。下面通过图 1.3.6 了解 STM32F4 的内部架构。

由图可以看出，STM32F40x 系列的微控制器中有 12 个 16 bit 定时器、2 个 32bit 定时器、3 个 ADC、2 个 DAC、3 个 SPI、2 个 IIS、3 个 IIC、6 个串口、2 个 CAN 总线、1 个 SDIO、1 个 FSMC、1 个 USB 口、1 个 OTG-FS、1 个 OTG-HS、1 个 DCMI、1 个 RNG 等片上外设。

6）STM32F4 系列微控制器的最小系统

一般来说，STM32F4xx 微控制器的最小系统应包含以下几个部分：

（1）主控芯片如：STM32F407IGT6、STM32F405VGT6 等型号的微控制器。

（2）电源电路最小系统板的电源电路有多种不同的方案，若系统板采用 12 V 直流电压适配器，则可用 TPS54531 降压转换芯片将 12 V 转换为 3.3 V，图 1.3.7 为 12 V 转 5 V 电路，通过修改 R5 和 R6 的阻值即可实现 3.3 V 的降压转换。

（3）时钟电路 STM32F4 系列微控制器的最小系统板需安装两个外部晶振：高频晶振（频率为 8 MHz 或 25 MHz）和低频晶振（频率为 32.768 kHz）。外部晶振的电路原理图如图 1.3.8 所示。

（4）电路仿真调试接口有 JTAG 和 SW 两种模式，用户可通过仿真调试接口将 STM32 开发板与 J-Link 或 ST-Link 仿真器相连，然后通过集成开发环境进行程序下载或完成在线调试。SW 仿真调试接口的电路原理图如图 1.3.9 所示。

（5）启动模式选择电路 STM32 微控制器有三种启动模式，分别是从芯片内置的主闪存存储器、系统存储器和 SRAM 三种存储介质启动。从哪种存储介质启动由芯片上两个引脚进行配置，分别是"BOOT0"和"BOOT1"引脚，具体配置见表 1.3.2，电路原理图如图 1.3.10 所示。

（6）复位电路的作用是将单片机程序复位到初始状态，从初始状态重新开始运行，如图 1.3.11 所示。

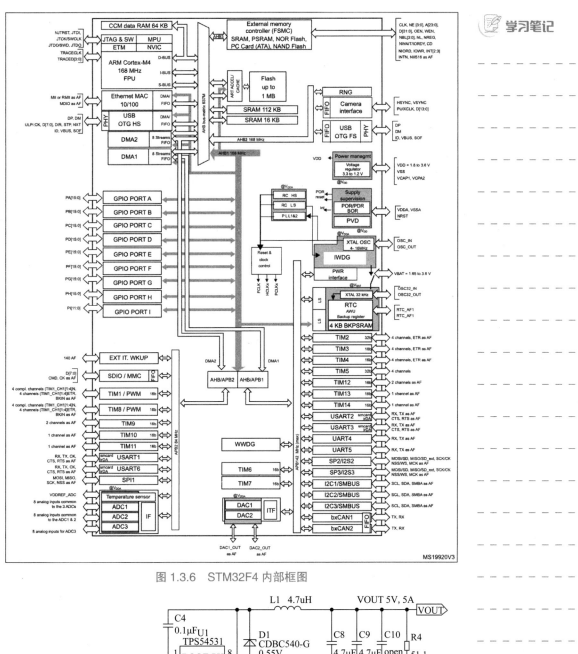

图 1.3.6 STM32F4 内部框图

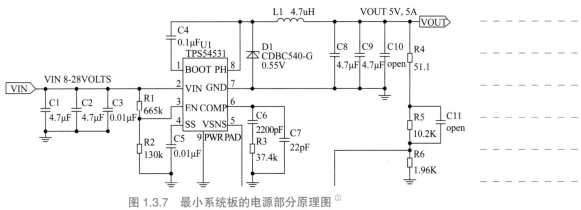

图 1.3.7 最小系统板的电源部分原理图 ①

----

① 图中，130k 即 130kΩ，1.96K，即 1.96KΩ，余同。

📝 学习笔记

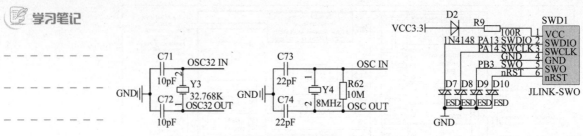

图 1.3.8　外部晶振的电路原理图　　　图 1.3.9　SW 仿真调试接口电路原理图

表 1.3.2　启动模式选择配置

启动模式选择引脚		启动模式	说　明
BOOT1	BOOT0		
X	0	主闪存存储器	选择主 Flash 作为启动区域
0	1	系统存储器	选择系统存储器作为启动区域
1	1	内置 SRAM	选择内置 SRAM 作为启动区域

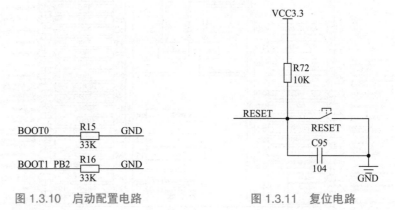

图 1.3.10　启动配置电路　　　　　图 1.3.11　复位电路

2. 编程开发工具

根据 ST 公司官网显示，支持 STM32 开发的集成开发环境（Integrated Development Environments，IDE）有 20 余种，其中包括商业版 IDE 和免费 IDE。目前比较常用的商业版 IDE 有 MDK-ARM-STM32 与 IAR-EWARM，免费的 IDE 包括 SW4STM32、TrueSTUDIO 和 CoIDE 等。另外，ST 官方推荐使用 STM32CubeMX 软件可视化地进行芯片资源和管脚的配置，然后生成项目的源程序，导入上述 IDE 中进行编译、调试与下载。

采用 STM32CubeMX 软件生成项目的源程序，利用 MDK 进行项目开发。常见的 STM32 集成开发环境如图 1.3.12 所示。

3. 常用的开发模式

根据 ST 公司的开发库构成情况，常见的开发模式主要有以下几种：

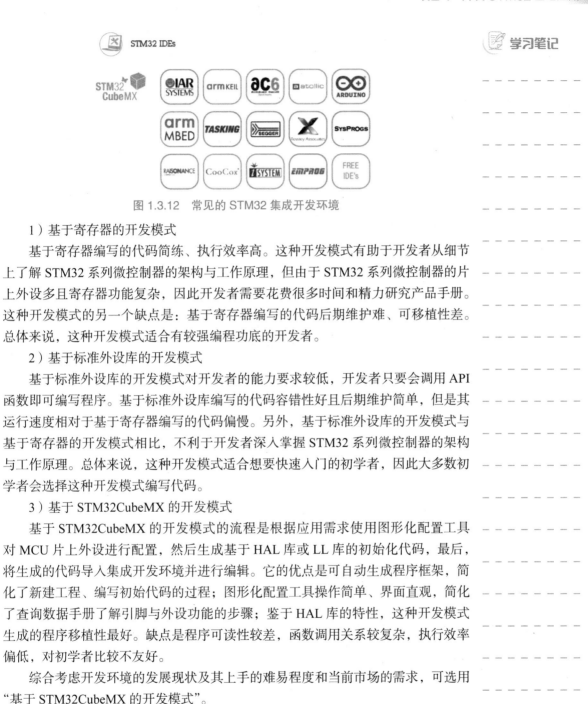

图 1.3.12 常见的 STM32 集成开发环境

1）基于寄存器的开发模式

基于寄存器编写的代码简练、执行效率高。这种开发模式有助于开发者从细节上了解 STM32 系列微控制器的架构与工作原理，但由于 STM32 系列微控制器的片上外设多且寄存器功能复杂，因此开发者需要花费很多时间和精力研究产品手册。这种开发模式的另一个缺点是：基于寄存器编写的代码后期维护难、可移植性差。总体来说，这种开发模式适合有较强编程功底的开发者。

2）基于标准外设库的开发模式

基于标准外设库的开发模式对开发者的能力要求较低，开发者只要会调用 API 函数即可编写程序。基于标准外设库编写的代码容错性好且后期维护简单，但是其运行速度相对于基于寄存器编写的代码偏慢。另外，基于标准外设库的开发模式与基于寄存器的开发模式相比，不利于开发者深入掌握 STM32 系列微控制器的架构与工作原理。总体来说，这种开发模式适合想要快速入门的初学者，因此大多数初学者会选择这种开发模式编写代码。

3）基于 STM32CubeMX 的开发模式

基于 STM32CubeMX 的开发模式的流程是根据应用需求使用图形化配置工具对 MCU 片上外设进行配置，然后生成基于 HAL 库或 LL 库的初始化代码，最后，将生成的代码导入集成开发环境并进行编辑。它的优点是可自动生成程序框架，简化了新建工程、编写初始代码的过程；图形化配置工具操作简单、界面直观，简化了查询数据手册了解引脚与外设功能的步骤；鉴于 HAL 库的特性，这种开发模式生成的程序移植性最好。缺点是程序可读性较差，函数调用关系较复杂，执行效率偏低，对初学者比较不友好。

综合考虑开发环境的发展现状及其上手的难易程度和当前市场的需求，可选用"基于 STM32CubeMX 的开发模式"。

4. STM32F4 系统时钟的配置

1）STM32F4 的时钟源

与 51 系列单片机相比，STM32F4 的时钟系统更为复杂。由于 STM32F4 的系统架构复杂，外设种类繁多，且每种外设所需的时钟频率不尽相同，因此系统有多个时钟源。STM32F4 的时钟树如图 1.3.13 所示。

学习笔记

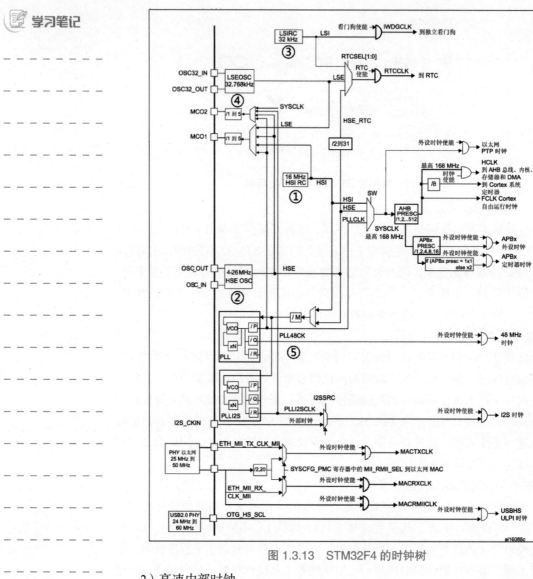

图 1.3.13　STM32F4 的时钟树

2）高速内部时钟

高速内部时钟（High Speed Internal，HSI），由 STM32F4 系列微控制器芯片内部 RC 振荡器产生，其频率为 16 MHz，可作为 SYSCLK 或锁相环（PLL）的时钟源。它位于图 1.3.13 中标号① 所示的位置。

3）高速外部时钟

高速外部时钟（High Speed External，HSE），由外部的石英振荡器或陶瓷振荡器产生，频率范围为 4 MHz ～ 26 MHz，可作为 SYSCLK 或锁相环（PLL）的时钟源。它位于图 1.3.13 中标号② 所示的位置。

4）低速内部时钟

低速内部时钟（Low Speed Internal，LSI），由 STM32F4 系列微控制器芯片内部 RC 振荡器产生，频率为 32 KHz，可供独立"看门狗"或实时时钟（RTC）使用。它位于图 1.3.13 中标号③ 所示的位置。

5）低速外部时钟

低速外部时钟（Low Speed External，LSE），一般由频率为 32.768 KHz 的石英振荡器产生，可供独立"看门狗"或实时时钟（RTC）使用。它位于图 1.3.13 中标号④ 所示的位置。

6）锁相环倍频输出

锁相环（Phase Locked Loop，PLL）的主要作用是对其他输入时钟进行倍频，然后把时钟信号输出到各个功能部件。STM32F4 系列微控制器有两个 PLL，一个是主 PLL，另一个是 PLLI2S，它位于图 1.3.13 中标号⑤ 所示的位置。

主 PLL 的输入可以是 HSI 或 HSE，输出共有两路：一路输出 PLLP 提供的时钟信号 PLLCLK 作为系统时钟 SYSCLK 的时钟源，最高频率 168 MHz；第二路输出 PLLQ 用于生成 48 MHz 的时钟信号 PLL48CK，可供给 USB OTG FS、随机数发生器和 SDIO 接口等使用。

PLLI2S 用于生成精准时钟 PLLI2SCLK，其可供给 I2S 总线接口，以实现高品质音频输出。

任务实施

1．安装 Keil μVision5 开发环境

温馨提示：

● 安装路径名不能带中文，必须是英文路径名。

● 安装目录不能与 51 单片机的 KEIL 或者 KEIL4 冲突，三者目录必须分开。

● KEIL5 的安装比 KEIL4 多一个步骤，必须添加 MCU 库，不然无法使用。

安装步骤如下：

（1）双击图标进行安装，如图 1.3.14 所示。

（2）进入安装界面，单击"Next"按钮，如图 1.3.15 所示。

（3）勾选同意软件使用条约，单击"Next"按钮，如图 1.3.16 所示。

（4）选择安装路径（以 C 盘 Keil_5 为例），单击"Next"按钮，如图 1.3.17 所示。

MDK-523

图 1.3.14　双击安装图标

（5）填写用户名与邮箱（任意填写即可），单击"Next"按钮 ，如图 1.3.18 所示。

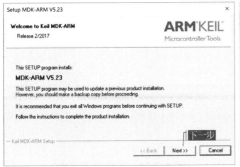

图 1.3.15　安装界面

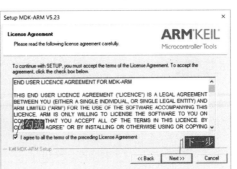

图 1.3.16　同意软件使用条约

学习笔记

实操视频

搭建 STM32 开发环境

学习笔记

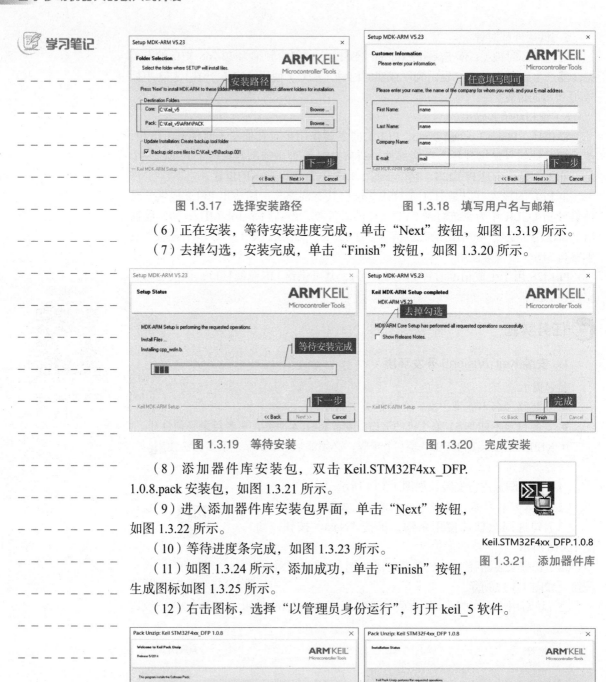

图 1.3.17 选择安装路径　　　　　　图 1.3.18 填写用户名与邮箱

（6）正在安装，等待安装进度完成，单击"Next"按钮，如图 1.3.19 所示。

（7）去掉勾选，安装完成，单击"Finish"按钮，如图 1.3.20 所示。

图 1.3.19 等待安装　　　　　　图 1.3.20 完成安装

（8）添加器件库安装包，双击 Keil.STM32F4xx_DFP.1.0.8.pack 安装包，如图 1.3.21 所示。

（9）进入添加器件库安装包界面，单击"Next"按钮，如图 1.3.22 所示。

（10）等待进度条完成，如图 1.3.23 所示。

（11）如图 1.3.24 所示，添加成功，单击"Finish"按钮，生成图标如图 1.3.25 所示。

Keil.STM32F4xx_DFP.1.0.8

图 1.3.21 添加器件库

（12）右击图标，选择"以管理员身份运行"，打开 keil_5 软件。

图 1.3.22 添加器件库安装包　　　　　　图 1.3.23 等待进度完成

图 1.3.24　添加成功

Keil
uVision5

图 1.3.25　启动开发工具

（13）进入软件选择"File"→"License Management"，如图 1.3.26 所示。

（14）复制 ID 号，如图 1.3.27 所示。

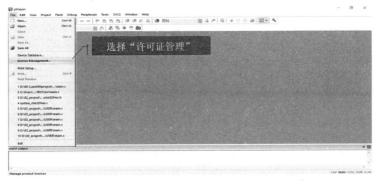

图 1.3.26　许可证管理

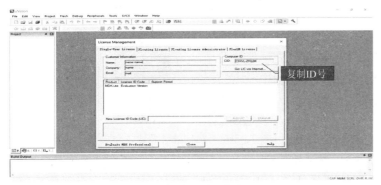

图 1.3.27　复制许可授权 ID

（15）粘贴注册号，单击添加进行注册，如图 1.3.28 所示。

（16）安装 J-Link 驱动，双击 Setup_JLinkARM_V478j.exe 安装包，如图 1.3.29 所示。

（17）单击"Yes"按钮，接受许可协议，如图 1.3.30 所示。

（18）单击"Next"按钮进入下一步，如图 1.3.31 所示。

（19）默认安装路径，单击"Next"按钮，如图 1.3.32 所示。

（20）默认选择安装 J-Link 驱动和创建菜单目录，单击"Next"按钮，如图 1.3.33 所示。

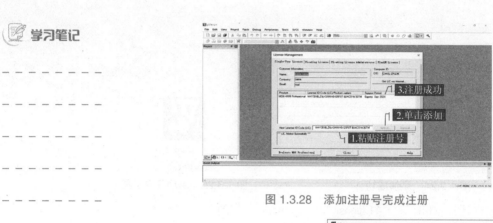

图 1.3.28　添加注册号完成注册

Setup_JLinkAR
M_V478j.exe

图 1.3.29　安装 J-Link 驱动

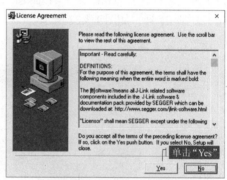

图 1.3.30　接受许可协议

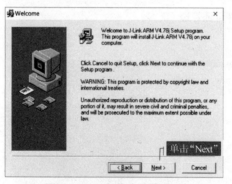

图 1.3.31　安装欢迎界面

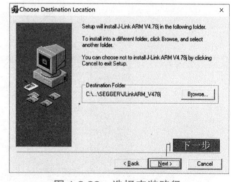

图 1.3.32　选择安装路径

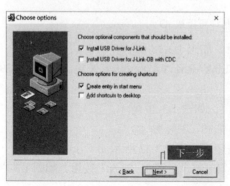

图 1.3.33　默认安装

（21）等待安装结束，如图 1.3.34 所示。

（22）勾选替换 Keil 的 DLL 文件，单击 "Ok" 按钮，如图 1.3.35 所示。

图 1.3.34 等待安装进程　　　图 1.3.35 替换 Keil 的 DLL 文件

（23）单击 "Finish" 按钮，如图 1.3.36 所示，至此 Keil 环境安装完成。

2. 快速新建工程

（1）进入软件，选择 "Project" → "New μVision Project"，如图 1.3.37 所示。

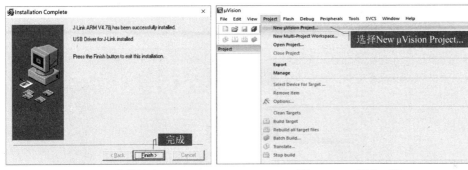

图 1.3.36 安装结束　　　图 1.3.37 新建工程

（2）选择工程存放路径，以 "TEST" 工程为例，如图 1.3.38 所示。

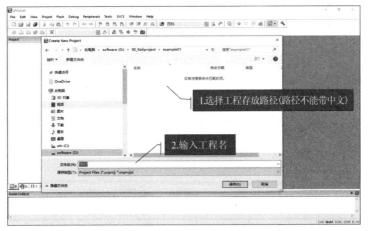

图 1.3.38 选择工程路径

（3）选择对应芯片型号，以 "STM32F407IG" 为例，如图 1.3.39 所示。

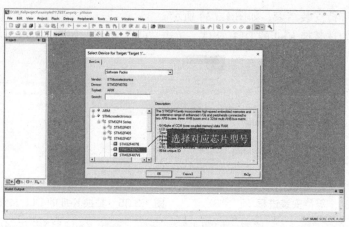

图 1.3.39　选择芯片型号

（4）选择内核文件"CORE"和启动文件"Startup"，单击"OK"按钮，如图1.3.40所示。

（5）新建文本，如图1.3.41所示。

（6）保存文本为"main.c"，如图1.3.42所示。

（7）添加"main.c"文件，如图1.3.43所示。

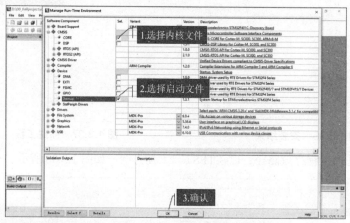

图 1.3.40　选择内核文件和启动文件

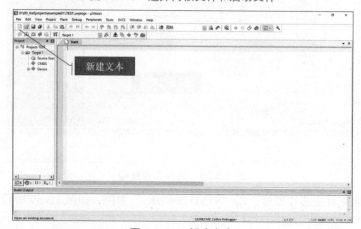

图 1.3.41　新建文本

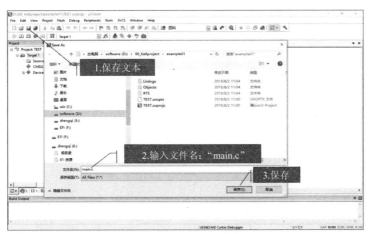

图 1.3.42　新建文本保存

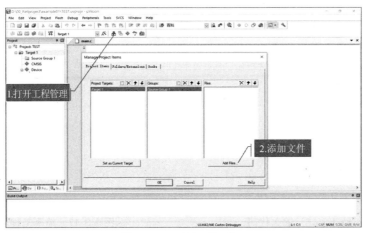

图 1.3.43　添加到工程

添加"main.c"文件方法二，如图 1.3.44 所示。

图 1.3.44　添加文件到工程

添加"main.c"文件方法三，如图 1.3.45 所示。

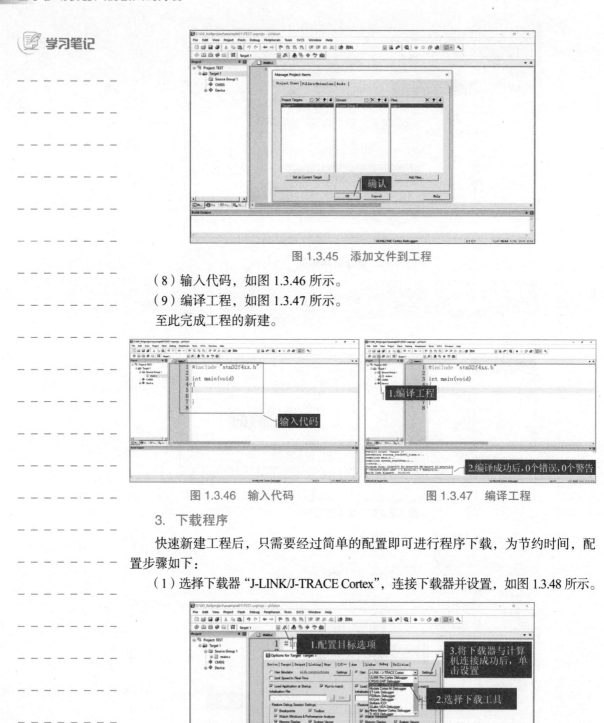

图 1.3.45　添加文件到工程

（8）输入代码，如图 1.3.46 所示。

（9）编译工程，如图 1.3.47 所示。

至此完成工程的新建。

图 1.3.46　输入代码　　　　　图 1.3.47　编译工程

3. 下载程序

快速新建工程后，只需要经过简单的配置即可进行程序下载，为节约时间，配置步骤如下：

（1）选择下载器 "J-LINK/J-TRACE Cortex"，连接下载器并设置，如图 1.3.48 所示。

图 1.3.48　连接下载器并设置

（2）设置下载器，如图 1.3.49 所示。

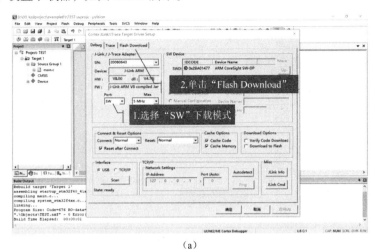

（a）

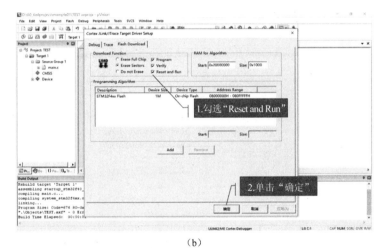

（b）

（c）

图 1.3.49　设置下载器（一）

（3）下载工程如图 1.3.50 所示。

图 1.3.50　下载工程

（4）若注释汉字时乱码，选择编码格式"Chinese GB2312(Simplified)"，如图 1.3.51 所示。

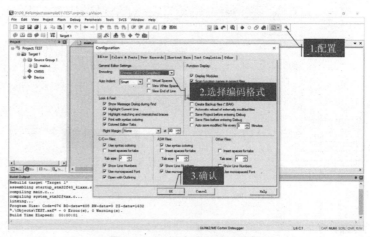

图 1.3.51　汉字注释编码选择

思考练习

1. 简述 STM32 有哪些特性。

2. 按照 STM32 芯片的命名规则，简述从 STM32F103ZET6 芯片名字上获得的信息。

3. 为什么要使用 Keil μVision 软件作为 STM32 的开发平台？

4. 操作练习：下载 STM32 程序至嵌入式智能车型机器人中，观察程序运行结果。

任务3　搭建
STM32开发环境
评价表

24

任务 4　**使用 STM32 总线结构和存储映射**

📋 任务描述

本任务在认识 STM32 系统的总线架构和存储器映射的基础上，以位带操作为例，设置一个指定地址中的比特。

🖥 相关知识

1. 系统总线构架

STM32F4 总线和存储器架构非常复杂，在此仅对一些关键的知识点进行介绍，若需要详细了解这部分的内容，建议查看《STM32F4xx 英文参考手册》或《STM32F4XX 中文参考手册》。下面以 STM32F407 系列芯片为例，介绍 STM32F4 总线和存储器架构。

主系统由 32 位多层 AHB 总线矩阵构成，包括 8 条主控总线和 7 条被控总线，并可实现总线之间互连。借助两个 AHB/APB 总线桥 APB1 和 APB2，可在 AHB 总线与两个 APB 总线之间实现完全同步的连接，从而灵活选择外设频率，如图 1.4.1 所示。

课程视频

任务4　使用
STM32总线结构
和存储映射

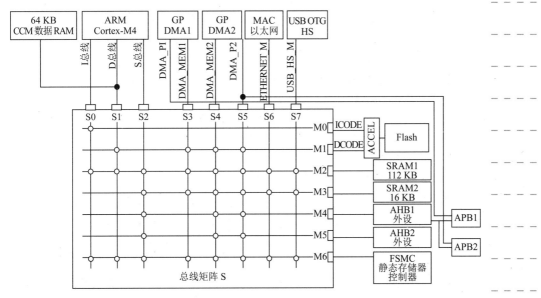

图 1.4.1　STM32F405xx/07xx 和 STM32F415xx/17xx 器件的系统架构

1）8 条主控总线

● Cortex ™ -M4F 内核 I 总线、D 总线和 S 总线。
● DMA1 存储器总线。
● DMA2 存储器总线。
● DMA2 外设总线。

- 以太网 DMA 总线。
- USB OTG HS DMA 总线。

2）7 条被控总线

- 内部 Flash ICode 总线。
- 内部 Flash DCode 总线。
- 主要内部 SRAM1 (112 KB)。
- 辅助内部 SRAM2 (16 KB)。
- 辅助内部 SRAM3 (64 KB)（仅适用于 STM32F42xxx 和 STM32F43xxx 器件）。
- AHB1 外设（包括 AHB-APB 总线桥和 APB 外设）。
- AHB2 外设：FSMC。

3）关键总线分析

（1）S0（I 总线）：用于将 Cortex ™ -M4F 内核的指令总线连接到总线矩阵，内核通过此总线获取指令。此总线访问的对象是包含代码的存储器（内部 Flash/SRAM 或通过 FSMC 的外部存储器）。

（2）S1（D 总线）：用于将 Cortex ™ -M4F 数据总线和 64 KB CCM 数据 RAM 连接到总线矩阵。内核通过此总线进行立即数加载和调试访问。此总线访问的对象是包含代码或数据的存储器（内部 Flash 或通过 FSMC 的外部存储器）。

（3）S2（S 总线）：用于将 Cortex ™ -M4F 内核的系统总线连接到总线矩阵。此总线用于访问位于外设或 SRAM 中的数据。也可通过此总线获取指令（效率低于 ICode）。此总线访问的对象是 112 KB、64 KB 和 16 KB 的内部 SRAM、包括 APB 外设在内的 AHB1 外设、AHB2 外设以及通过 FSMC 的外部存储器。

（4）S3、S4（DMA 存储器总线）：用于将 DMA 存储器总线主接口连接到总线矩阵。DMA 通过此总线来执行存储器数据的传入和传出。此总线访问的对象是数据存储器：内部 SRAM（112 KB、64 KB、16 KB）以及通过 FSMC 的外部存储器。

（5）S5（DMA 外设总线）：用于将 DMA 外设主总线接口连接到总线矩阵。DMA 通过此总线访问 AHB 外设或执行存储器间的数据传输。此总线访问的对象是 AHB 和 APB 外设以及数据存储器：内部 SRAM 以及通过 FSMC 的外部存储器。

（6）S6（以太网 DMA 总线）：用于将以太网 DMA 主接口连接到总线矩阵。以太网 DMA 通过此总线向存储器存取数据。此总线访问的对象是数据存储器：内部 SRAM（112 KB、64 KB 和 16 KB）以及通过 FSMC 的外部存储器。

（7）S7（USB OTG HS DMA 总线）：用于将 USB OTG HS DMA 主接口连接到总线矩阵。USB OTG DMA 通过此总线向存储器加载 / 存储数据。此总线访问的对象是数据存储器：内部 SRAM（112 KB、64 KB 和 16 KB）以及通过 FSMC 的外部存储器。

2. 存储器架构

存储器总容量为 4 GB，ARM 已经大概地平均分成了 8 块，每块 512 MB，每个块也都规定了用途，如图 1.4.2 所示。

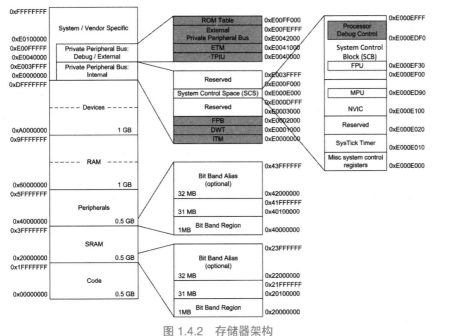

图 1.4.2 存储器架构

1）存储器区域功能划分

每个块的大小都有 512 MB，显然这是非常大的，芯片厂商在每个块的范围内设计各具特色的外设，但是只用了其中的一部分而已，未分配给片上存储器和外设的存储区域均视为"保留区"。地址是由厂家规定好的，用户只能用而不能改，如表 1.4.1 所示。

表 1.4.1 存储器功能分类

序　号	用　　途	地址范围
Block0	Code	0x0000 0000 ～ 0x1FFF FFFF(512 MB)
Block1	SRAM	0x2000 0000 ～ 0x3FFF FFFF(512 MB)
Block2	片上外设	0x4000 0000 ～ 0x5FFF FFFF(512 MB)
Block3	FSMC 的 bank1 ～ bank2	0x6000 0000 ～ 0x7FFF FFFF(512 MB)
Block4	FSMC 的 bank3 ～ bank4	0x8000 0000 ～ 0x9FFF FFFF(512 MB)
Block5	FSMC 寄存器	0xA000 0000 ～ 0xCFFF FFFF(512 MB)
Block6	没有使用	0xD000 0000 ～ 0xDFFF FFFF(512 MB)
Block7	Cortex-M4 内部外设	0xE000 0000 ～ 0xFFFF FFFF(512 MB)

在 8 块 Block 中，有 3 块是非常重要的，即：Block0 用来设计成内部 FLASH，Block1 用来设计成内部 RAM，Block2 用来设计芯片上的外设。

（1）Block0：主要用于设计片内的 FLASH，F407 系列片内部 FLASH 最大是 1 MB，我们使用的 STM32F407IGT6 的 FLASH 就是 1 MB。其他存储器空间用于配置读写保护、BOR 级别、软 / 硬件看门狗，以及器件处于待机、停止模式下的复位等功能，具体查看数据手册。

（2）Block1：用于设计片内的 SRAM。F407 内部 SRAM 的大小为 128 KB，其中 SRAM1 为 112 KB，SRAM2 为 16 KB。其他存储器空间未使用。

（3）Block2：用于设计片内外设，根据外设总线速度不同，Block 被分成 APB 和 AHB 两部分，其中 APB 又分为 APB1 和 APB2，AHB 分为 AHB1 和 AHB2。还有一个 AHB3，AHB3 包含 Block3/4/5 三个，如 SRAM、NORFLASH 和 NANDFLASH 等。

2）外设总线存储器区域

对于编写程序的用户来说，主要关注外设在哪些总线上，对应的存储器区域有哪些，STM32F4xx 寄存器边界地址如表 1.4.2 所示。从表中可知，地址并不是连续编址的，例如：CAN2 外设的地址范围为 0x4000 6800 ～ 0x4000 6BFF，外设 PWR 的地址范围为 0x4000 7000 ～ 0x4000 73FF，两个外设的边界地址并不是连续的。

表 1.4.2　STM32F4xx 寄存器边界地址

边界地址	外设	总线	边界地址	外设	总线
0xA000 0000 – 0xA000 0FFF	FSMC 控制寄存器	AHB3	0x4001 3000 – 0x4001 33FF	SPI1	APB2
0x5006 0800 – 0x5006 0BFF	RNG	AHB2	0x4001 2C00 – 0x4001 2FFF	SDIO	
0x5006 0400 – 0x5006 07FF	HASH		0x4001 2000 – 0x4001 23FF	ADC1–ADC2–ADC3	
0x5006 0000 – 0x5006 03FF	CRYP		0x4001 1400 – 0x4001 17FF	USART6	
0x5005 0000 – 0x5005 03FF	DCMI		0x4001 1000 – 0x4001 13FF	USART1	
0x5000 0000 – 0x5003 FFFF	USB OTG FS		0x4001 0400 – 0x4001 07FF	TIM8	
0x4004 0000 – 0x4007 FFFF	USB OTG HS	AHB1	0x4001 0000 – 0x4001 03FF	TIM1	
0x4002 9000 – 0x4002 93FF	以太网 MAC		0x4000 7C00 – 0x4000 7FFF	USART8	APB1
0x4002 8C00 – 0x4002 8FFF			0x4000 7800 – 0x4000 7BFF	USART7	
0x4002 8800 – 0x4002 8BFF			0x4000 7400 – 0x4000 77FF	DAC	
0x4002 8400 – 0x4002 87FF			0x4000 7000 – 0x4000 73FF	PWR	
0x4002 6400 – 0x4002 67FF	DMA2		0x4000 6800 – 0x4000 6BFF	CAN2	
0x4002 6000 – 0x4002 63FF	DMA1		0x4000 6400 – 0x4000 67FF	CAN1	
0x4002 4000 – 0x4002 4FFF	BKPSRAM		0x4000 5C00 – 0x4000 5FFF	I2C3	
0x4002 3C00 – 0x4002 3FFF	Flash 接口寄存器		0x4000 5800 – 0x4000 5BFF	I2C2	
0x4002 3800 – 0x4002 3BFF	RCC		0x4000 5400 – 0x4000 57FF	I2C1	
0x4002 3000 – 0x4002 33FF	CRC		0x4000 5000 – 0x4000 53FF	USART5	
0x4002 2000 – 0x4002 23FF	GPIOI		0x4000 4C00 – 0x4000 4FFF	USART4	
0x4002 1C00 – 0x4002 1FFF	GPIOH		0x4000 4800 – 0x4000 4BFF	USART3	
0x4002 1800 – 0x4002 1BFF	GPIOG		0x4000 4400 – 0x4000 47FF	USART2	

续表 📝学习笔记

边 界 地 址	外 设	总 线	边 界 地 址	外 设	总 线
0x4002 1400 – 0x4002 17FF	GPIOF	AHB1	0x4000 4000 – 0x4000 43FF	I2S3ext	APB1
0x4002 1000 – 0x4002 13FF	GPIOE		0x4000 3C00 – 0x4000 3FFF	SPI3 / I2S3	
0x4002 0C00 – 0x4002 0FFF	GPIOD		0x4000 3800 – 0x4000 3BFF	SPI2 / I2S2	
0x4002 0800 – 0x4002 0BFF	GPIOC		0x4000 3400 – 0x4000 37FF	I2S2ext	
0x4002 0400 – 0x4002 07FF	GPIOB		0x4000 3000 – 0x4000 33FF	IWDG	
0x4002 0000 – 0x4002 03FF	GPIOA		0x4000 2C00 – 0x4000 2FFF	WWDG	
0x4001 6800 – 0x4001 6BFF	LCD–TFT	APB2	0x4000 2800 – 0x4000 2BFF	RTC&BKP Registers	APB1
0x4001 5800 – 0x4001 5BFF	SAI1		0x4000 2000 – 0x4000 23FF	TIM14	
0x4001 5400 – 0x4001 57FF	SPI6		0x4000 1C00 – 0x4000 1FFF	TIM13	
0x4001 5000 – 0x4001 53FF	SPI5		0x4000 1800 – 0x4000 1BFF	TIM12	
0x4001 4800 – 0x4001 4BFF	TIM11		0x4000 1400 – 0x4000 17FF	TIM7	
0x4001 4400 – 0x4001 47FF	TIM10		0x4000 1000 – 0x4000 13FF	TIM6	
0x4001 4000 – 0x4001 43FF	TIM9		0x4000 0C00 – 0x4000 0FFF	TIM5	
0x4001 3C00 – 0x4001 3FFF	EXTI		0x4000 0800 – 0x4000 0BFF	TIM4	
0x4001 3800 – 0x4001 3BFF	SYSCFG		0x4000 0400 – 0x4000 07FF	TIM3	
0x4001 3400 – 0x4001 37FF	SPI4		0x4000 0000 – 0x4000 03FF	TIM2	

STM32F407 系列芯片的外设主要分布在 AHB1、APB1 和 APB2 总线上。

（1）挂在 AHB1 总线上的外设有：GPIOA、GPIOB、GPIOC、GPIOD、GPIOE、GPIOH、CRC、RCC、Flash 接口寄存器、DMA1、DMA2 等。

（2）挂在 APB1 总线上的外设有：USB OTG HS、TIM2、TIM3、TIM4、TIM5、RTC 和 BKP 寄存器、WWDG、IWDG、I2S2ext、SPI2 / I2S2、SPI3 / I2S3、I2S3ext、USART2、I2C1、I2C2、I2C3、PWR 等。

（3）挂在 APB2 总线上的外设有：USART1、USART6、ADC1、SDIO、SPI1/I2S1、SPI4/I2S4、SYSCFG、EXTI、TIM9、TIM10、TIM11、SPI5/I2S5。

3）存储器启动

STM32 有三种启动模式，对应的存储介质均是芯片内置的。

（1）FLASH 存储器启动：从 STM32 内置的 Flash 启动（0x08000000 ～ 0x080FFFFF，依芯片型号而定），一般使用 JTAG 或者 SWD 模式下载程序时，就是下载到这里，重启后也直接从这里启动程序。这里要求：BOOT1=x，BOOT0=0。

（2）系统存储器启动：从系统存储器启动（0x1FFF0000 ～ 0x1FFF77FF，依芯片型号而定），这种模式启动的程序功能是由厂家设置的。一般来说，选用这种启动模式时，是为了从串口下载程序，因为在厂家提供的 ISP 程序中，提供了串口下

学习笔记

载程序的固件，可以通过这个 ISP 程序将用户程序下载到系统的 Flash 中。要求：BOOT1=0，BOOT0=1。

（3）片上 SRAM 启动：从内置 SRAM 启动（0x2000 0000 ～ 0x2001BFFF，依芯片型号而定），既然是 SRAM，自然也就没有程序存储的能力了，这个模式一般用于程序调试。要求：BOOT1=1，BOOT0=1。

3. 位带操作

1）位带操作原理

把每个比特膨胀为一个 32 位的字，如图 1.4.3 所示。当访问这些字的时候就达到了访问比特的目的，比如说 BSRR 寄存器有 32 个位，那么可以映射到 32 个地址上，去访问（读—改—写）这 32 个地址就达到访问 32 个比特的目的。

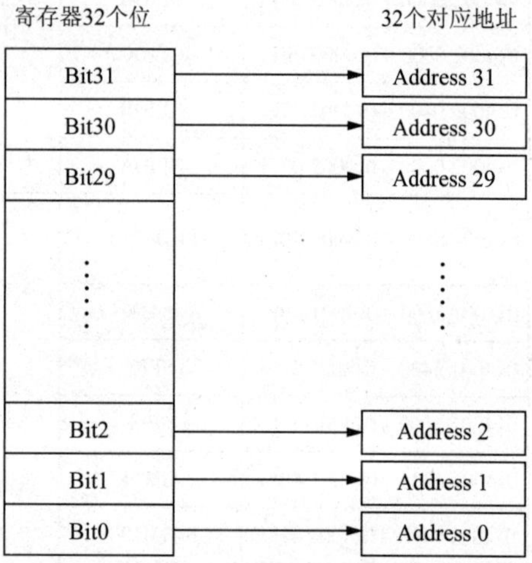

2）位带操作特点

（1）支持了位带操作，可以使用普通的加载 / 存储指令来对单一的比特进行读写。

图 1.4.3 位带操作原理

（2）位带操作区域除了可以像普通的 RAM 一样使用外，它们还都有自己的 "位带别名区"，位带别名区把每个比特膨胀成一个 32 位的字。当通过位带别名区访问这些字时，就可以达到访问原始比特的目的。

3）位带操作区域

其中有两个区中实现了位带。其中一个是 SRAM 区的最低 1 MB 范围：0x20000000 ～ 0x200FFFFF（SRAM 区中的最低 1 MB）。第二个则是片内外设区的最低 1 MB 范围：0x40000000 ～ 0x400FFFFF（片上外设中最低 1 MB）。

4）位带区与位带别名区的膨胀关系

位带区与位带别名区的膨胀关系如图 1.4.4 所示。

● bit：比特，一般简写用小写字母 b，一个二进制数据 0 或 1，是 1 bit。

● byte：字节，存储空间的基本计量单位，一般简写用大写字母 B 表示，图 1.4.4 的位带区大小是 1 MB，用的基本单位是字节。

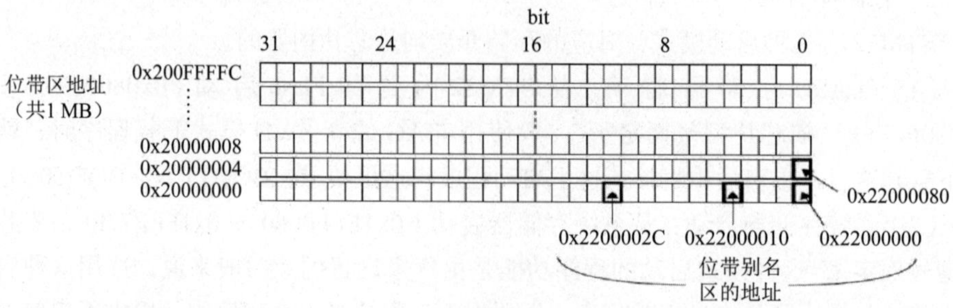

（a）

图 1.4.4 位带区与位带别名区的膨胀关系

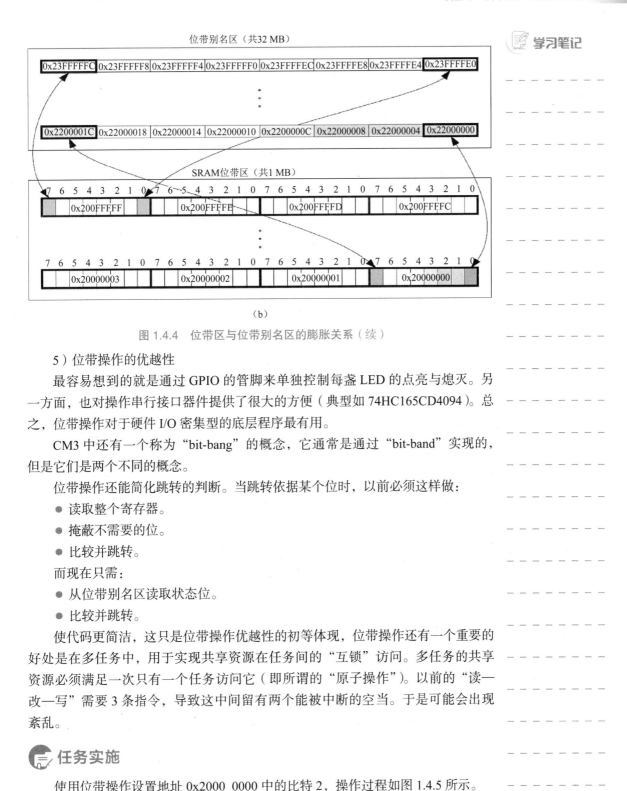

图 1.4.4　位带区与位带别名区的膨胀关系（续）

5）位带操作的优越性

最容易想到的就是通过 GPIO 的管脚来单独控制每盏 LED 的点亮与熄灭。另一方面，也对操作串行接口器件提供了很大的方便（典型如 74HC165CD4094）。总之，位带操作对于硬件 I/O 密集型的底层程序最有用。

CM3 中还有一个称为"bit-bang"的概念，它通常是通过"bit-band"实现的，但是它们是两个不同的概念。

位带操作还能简化跳转的判断。当跳转依据某个位时，以前必须这样做：

● 读取整个寄存器。

● 掩蔽不需要的位。

● 比较并跳转。

而现在只需：

● 从位带别名区读取状态位。

● 比较并跳转。

使代码更简洁，这只是位带操作优越性的初等体现，位带操作还有一个重要的好处是在多任务中，用于实现共享资源在任务间的"互锁"访问。多任务的共享资源必须满足一次只有一个任务访问它（即所谓的"原子操作"）。以前的"读—改—写"需要 3 条指令，导致这中间留有两个能被中断的空当。于是可能会出现紊乱。

任务实施

使用位带操作设置地址 0x2000_0000 中的比特 2，操作过程如图 1.4.5 所示。

学习笔记

| 不使用位带功能 | 使用位带功能 |
| 读取0x2000_0000处的值到寄存器中 | 写1到0x2000_0000 |

映射为2次总线传送

读取0x2000_0000处的值到内部缓冲区

位置比特2后，再把值写回0x2000_0000

置位寄存器的比特2

把寄存器的值写回到0x2000_0000

图 1.4.5 写数据到位带别名区

1. 位带操作

sys.h 里面对 GPIO 输入输出部分功能实现了位带操作：

```
/* 位带操作具体实现思想，参考 <<CM3 权威指南 >> 第五章 (87 ～ 92 页)。M4 同
M3 类似，只是寄存器地址变了。*/
//IO 口操作宏定义
#define  BITBAND(addr, bitnum) ((addr&0xF0000000)+0x2000000+((addr
&0xFFFFF)<<5)+(bitnum<<2))
#define MEM_ADDR(addr)  *((volatile unsigned long *)(addr))
#define BIT_ADDR(addr, bitnum)   MEM_ADDR(BITBAND(addr, bitnum))
//IO 口地址映射
#define GPIOA_ODR_Addr          (GPIOA_BASE+20)       //0x40020014
#define GPIOB_ODR_Addr          (GPIOB_BASE+20)       //0x40020414
#define GPIOC_ODR_Addr          (GPIOC_BASE+20)       //0x40020814
#define GPIOD_ODR_Addr          (GPIOD_BASE+20)       //0x40020C14
#define GPIOE_ODR_Addr          (GPIOE_BASE+20)       //0x40021014
#define GPIOF_ODR_Addr          (GPIOF_BASE+20)       //0x40021414
#define GPIOG_ODR_Addr          (GPIOG_BASE+20)       //0x40021814
#define GPIOH_ODR_Addr          (GPIOH_BASE+20)       //0x40021C14
#define GPIOI_ODR_Addr          (GPIOI_BASE+20)       //0x40022014

#define GPIOA_IDR_Addr          (GPIOA_BASE+16)       //0x40020010
#define GPIOB_IDR_Addr          (GPIOB_BASE+16)       //0x40020410
#define GPIOC_IDR_Addr          (GPIOC_BASE+16)       //0x40020810
#define GPIOD_IDR_Addr          (GPIOD_BASE+16)       //0x40020C10
#define GPIOE_IDR_Addr          (GPIOE_BASE+16)       //0x40021010
#define GPIOF_IDR_Addr          (GPIOF_BASE+16)       //0x40021410
#define GPIOG_IDR_Addr          (GPIOG_BASE+16)       //0x40021810
#define GPIOH_IDR_Addr          (GPIOH_BASE+16)       //0x40021C10
#define GPIOI_IDR_Addr          (GPIOI_BASE+16)       //0x40022010

//IO 口操作,只对单一的 IO 口!
// 确保 n 的值小于 16!
#define PAout(n)          BIT_ADDR(GPIOA_ODR_Addr,n)           // 输出
#define PAin(n)           BIT_ADDR(GPIOA_IDR_Addr,n)           // 输入
```

```
#define PBout(n)        BIT_ADDR(GPIOB_ODR_Addr,n)     // 输出
#define PBin(n)         BIT_ADDR(GPIOB_IDR_Addr,n)      // 输入

#define PCout(n)        BIT_ADDR(GPIOC_ODR_Addr,n)      // 输出
#define PCin(n)         BIT_ADDR(GPIOC_IDR_Addr,n)      // 输入

#define PDout(n)        BIT_ADDR(GPIOD_ODR_Addr,n)      // 输出
#define PDin(n)         BIT_ADDR(GPIOD_IDR_Addr,n)      // 输入

#define PEout(n)        BIT_ADDR(GPIOE_ODR_Addr,n)      // 输出
#define PEin(n)         BIT_ADDR(GPIOE_IDR_Addr,n)      // 输入

#define PFout(n)        BIT_ADDR(GPIOF_ODR_Addr,n)      // 输出
#define PFin(n)         BIT_ADDR(GPIOF_IDR_Addr,n)      // 输入

#define PGout(n)        BIT_ADDR(GPIOG_ODR_Addr,n)      // 输出
#define PGin(n)         BIT_ADDR(GPIOG_IDR_Addr,n)      // 输入

#define PHout(n)        BIT_ADDR(GPIOH_ODR_Addr,n)      // 输出
#define PHin(n)         BIT_ADDR(GPIOH_IDR_Addr,n)      // 输入

#define PIout(n)        BIT_ADDR(GPIOI_ODR_Addr,n)      // 输出
#define PIin(n)         BIT_ADDR(GPIOI_IDR_Addr,n)      // 输入
// 以下是汇编函数
void WFI_SET(void);              // 执行 WFI 指令
void INTX_DISABLE(void);         // 关闭所有中断
void INTX_ENABLE(void);          // 开启所有中断
void MSR_MSP(u32 addr);          // 设置堆栈地址
#endif
```

其中：

```
// (1) 代码计算映射地址
#define BITBAND(addr,bitnum)  ((addr&0xF0000000)+0x2000000+((addr
&0xFFFFF)<<5)+(bitnum<<2))
// (2) 访问映射后的地址
#define MEM_ADDR(addr)  *((volatile unsigned long *)(addr))
// (3) 由 addr 和 bitnum 计算出映射后的地址，然后访问
#define BIT_ADDR(addr, bitnum)  MEM_ADDR(BITBAND(addr, bitnum))
```

2. 利用 STM32 内部 FLASH 额外空间存储数据

以 STM32103ZET6 为例，其闪存模块组织如图 1.4.6 所示。

其主存储器大小为 512 KB，分为 256 页，每页大小都为 2 KB。程序一般默认烧写到第 0 页的起始地址（0x08000000）处。当 BOOT0 引脚和 BOOT1 引脚都

接 GND 时，就是从这个地址开始运行代码的。这个地址在 keil 中可以看到，如图 1.4.7 所示。

假如要下载的程序大小为 4.05 KB，则第 0、1、2 页用于保存程序，需要掉电保存的数据只能保存在第 3 ～ 255 页这一部分空间内。最终要下载的程序大小可在工程对应的 .map 文件中看到。可以双击工程的 Target 的名字快速打开 .map 文件，如图 1.4.8 所示。

STM32 的内部 FLASH 读写测试过程如图 1.4.9 所示（省略异常情况，只考虑成功的情况）。

块	名称	地址范围	长度（字节）
主存储器	页0	0x0800 0000 ~ 0x0800 07FF	2K
	页1	0x0800 0800 ~ 0x0800 0FFF	2K
	页2	0x0800 1000 ~ 0x0801 17FF	2K
	页3	0x0800 1800 ~ 0x0801 FFFF	2K
	⋮	⋮	⋮
	页255	0x0807 F800 ~ 0x0807 FFFF	2K
信息块	启动程序代码	0x1FFF F000 ~ 0x1FFF F7FF	2K
	用户选择字节	0x1FFF F800 ~ 0x1FFF F80F	16
闪存存储器接口寄存器	FLASH_ACR	0x4002 2000 ~ 0x4002 2003	4
	FLASH_KEYR	0x4002 2004 ~ 0x4002 2007	4
	FLASH_OPTKEYR	0x4002 2008 ~ 0x4002 200B	4
	FLASH_SR	0x4002 200C ~ 0x4002 200F	4
	FLASH_CR	0x4002 2010 ~ 0x4002 2013	4
	FLASH_AR	0x4002 2014 ~ 0x4002 2017	4
	保留	0x4002 2018 ~ 0x4002 201B	4
	FLASH_OBR	0x4002 201C ~ 0x4002 201F	4
	FLASH_WRPR	0x4002 2020 ~ 0x4002 2023	4

图 1.4.6　闪存模块组织结构

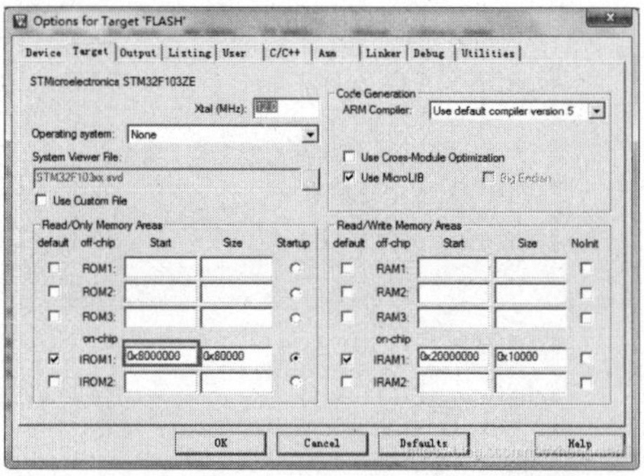

图 1.4.7　程序地址

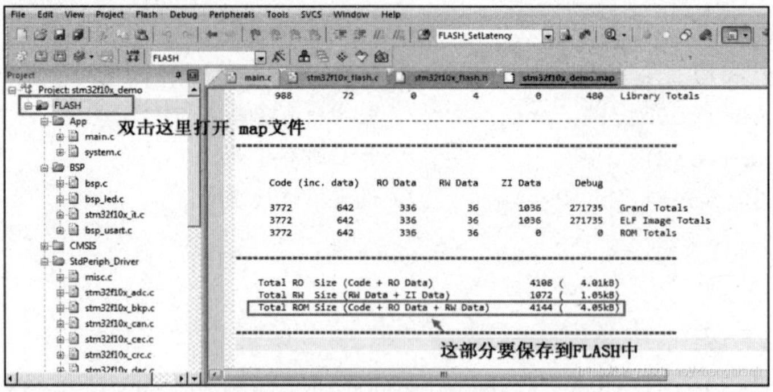

图 1.4.8　打开 .map 文件查看程序大小

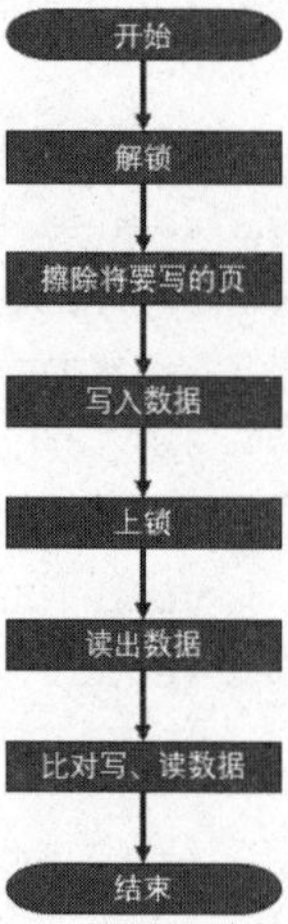

图 1.4.9　内部 FLASH 读写测试过程

```
/****************************************************************
*
*     工程说明 :STM32 内部 FLASH 测试
*     作    者 :xxx
*
****************************************************************/

#define MAIN_CONFIG
#include "config.h"
```

```
/* STM32F103ZET6 有 256 页，每一页的大小都为 2 KB */
/* Page255 2 KB */
#define ADDR_FLASH_PAGE_255    ((uint32_t)0x0807F800)


/* FLASH 读写测试结果 */
#define   TEST_ERROR     -1      /* 错误（擦除、写入错误）*/
#define   TEST_SUCCESS    0      /* 成功 */
#define   TEST_FAILED     1      /* 失败 */


/* FLASH 读写测试 buf */
#define BufferSize 6
uint16_t usFlashWriteBuf[BufferSize]={0x0101,0x0202,0x0303,
0x0404,0x0505,0x0606};
uint16_t usFlashReadBuf[BufferSize]={0};


/* 供本文件调用的函数声明 */
static int FlashReadWriteTest(void);


/***********************************************************
** 函数：main
** 参数：void
** 返回：无
** 说明：主函数
***********************************************************/
int main(void)
{
    /* 上电初始化 */
    SysInit();

    /* 内部 FLASH 读写测试 */
    if (TEST_SUCCESS==FlashReadWriteTest())
    {
        printf("Flash test success!\n");
    }
    else
    {
        printf("Flash test failed!\n");
    }
    while (1)
    {}
}


/***********************************************************
```

学习笔记

```
** 函数：FlashReadWriteTest，内部 Flash 读写测试函数

** 参数：void
** 返回：TEST_ERROR：错误（擦除、写入错误）TEST_SUCCESS：成功    TEST_
         FAILED：失败
** 说明：无
*****************************************************************/
static int FlashReadWriteTest(void)
{
    uint32_t ucStartAddr;

    /* 解锁 */
    FLASH_Unlock();

    /* 擦除操作 */
    ucStartAddr=ADDR_FLASH_PAGE_255;
    if (FLASH_COMPLETE!=FLASH_ErasePage(ucStartAddr))
    {
        printf("Erase Error!\n");
        return TEST_ERROR;
    }
    else
    {
        ucStartAddr=ADDR_FLASH_PAGE_255;
        printf(" 擦除成功 , 此时 FLASH 中值为 :\n");
        for (int i=0; i<BufferSize; i++)
        {
            usFlashReadBuf[i]=*(uint32_t*)ucStartAddr;
            printf("ucFlashReadBuf[%d]=0x%.4x\n", i, usFlashReadBuf[i]);
            ucStartAddr+=2;
        }
    }

    /* 写入操作 */
    ucStartAddr=ADDR_FLASH_PAGE_255;
    printf("\n 往 FLASH 中写入的数据为 :\n");
    for (int i=0; i<BufferSize; i++)
    {
            if (FLASH_COMPLETE!=FLASH_ProgramHalfWord(ucStartAddr,
usFlashWriteBuf[i]))
        {
            printf("Write Error!\n");
            return TEST_ERROR;
```

```
    }
    printf("ucFlashWriteBuf[%d]=0x%.4x\n", i, usFlashWriteBuf[i]);
    ucStartAddr+=2;
}

/* 上锁 */
FLASH_Lock();

/* 读取操作 */
ucStartAddr=ADDR_FLASH_PAGE_255;
printf("\n 从 FLASH 中读出的数据为 :\n");
for (int i=0; i < BufferSize; i++)
{
    usFlashReadBuf[i]=*(_ _IO uint16_t*)ucStartAddr;
    printf("ucFlashReadBuf[%d]=0x%.4x\n", i, usFlashReadBuf[i]);
    ucStartAddr+=2;
}

/* 读出的数据与写入的数据做比较 */
for (int i=0; i<BufferSize; i++)
{
    if (usFlashReadBuf[i]!=usFlashWriteBuf[i])
    {
        return TEST_FAILED;
    }
}

return TEST_SUCCESS;
}


/****************************************************************
**                              End Of File
****************************************************************/
```

1）进行解锁操作

STM32 的闪存编程是由内嵌的闪存编程 / 擦除控制器（FPEC）管理，这个模块包含的寄存器如下：

	FLASH_ACR	0x4002 2000 – 0x4002 2003	4
	FLASH_KEYR	0x4002 2004 – 0x4002 2007	4
	FLASH_OPTKEYR	0x4002 2008 – 0x4002 200B	4
闪存存储器接口寄存器	FLASH_SR	0x4002 200C – 0x4002 200F	4
	FLASH_CR	0x4002 2010 – 0x4002 2013	4
	FLASH_AR	0x4002 2014 – 0x4002 2017	4
	保留	0x4002 2018 – 0x4002 201B	4
	FLASH_OBR	0x4002 201C – 0x4002 201F	4
	FLASH_WRPR	0x4002 2020 – 0x4002 2023	4

STM32 复位后，FPEC 模块是被保护的，不能写入 FLASH_CR 寄存器；通过写入特定的序列到 FLASH_KEYR 寄存器可以打开 FPEC 模块（即写入 KEY1 和 KEY2），只有在写保护被解除后，才能操作相关寄存器。固件库中的函数为：

```
1  void FLASH_Unlock(void);
```

2）擦除将要写的页

STM32 的 FLASH 在编程的时候，也必须要求其写入地址的 FLASH 是被擦除了的（也就是其值必须是 0XFFFF），否则无法写入，在 FLASH_SR 寄存器的 PGERR 位将得到一个警告。STM32 的闪存擦除分为两种：页擦除和整片擦除。也就是其最小擦除单位为 1 页，尽管只需往某页里写 10 个字节数据或者更少的数据，也必须先擦除该页（2*1 024 个字节）。这里使用按页擦除，固件库中按页擦除的函数为：

```
FLASH_Status FLASH_ErasePage(uint32_t Page_Address);
```

其返回值为枚举：

```
typedef enum
{
    FLASH_BUSY=1,              /* 忙 */
    FLASH_ERROR_PG,            /* 编程错误 */
    FLASH_ERROR_WRP,           /* 写保护错误 */
    FLASH_COMPLETE,            /* 操作完成 */
    FLASH_TIMEOUT              /* 操作超时 */
}FLASH_Status;
```

3）往上一步擦写成功的页写入数据

STM32 闪存的编程每次必须写入 16 位。虽然固件库中有如下三个写操作的函数：

```
1  FLASH_Status FLASH_ProgramWord(uint32_t Address, uint32_t Data);
2  FLASH_Status FLASH_ProgramHalfWord(uint32_t Address, uint16_t Data);
3  FLASH_Status FLASH_ProgramOptionByteData(uint32_t Address, uint8_t
Data);
```

分别为按字（32 bit）写入、按半字（16 bit）写入、按字节（8 bit）写入函数。32 位字节写入实际上是写入的两次 16 位数据，写完第一次后地址 +2，这与前面的 STM32 闪存的编程每次必须写入 16 位并不矛盾。写入 8 位实际也是占用的两个地址了，跟写入 16 位基本上没有区别。

4）写入操作完成后进行上锁操作

对 FLASH 进行写操作完成后要进行上锁操作，对应的固件库中函数为：

```
1  void FLASH_Lock(void);
```

5）读出数据

固件库中并没有读操作的函数。读操作其实就是读取 FLASH 某个地址的数据。

6）对比写入的数据与读出的数据是否相等

最后对比写入的数据与读出的数据是否完全一致，若一致则表明读写测试成功，否则失败。程序执行结果如图 1.4.10 所示。

图 1.4.10　对比写入数据与读出是否相同

可见，读出的数据与写入的数据一致，表明读写测试成功。

思考练习

1. STM32 存储有哪几个功能区呢？存储器如何启动？什么是位带操作？它有何特点和作用？

2. STM32 系统总线有哪几个单元？其功能分别是什么？

3. 动手实践：尝试编程，在 STM32 的 FLASH 地址区写入指定的一组数据（16 B）。

任务 5　处理 STM32 异常和中断

任务描述

本任务在了解异常的类型、优先级、异常的处理、复位、中断处理过程的基础上，试着编写中断处理复位子程序，按键中断控制 LED 灯的点亮或熄灭。

相关知识

1. 异常的类型

在 ARM Cortex-M4 内核中将复位、不可屏蔽中断、外部中断、故障都统称为异常，异常有多种类型。故障（Fault）是指令执行时由于错误的条件所导致的异常。故障可以分为同步故障和异步故障。同步故障是指当指令产生错误时同时报告错误，异步故障则是指当指令产生错误时无法保证同时报告错误。

ARMv7-M 体系结构支持同步故障和异步故障。一般的故障都是同步的，ARMv7-M 结构支持不精确总线异步故障。

任务4　使用
STM32总线结构
和存储映射评价表

课程视频

任务5　处理
STM32异常和
中断

学习笔记

表 1.5.1 中列出了异常的类型、位置和优先级。位置是指中断向量在中断向量表中的位置，是相对中断向量表开始处的字偏移。优先级的值越小，优先级越高。

表 1.5.1　异常类型、位置和优先级

异常类型	位置	优先级	描　述
—	0	—	复位时，加载向量表中第一项作为栈顶地址
复位	1	–3（最高）	电源开启和热复位时调用，在执行第一条指令时，优先级下降到最低，异步故障
不可中断屏蔽	2	–2	除了复位，它不能被其他任何中断中止或抢占，异步故障
硬故障	3	–1	如果故障由于优先级或可配置的故障处理程序被禁止而不能激活，此时所有这些故障均为硬故障，同步故障
存储管理	4	可配置	存储保护单元不匹配，包括不可访问和不匹配，同步故障；也用于 MPU 不可用或不存在的情况，以支持默认存储映射的从不执行区域
总线故障	5	可配置	预取出错，存储器访问错误，以及其地址 / 存储器相关的错误；当为精确的总线故障时是同步故障，不精确时为异步故障
应用故障	6	可配置	应用错误，如执行未定义的指令或试图进行非法的状态转换，同步故障
—	7 ~ 10	—	保留
SVCall	11	可配置	使用 SVC 指令进行系统服务调用，同步故障
调试监视异常	12	可配置	调试监视异常，同步故障，但只在允许时有效；如果它的优先级比当前激活的处理程序的优先级更低，则它不能激活
—	13	—	保留
PendSV	14	可配置	系统服务的可挂起请求，异步故障，只能由软件挂起
SysTick	15	可配置	用于系统滴答定时器，异步故障
外部中断	≥ 16	可配置	由核外发出的中断，INTISR[239:0]，传递给 NVIC，都为异步故障

2. 异常优先级

在处理器处理异常时，优先级决定了处理器何时以及如何进行异常处理。可以给中断设置软件优先级，也可以对其进行分组。

1）优先级

NVIC 支持通过软件设置优先级。通过写中断优先级寄存器的 PRI_N 字段可以设置优先级，范围为 0 ~ 255。硬件优先级随着中断号的增加而减小，优先级 0 为最高优先级，255 为最低优先级。

通过软件设置的优先级权限高于硬件优先级。例如，如果设置 IRQ[0] 的优先级为 1，IRQ[31] 的优先级为 0，则 IRQ[31] 的优先级比 IRQ[0] 的高。但通过软件设置的优先级对复位、不可屏蔽中断和硬故障没有影响。

当多个中断具有相同的优先级时，拥有最小中断号的挂起中断优先执行。例如，IRQ[0] 和 IRQ[1] 的优先级都为 1，则 IRQ[0] 优先执行。

2）优先级分组

为了能更好地对大量的中断进行优先级管理和控制，NVIC 支持优先级分组。通过设定应用中断和复位控制寄存器中的 PRIGROUP 字段，可以将 PRI_N 字段分成两部分：抢占优先级和次要优先级，如表 1.5.2 中所示。抢占优先级可认为是优先级分组，当多个挂起的异常具有相同的抢占优先级时，次要优先级就起作用。优先级分组和次要优先级共同作用确定了异常的优先级。当两个挂起的异常具有完全相同的优先级时，硬件位置编号低的异常优先被激活。

表 1.5.2 优先级分组

PRIGROUP[2:0]	分隔点位置	抢占优先级字段	次要优先级字段	占先优先级数量	次占优先级数量
000	xxxx xxx .y	[7:1]	[0]	128	2
001	xxxx xx .yy	.[7:2]	[1:0]	64	4
010	xxxx x .yyy	[7:3]	[2:0]	32	8
011	xxxx .yyyy	[7:4]	[3:0]	16	16
100	xxx .yyyyy	[7:5]	[4:0]	8	32
101	xx .yyyyyy	[7:6]	[5:0]	4	64
110	x .yyyyyyy	[7]	[6:0]	2	128
111	.yyyyyyyy	无	[7:0]	0	256

这里需要注意，表 1.5.2 中只是说明了 8 位优先级的配置。对于少于 8 位的优先级配置，寄存器的地位通常为 0。例如，使用 4 位优先级，则通过 PRI_N[7:4] 设置优先级，而 PRI_N[3:0] 为 0000。一个中断只能在其抢占优先级高于另一个中断的抢占优先级时才能发生抢占。

3）优先级对异常处理的影响

异常的处理与优先级有很大关系，异常处理中与优先级相关操作如下所述：

（1）抢占（Pre-emption）：当新异常比当前异常或任务有更高优先级时，则中断当前操作流，响应新的中断，并执行新的 ISR，于是就产生了中断嵌套。异常产生时，处理器的状态将自动入栈保存；与此同时，相对应的中断向量被取出，保存处理器状态后，将执行 ISR 的第一条指令，进入处理器流水线的执行阶段。

（2）尾链（Tail-chain）：这是用于加快中断服务处理的机制。如果有一个新的 ISR 或任务比即将返回的 ISR 拥有更高优先级，则处理器状态出栈被跳过而直接执行新的 ISR。

（3）返回（Return）：如果没有挂起的异常，或没有比栈中的 ISR 优先级更高的异常，则处理器执行出栈返回操作。ISR 完成时，将自动通过出栈操作恢复进入 ISR 之前的处理器状态。在恢复处理器状态的过程中，如果有一个新到的中断比正在返回的 ISR 或任务拥有更高优先级，则抛弃当前的操作并对新的中断做尾链处理。

（4）迟到（Late-arriving）：这是用于加快抢占速度的机制。当正在为先前到达的中断保存处理器状态时，如果有一个更高优先级的中断到达，则处理器选择处理更高优先级的中断，并为该中断获取向量。但状态保存不会因为晚到而受到影响，因为对于两个中断来说，保存处理器状态操作都是一样的，故保存状态不被中断而是继续进行，但保存完状态之后会执行迟到中断的 ISR 的第一条指令，返回时，则使用通常的尾链规则。

4）异常活动等级

当没有异常发生时，处理器处在 Thread 模式下，当进入中断处理或故障处理激活时，处理器将进入 Handler 模式。不同类型异常处理所对应的处理器工作模式、访问特权级别以及栈的使用是有所不同的，也就是活动等级不同。表 1.5.3 列出了不同异常的活动等级、特权级别和栈的使用情况。

表 1.5.3　不同异常的活动等级、特权级别和栈

异　　常	活动等级	特权级别	栈
无	Thread 模式	特权或用户	主栈或进程栈
ISR	异步抢占等级	特权	主栈
故障处理	同步抢占等级	特权	主栈
复位	Thread 模式	特权	主栈

所有异常类型的转换规则，包括触发异常的事件、转换类型、特权级别以及栈的使用情况如表 1.5.4 和表 1.5.5 所示。

表 1.5.4　异常转换

激活异常	触发事件	转换类型	特权级别	栈
复位	复位信号	Thread	特权或用户	主栈或进程栈
ISR 或 NMI	设置挂起的软件指令或硬件信号	异步抢点	特权	主栈
故障： 硬故障 总线故障 无 CP 故障 非法指令故障	逐步升级 存储器访问出错 访问不存在的 CP 非法指令	同步抢点	特权	主栈
调试监视异常	中止未允许时的调试事件	同步	特权	主栈
SVC	SVC 指令			
外部中断				

表 1.5.5　次要异常转换

次要异常	触发事件	激　活	优先作用
Thread	复位信号	异步	立即，优先级最高
ISR/NMI	HW 信号或设置挂起位	异步	根据优先级进行抢占或尾链

续表　

次 要 异 常	触 发 事 件	激　活	优 先 作 用
监视异常	调试事件	同步	如果优先级低于或等于当前事件，硬故障
SVCall	SVC 指令	同步	如果优先级低于或等于当前事件，硬故障
PendSV	软件挂起请求	链	根据优先级进行抢占或尾链
用法故障	非法指令	同步	如果优先级高于或等于当前事件，硬故障
无 CP 故障	访问不存在的 CP	同步	如果优先级高于或等于当前事件，硬故障
总线故障	存储器访问出错	同步	如果优先级高于或等于当前事件，硬故障
存储管理	MPU 不匹配	同步	如果优先级高于或等于当前事件，硬故障
硬故障	逐步升级	同步	高于所有的 NMI 异常
故障扩展	从可配置的故障处理中逐步升级请求	链接	将 local 处理的优先级提高到与硬故障一样，故可返回并链接到可配置的故障处理

3．异常处理

1）异常处理的进入与处理

当处理器处理异常发生时，会将 PC、处理器状态寄存器（xPSR）、r0 ～ r3、r12、LR 等 8 个寄存器的信息一次保存到堆栈指针 SP 所指之处。完成操作后，SP 指针后移 8 个字。

如果 NVIC 配置控制寄存器的 STKALLGN 位已经被设置，则在压栈之前会插入一个额外的字。从 ISR 返回后，处理器自动弹出 8 个寄存器。中断返回是通过 LR 寄存器传递数据，故 ISR 可以是通常的 C/C++ 函数，而且不需要修饰符。

寄存器入栈之后，处理器将读取向量表中的向量、更新 PC、开始执行 ISR。Cortex-M4 处理器处理异常的详细步骤如表 1.5.6 所示。

表 1.5.6　处理器处理异常的详细步骤

操　　作	是否可重新开始	描　　述
8 个寄存器入栈	否	将 xPSR、PC、r0 ～ r3、r12 和 LR 保存到选定的栈中
读取向量表	可以，迟到异常可导致重新开始	从内存中读取向量表，通过 ICode 总线实现，与 DCode 总线上的栈操作并行
从向量表中读取 SP	否	只有在复位情况下，SP 才回指向栈顶；除了选择栈、入栈和出栈外，其他操作不修改 SP
更新 PC	否	通过读取向量表的特定位置来更新 PC；只有在第一条指令开始执行后，迟到的异常才开始被处理
载入指令到流水线	可以，抢占可以导致新的向量表读取并载入流水线	从向量表项所指的位置载入指令，与寄存器入栈同时进行
更新 LR	否	LR 被设成 EXC_RETURN，以便退出异常

为提高处理器异常处理的效率和速度，Cortex-M3 提供了抢占、尾链及迟到等处理机制。

当发生异常时，根据处理器当前的行为，进入异常处理 ISR 的过程是有所不同的。处理器在不同情况下进入异常处理 ISR 的过程如下所述：

（1）非存取指令：在完成当前指令周期之后，在下一条指令之前进入异常处理。

（2）单加载 / 存取指令：根据总线状态完成或丢弃当前指令；根据总线等待状态，确定是否在下个指令周期进入异常处理。

（3）批量加载 / 存储指令：完成或丢弃当前寄存器传输并将连续计数器设给 EPSR；根据总线允许或中断可继续指令（ICI）规则，确定是否在下个指令周期时进入异常处理。

（4）异常入口点：这是一个 Late-arriving 异常，如果比正在被处理的异常优先级高，处理器取消异常入口点并执行后到的异常；后到的异常在中断处理时会使用新的中断向量；当执行一个新的处理程序，也就是第一个 ISR 指令时，会应用普通抢占规则，并不作为 Late-arriving。

（5）异常处理中：如果新异常比处理器当前处理的异常优先级更高，则处理器处理新异常。

2）异常处理的退出

ISR 的最后一条指令将 PC 的值更新为 0xFFFFFFFX，也就是进入异常时的 LR 值，这告诉处理器，ISR 的工作已经完成了，接下来要执行异常退出步骤。

（1）当从异常中返回时，处理器可能会处于以下情况之一：

● 尾链到一个已挂起的异常，该异常比栈中所有异常的优先级都高。

● 如果没有挂起的异常，或是栈中最高优先级的异常比挂起的最高优先级异常具有更高的优先级，则返回到最近一个已压栈的 ISR。

● 如果没有异常已经挂起或位于栈中，则返回到 Thread 模式。

（2）当异常退出时将执行下述操作：

● 弹出 8 个寄存器：如果没有抢占，则从 EXC_RETURN 指定的栈中弹出 PC、XPSR、r0 ～ r3、r12 和 LR，并更新 SP。

● 载入当前活动的中断号，反向栈对界调整：从栈中 IPSR 的位 [8:0] 中载入当前活动的中断号，处理器利用它确定跟踪哪个异常返回，并在返回时清除相应位。当位 [8:0] 为零时，处理器返回到 Thread 模式。

● 选择 SP：如果返回到一个异常，SP 为 Main_SP；如果返回到 Thread 模式，SP 为 Main_SP 或 Process_SP。

（3）在 ISR 中可用以下指令作为最后一条指令将值 0xFFFFFFFX 加载到 PC，以发送异常返回：

● POP/LDM，载入 PC。

● LDR，PC 作为目的地址。

● BX，使用任何寄存器进行跳转。

（4）当采用这种方法返回时，写入到 PC 的值被截取，并且作为 EXC_RETURN 的值。下面描述了 EXC_RETURN[3:0] 提供的返回信息以及说明：

● xxx0：保留。

- 0001：返回到 Handler 模式，异常返回时从主栈中读取状态，返回操作使用主栈。
- 0011：保留。
- 01x1：保留。
- 1001：返回到 Thread 模式，异常返回时从主栈中读取状态；返回操作使用进程栈。
- 1101：返回到 Thread 模式，异常返回时从进程栈中读取状态；返回操作使用进程栈。
- 1x11：保留。

（5）返回时如果出现保留项，将导致一个应用故障的异常。

在 Thread 模式下，如果 EXC_RETURN 的值被 PC 载入，或是该值来自向量表或其他任何指令，则将该值看成地址，而非一个特殊的值。该地址区间被定义为不可执行区间，并导致一个内存管理故障。

4. 复位过程

Cortex-M4 处理器复位时，NVIC 同时复位并控制内核从复位中释放出来。复位的过程是可完全预知的。下面是对复位过程的描述：

（1）NVIC 复位，控制内核：NVIC 清除其大部分寄存器。处理器处于 Thread 模式，特权访问方式执行代码，堆栈使用 Main 栈。

（2）NVIC 从复位中释放内核：NVIC 从复位中释放内核。

（3）内核配置堆栈：内核从向量表开始处读取初始 SP、Main_SP。

（4）内核设置 PC 和 LR：内核从向量表偏移中读取初始 PC，LR 设置为 0xFFFFFFFF。

（5）运行复位程序：禁止 NVIC 中断，并允许 NMI 和硬故障。

向量表。在向量表的位置 0 处，仅需要包含 4 个值：
- 栈顶地址。
- 复位程序的入口地址。
- 非屏蔽中断（NMI）ISR 的入口地址。
- 硬故障 ISR 的入口地址。

当中断运行时，不管向量表放在何处，向量总是指向所有可屏蔽异常的处理。同样，如果使用 SVC 指令，则 SVCall ISR 的位置也被定位。

5. 启动过程

正常情况，系统复位之后会按如下步骤启动，一个 C/C++ 程序在运行时能完成最初的 3 步，然后调用 main() 函数。

（1）初始化变量：任何全局 / 静态变量必须被设置，这包括初始化 BSS 变量为 0，将非 constant 变量从 ROM 复制到 RAM 中。

（2）设置栈：如果使用一个以上的栈，其他栈的分组 SP 必须被初始化；当前 SP 可以被从 Process 改变成 Main。

（3）初始化运行时：可选择地调用 C/C++ 运行时初始化代码，以运行堆的使用、浮点或其他功能；通常是由 C/C++ 库中的 main() 函数实现。

（4）初始化所有外设：在中断允许之前设置外设，初始化每个将要在应用程序中使用的外设。

（5）转换 ISR 向量表：可选择性地将向量表从代码段（@0）转到 SRAM 中的某个地方，这仅在优化性能或允许动态转换时进行。

（6）设置可配置错误：允许可配置故障，设置它们的优先级。

（7）设置中断：设置中断的优先级和屏蔽。

（8）允许中断：允许 NVIC 进行中断处理，但在设置中断允许的过程中不能发生中断，如果超过 32 个中断，将会使用不止一个的中断允许设置寄存器。可以通过 CPS 或 MSR 指令使用 PRIMASK 寄存器，来屏蔽中断直到准备好。

（9）改变特权访问方式：如果需要，在 Thread 模式下可将特权访问方式改为用户访问方式，这通常必须调用 SVCall 处理程序进行处理。

（10）循环：如果允许 Sleep-on-exit，在第一个中断或异常被处理后，不需要控制返回；如果 Sleep-on-exit 被选为允许或禁止，则这个循环可以实现清除和执行任务；如果没有使用 Sleep-on-exit，则循环将不受限制，当有必要时可使用 WFI（Sleep-now）。

6. 多堆栈的设置

根据处理器的工作模式不同，应用程序可以使用 Main 和 Process 两个不同的栈。处理器在进入异常处理和退出异常处理时，通常要在不同的工作模式、不同的代码访问方式、不同的堆栈之间切换。为了实现多堆栈，应用程序需执行下面的操作：

● 用 MSR 指令设置 Process_SP 寄存器。

● 如果使用 MPU（Memory Protection Unit），可适当地保护栈。

● Thread 模式下初始化栈和访问方式。

如果 Thread 模式下的访问方式由特权方式变成用户方式，仅可通过其他 ISR（例如 SVCall），才能使之从用户方式返回到特权方式。

在 Thread 模式下所用的栈可在 Main 栈和 Process 栈之间切换，但是这样做会影响对线程局部变量的访问。因此，在 Thread 模式下最好通过一个 ISR 来改变所使用的栈。下面是一个切换过程：

（1）调用设置程序，完成：

● 用 MSR 指令设置其他栈。

● 如果有 MPU，则允许 MPU 以支持基区。

● 调用启动程序。

● 从设置程序中返回。

（2）将 Thread 模式的访问方式改为非特权方式（用户方式）。

（3）使用 SVC 调用内核，内核将：

● 使用 MRS 指令为当前用户线程读取 SP，并将其保存在 TCB（线程控制块）中。

● 使用 MSR 指令为下个线程设置 SP，通常是 Process_SP。

● 如果需要，为新的当前线程设置 MPU。

● 返回到新的当前线程。

7. Abort 模式

在异常种类中有一些称为故障，有 4 种事件能产生故障：

- 取指令或从向量表加载向量时总线出错。
- 数据访问时总线出错。
- 内部检查错误，如未定义指令或试图用 BX 指令改变状态。在 NVIC 中的故障状态寄存器将指出故障的原因。
- 超越访问方式特权或未管理区导致 MPU 故障。

当处理器发生故障后，进入 Abort 模式，故障处理可分为两类：

- 固定优先级硬故障。
- 优先权可设定的 Local 故障。

1）硬故障

如果故障由于优先级或可配置的故障处理程序被禁止而不能激活，此时所有这些故障均为硬故障。所有异常中，仅有复位和 NMI 能抢占固定优先硬故障。硬故障可以抢占复位、NMI 和其他硬件之外的任何异常。

第二个总线故障不能逐步升级，因为一个同类型的故障不能抢占自身。这意味着如果被损坏的栈产生了一个故障，即使为处理程序进行的压栈失败了，故障处理程序仍能执行，但是栈中的内容已经被毁坏了。

2）Local 故障和升级

Local 故障根据其产生的原因分类，可分成以下几类：

- 复位：任何形式复位。
- 读取向量错误：读取向量表入口地址——返回总线错误。
- uCode 进栈错误：当使用硬件保存现场时产生故障——返回总线错误。
- uCode 进栈错误：当使用硬件保存现场时产生故障——MPU 访问违规。
- uCode 出栈错误：当使用硬件恢复现场时产生故障——返回总线失败。
- uCode 出栈错误：当使用硬件恢复现场时产生故障——MPU 访问违规。
- 升级为硬故障：故障发生时，当前异常处理程序的优先级等于或高于新故障，或此故障优先级还没有允许时，或可配置故障禁止，包括 SVC、BKPT 和其他各种故障。
- MPU 不匹配：因为数据访问产生 MPU 错误。
- MPU 不匹配：因为指令地址产生 MPU 错误。
- 预取指令错误：由于取指令而产生的总线错误。仅当此指令被执行时，才会产生故障。如果此指令被跳转过，则该故障被屏蔽。
- 精确数据总线错误：因为数据访问而返回的总线错误，并且是准确地指向指令。
- 不精确数据总线错误：因数据访问而返回的迟来总线错误，无法精确知道哪条指令。这样挂起且不同步，它不引起 FORCED。
- 无协处理器：不存在此协处理器，或无当前位。
- 未定义指令：未知指令。
- 在无效 ISA 状态时试图去执行一个指令：试图去执行一个无效的 EPSR 状态。

● 当被禁止或带有无效参数时，返回到 PC=EXC_RETURN：非法退出，由非法 EXC_RETURN 值，或 EXC_RETURN 值和压栈的 EPSR 值不匹配而引起。若当前有效异常列表中不包含当前 EPSR，也会导致非法退出。

● 非法不对齐载入和存储：当任何批量加载或存储指令试图去访问一个非对齐位置时，通过使用 UNALIGN_TRP 位，可以实现任意非对齐的载入或存储。

● 被0除：当执行 SDIV 或 UDIV 指令且用0作除数时发生，且置 DIV_0_TRP 位。

● SVC：系统服务请求（Service Call）。

3）故障状态寄存器

（1）每个故障都有一个故障状态寄存器（Fault Statue Register，FSR），用以对该故障的状态进行标志。Cortex-M4 处理器共有 5 个故障状态寄存器：

● 3 个可配置的故障状态寄存器［Mem Manage SR（MMSR），Bus Fault SR（BFSR），Usage Fault SR（UFSR）］，与 3 个可配置的故障处理相对应。

● 1 个硬故障状态寄存器（Hard Fault SR，HFSR）。

● 1 个调试故障状态寄存器（Debug Monitor or Halt SR，DFSR）。

根据故障种类不同，其分别设置以上 5 个状态寄存器中的某个对应位。

（2）Cortex-M4 处理器有两个错误地址寄存器（FAR）：

● 总线故障地址寄存器（BFAR）。

● 内存故障地址寄存器（MFAR）。

当地址在故障地址寄存器中有效时，在相应的错误状态寄存器中会由相应的标志进行指示。BFAR 和 MFAR 实际上是相同物理寄存器，因此 BFARVALID 位和 MFARVALID 位是互斥的。

8. 为什么需要中断

异常主要是指来自 CPU 内部的意外事件，比如执行了未定义指令、算术溢出、除零运算等。这些异常的发生，会引起 CPU 运行相应的异常处理程序。中断一般来自硬件（如片上外设、外部 I/O 输入等）发生的事件，当这些硬件产生中断信号时，CPU 会暂停当前运行的程序，转而去处理相关硬件的中断服务程序。但无论是异常还是中断，都会引起程序执行偏离正常的流程，转而去执行异常 / 中断的处理函数。

如果中断信号的产生原因来自 CPU 内部，则称之为异常；如果中断信号来自 CPU 外部，则称之为中断。有些场合如果没有明确指出是异常还是中断，就统称为中断。

比如：当你正在看一部很喜欢的电影时，这个时候你觉得有点口渴了，需要去烧一壶开水，假设水烧开需要 10 分钟。那么请问你如何知道水烧开了呢？也许你会有这两种选择：

● 每隔一小会你就跑去看一下这壶水有没有被烧开，然后回来接着看电影。

● 你可以等到水壶发出水被烧开的声音才去看一下，这期间你一直在看电影。

第一种情况的处理方式，实际上就是不断地查询水是否被烧开了，如果烧开了就关火，没烧开就继续看电影，这种处理方式可能会累死你，而且你也会觉得自己有点笨。写程序描述如下：

```
while (1)
{
    see a film(看电影)
    check water boiling(查看水是否烧开)
    if (水还没开)
        return(继续看电影)
    else
        关火
}
```

第二种方式可以看作是烧开水的声音发出了一个信号给你，你接收到这个信号，然后就知道了该去关火了，也就是说这个信号中断了你看电影的过程，而在这之前你可以一直享受看电影的过程。写程序描述如下：

```
while (1)
{
    see a film(看电影)
}


中断服务程序 ()
{
    关火
}
```

这个例子类比于 CPU 的话，CPU 也可以选择这两种方式去处理意外事件，查询方式或者中断方式。对于查询方式，很明显 CPU 资源无法得到充分利用，因为 CPU 速度是远大于外设速度，CPU 在查询外设的状态时就需要等待外设的响应，使得 CPU 做了很多无用功。而对于中断方式，当外部事件还没达到就绪状态时（类比就是水还没烧开这件事），CPU 可以专心做其他任务，一旦 CPU 接收到中断信号时，转而去处理中断请求，CPU 处理完毕之后再接着执行原来的任务。

从这个类比的例子可以看出，中断机制使得 CPU 具有了异步处理能力。有了中断机制之后，CPU 可以一直专心执行它的主任务，不用一直去查询设备的状态。设备本身如果达到了就绪状态，需要 CPU 去处理的时候，此时设备发出一个中断信号给 CPU，通知 CPU 说：“我要你来处理一下了，赶紧来吧！”CPU 收到通知之后，先把主任务暂停一会，然后跳转到相应外设的中断服务函数处理该外设的中断请求，处理完之后 CPU 再继续回去执行主任务。

9. 如何处理中断

1）外部中断

STM32F407 有 23 个外部中断，即 23 个中断线，从 EXTI 线 0 到 EXTI 线 22。
- EXTI 线 0 ~ 15：对应外部 I/O 口的输入中断。
- EXTI 线 16：连接到 PVD 输出。
- EXTI 线 17：连接到 RTC 闹钟事件。
- EXTI 线 18：连接到 USB OTG FS 唤醒事件。

- EXTI 线 19：连接到以太网唤醒事件。
- EXTI 线 20：连接到 USB OTG HS（在 FS 中配置）唤醒事件。
- EXTI 线 21：连接到 RTC 入侵和时间戳事件。
- EXTI 线 22：连接到 RTC 唤醒事件。

每个外部中断线可以独立地配置触发方式（上升沿、下降沿或者双边沿触发），触发/屏蔽，专用的状态位。因此，STM32F4 供 I/O 使用的中断线只有 16 个，但是 STM32F4xx 系列的 I/O 口多达上百个，需要将 I/O 口与中断线之间建立映射关系，由于 I/O 口数量多于 23，因此，这种映射是多对一的，多个 I/O 口对应一个中断线。以 EXTI 线 0 为例，STM32 按照 GPIOA.0，GPIOB.0，GPIOC.0，GPIOD.0，GPIOE.0，GPIOF.0，GPIOG.0，GPIOH.0，GPIOI.0 对应 EXTI 线 0（即 PA0，PB0，PC0，PD0，PE0，PF0，PG0，PH0，PI0 均可以对应 EXTI 线 0）。实际用到某个 I/O 引脚时，再通过配置决定具体哪个引脚对应 EXTI 线 0。

GPIO 与中断线关联如图 1.5.1 所示。

- GPIOx 与 EXTIx 对应。
- 每一个 GPIO 都可以作为外部中断引脚。

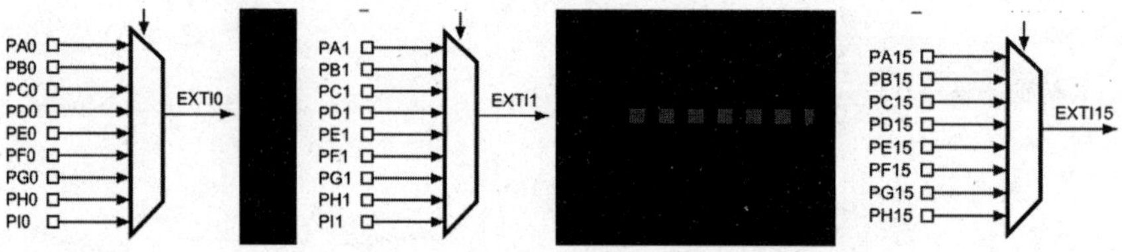

图 1.5.1　GPIO 与中断线关联图

在 STM32F407xx 微控制器外部中断向量共 7 个：

- EXTI0_IRQn。
- EXTI1_IRQn。
- EXTI2_IRQn。
- EXTI3_IRQn。
- EXTI4_IRQn。
- EXTI9_5_IRQn。
- EXTI15_10_IRQn。

其中，外部中断线 0、1、2、3、4 分别对应外部中断向量 EXTI0_IRQn 至 EXTI4_IRQn；外部中断线 5～9 共用中断向量 EXTI9_5_IRQn；外部中断线 10～15 共用中断向量 EXTI15_10_IRQn。

STM32F4xx 外部中断配置步骤：

（1）开启 GPIO 时钟、系统配置时钟。

```
// 开启 GPIO 时钟
RCC_AHB1PeriphClockCmd(RCC_AHB1Per0iph_GPIOI,ENABLE);
// 开启 SYSCFG 时钟
RCC_APB2PeriphClockCmd(RCC_APB2Periph_SYSCFG,ENABLE);
```

注：STM32F4xx 微控制器使用外部中断时都需要开启 SYSCFG 时钟。

（2）配置端口。

```
GPIO_InitStructure.GPIO_Pin=GPIO_Pin_4|GPIO_Pin_5|GPIO_Pin_6|GPIO_
Pin_7;                                              //选择端口
GPIO_InitStructure.GPIO_Mode=GPIO_Mode_IN;          //输入模式
GPIO_InitStructure.GPIO_PuPd=GPIO_PuPd_NOPULL;      //浮空输入
GPIO_Init(GPIOI,&GPIO_InitStructure);               //初始化配置
```

STM32F4xx 微控制器中每一个 GPIO 都可以作为外部中断引脚。GPIO 工作模式一般为浮空输入模式。

（3）GPIO 与中断线关联。

```
//GPIO 中断线关联
SYSCFG_EXTILineConfig(EXTI_PortSourceGPIOI,EXTI_PinSource4);
SYSCFG_EXTILineConfig(EXTI_PortSourceGPIOI,EXTI_PinSource5);
SYSCFG_EXTILineConfig(EXTI_PortSourceGPIOI,EXTI_PinSource6);
SYSCFG_EXTILineConfig(EXTI_PortSourceGPIOI,EXTI_PinSource7);
```

注：在 STM32F1xx 标准外设库中使用如下函数实现：

```
GPIO_EXTILineConfig(GPIO_PortSourceGPIOB,GPIO_PinSource12);
```

（4）中断线配置。

```
typedef struct
{
    uint32_t EXTI_Line;                    //中断线
    EXTIMode_TypeDef EXTI_Mode;            //中断模式
    EXTITrigger_TypeDef EXTI_Trigger;      //触发方式
    FunctionalState EXTI_LineCmd;          //中断线使能或失能
}EXTI_InitTypeDef;
```

● EXTI_Line 取值范围：EXTI_Line0 ～ 15。

● EXTI_Mode 取值范围：

➤EXTI_Mode_Interrupt 中断请求，例如：EXTI 线 x 中断。

➤EXTI_Mode_Event 事件请求，例如：连接到 EXTI 线的可编程电压检测（PVD）中断，连接到 EXTI 线的 RTC 唤醒中断或连接到 EXTI 线的 USB On-The-GoFS 唤醒中断。

● EXTI_Trigger 取值范围：EXTI_Trigger_Rising 上升沿触发；EXTI_Trigger_Falling 下降沿触发；EXTI_Trigger_Rising_Falling 上升沿、下降沿触发，如图 1.5.2 所示。

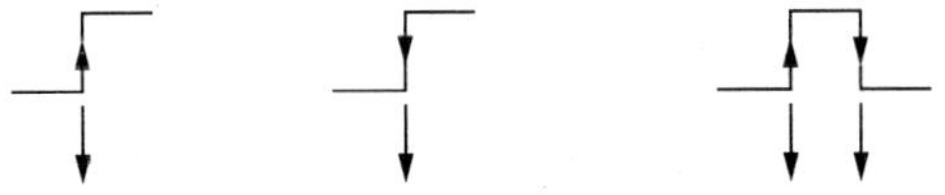

上升沿触发　　下降沿触发　　上升沿、下降沿均触发

图 1.5.2　触发方式

● EXTI_LineCmd 取值范围：ENABLE 使能；DISABLE 失能。

（5）中断向量优先级配置。

```
typedef struct
{
    uint8_t NVIC_IRQChannel;                        // 中断向量
    uint8_t NVIC_IRQChannelPreemptionPriority; // 抢占优先级
    uint8_t NVIC_IRQChannelSubPriority;        // 响应优先级
    FunctionalState NVIC_IRQChannelCmd;         // 中断向量使能或失能
} NVIC_InitTypeDef;
```

NVIC_IRQChannel 取值范围：STM32F407xx 微控制器中共 82 个中断向量，具体可参考手册。例如：EXTI 线 0 中断；DMA1 流 0 全局中断；ADC1、ADC2 和 ADC3 全局中断；CAN1 TX 中断；TIM1 捕获比较中断；USART1 全局中断；等等。

在 STM32F407xx 微控制器外部中断向量共 7 个：

- EXTI0_IRQn
- EXTI1_IRQn
- EXTI2_IRQn
- EXTI3_IRQn
- EXTI4_IRQn
- EXTI9_5_IRQn
- EXTI15_10_IRQn

外部中断线 0、1、2、3、4 分别对应外部中断向量 EXTI0_IRQn 至 EXTI4_IRQn。外部中断线 5 ~ 9 共用中断向量 EXTI9_5_IRQn。外部中断线 10 ~ 15 共用中断向量 EXTI15_10_IRQn。

NVIC_IRQChannelPreemptionPriority 和 NVIC_IRQChannelSubPriority 取值范围：STM32 微控制器中断优先级由抢占优先级与响应优先级决定，抢占优先级和响应优先级取值范围由中断分组决定。表 1.5.7 和表 1.5.8 分别为抢占优先级与响应优先级取值、抢占优先级与响应优先级示例。

表 1.5.7　抢占优先级与响应优先级取值

NVIC_PriorityGroup	NVIC_IRQChannel 抢占优先级	NVIC_IRQChannel 响应先级	描述
NVIC_PriorityGroup_0	0	0 ~ 15	抢占优先级 0 位 响应优先级 4 位
NVIC_PriorityGroup_1	0 ~ 1	0 ~ 7	抢占优先级 1 位 响应优先级 3 位
NVIC_PriorityGroup_2	0 ~ 3	0 ~ 3	抢占优先级 2 位 响应先级 2 位
NVIC_PriorityGroup_3	0 ~ 7	0 ~ 1	抢占优先级 3 位 响应优先级 1 位
NVIC_PriorityGroup_4	0 ~ 15	0	抢占优先级 4 位 响应优先级 0 位

表 1.5.8　抢占优先级与响应优先级示例

中断向量	抢占优先级	响应优先级	描述
A	0	1	抢占优先级相同，响应优先级数值小的优先级高
B	0	2	
A	1	2	响应优先级相同，抢占优先级数值小的优先级高
B	0	2	
A	1	0	抢占优先级比响应优先级高
B	0	2	
A	1	1	抢占优先级和响应优先级均相同，则中断向量编号小的先执行
B	1	1	

中断分组配置：

NVIC_PriorityGroupConfig(uint32_t NVIC_PriorityGroup);

- NVIC_PriorityGroup_0
- NVIC_PriorityGroup_1
- NVIC_PriorityGroup_2
- NVIC_PriorityGroup_3
- NVIC_PriorityGroup_4

NVIC_IRQChannelCmd 取值范围：ENABLE 使能；DISABLE 失能。

（6）外部中断服务函数。

- EXTI0_IRQHandler
- EXTI1_IRQHandler
- EXTI2_IRQHandler
- EXTI3_IRQHandler
- EXTI4_IRQHandler
- EXTI9_5_IRQHandler
- EXTI15_10_IRQHandler

外部中断向量 0、1、2、3、4 分别指向 EXTI0_IRQHandler 至 EXTI4_IRQHandler 函数。外部中断向量 5～9 指向 EXTI9_5_IRQHandler 函数。外部中断向量 10～15 指向 EXTI15_10_IRQHandler 函数。例如：

```
void EXTI4_IRQHandler(void)
{
    if(EXTI_GetITStatus(EXTI_Line4))   // 判断相应中断线是否触发中断
    {
        // 判断相应 GPIO 电平
        if(GPIO_ReadInputDataBit(GPIOI,GPIO_Pin_4)==0)
        {
            // 清除相应中断线中断标志位
            EXTI_ClearITPendingBit(EXTI_Line4);
        }
    }
}
```

2）外部中断常用库函数

其实，库函数是个壳，实际操作的还是寄存器，库函数只是相当于把对寄存器的操作"包起来"。

```
// 设置 IO 口与中断线的映射关系
(1) void SYSCFG_EXTILineConfig(uint8_t EXTI_PortSourceGPIOx,
uint8_t EXTI_PinSourcex);
SYSCFG_EXTILineConfig(EXTI_PortSourceGPIOE, EXTI_PinSource2);
// 初始化中断线：触发方式等
(2) void EXTI_Init(EXTI_InitTypeDef* EXTI_InitStruct);
// 判断中断线中断状态，是否发生
(3) ITStatus EXTI_GetITStatus(uint32_t EXTI_Line);
// 清除中断线上的中断标志位
(4) void EXTI_ClearITPendingBit(uint32_t EXTI_Line);
// 使能 SYSCFG 时钟，这个函数非常重要，在使用外部中断的时候一定要先使能
SYSCFG 时钟
(5) RCC_APB2PeriphClockCmd(RCC_APB2Periph_SYSCFG, ENABLE);
```

3）外部中断一般配置步骤

（1）使能 SYSCFG 时钟：

```
RCC_APB2PeriphClockCmd(RCC_APB2Periph_SYSCFG, ENABLE);
```

（2）初始化 I/O 口为输入。

```
GPIO_Init();
```

（3）设置 I/O 口与中断线的映射关系。

```
void SYSCFG_EXTILineConfig();
```

（4）初始化线上中断，设置触发条件等。

```
EXTI_Init();
```

（5）配置中断分组（NVIC），并使能中断。

```
NVIC_Init();
```

（6）编写中断服务函数。

```
EXTIx_IRQHandler();
```

（7）清除中断标志位。

```
EXTI_ClearITPendingBit();
```

任务实施

1. 复位服务子程序

复位服务子程序用来启动应用程序和允许中断。在中断处理完成后，有 3 种方式可调用复位服务子程序，可分别参考下面 3 个示例：

（1）纯粹 Sleep-on-exit 的复位服务子程序（复位程序不进行主循环）。

```
void reset()
```

```
{
    /*配置（初始化变量，如果需要初始化运行时，设置外设等）*/
    /*允许中断*/
    nvic[INT_ENA]=1;
    /*在第一个异常后通常不会返回*/
    nvic_regs[NV_SLEEP]|=NVSLEEP_ON_EXIT;
    while(1)
    wfi();
}
```

（2）带有通过 WFI（Wait For Interrupt）选择睡眠模式的复位服务子程序。

```
void reset()
{
    extern volatile unsigned exc_req;
    // 配置（初始化变量，如果需要初始化运行时，设置外设等）
    // 允许中断
    nvic[INT_ENA]=1;
    while(1)
    {
        // 为 (exc_req=FALSE;exc_req==FALSE;) 作相关工作
        // 进入睡眠模式，等待中断
        wfi();
        // 执行一些异常处理之后的检查和清除工作
    }
}
```

（3）选定的 Sleep-on-exit，可被要求的 ISR 唤醒而产生复位子程序。

```
void reset()
{
    // 配置（初始化变量，如果需要初始化运行时，设置外设等）
    // 允许中断
    nvic[INT_ENA]=1;
    while(1)
    {
        // 系统处于睡眠状态直到一个异常来清除 Sleep-on-exit 状态，然后
        // 可进行异常之后的处理和清除
        nvic_regs[NV_SLEEP]|=NVSLEEP_ON_EXIT;
        while(nvic_regs[NV_SLEEP]&NVSLEEP_ON_EXIT)
        //Sleep-now 等待中断来唤醒
        wfi();
        // 执行一些异常处理之后的检查和清除工作
    }
}
```

2. 按键中断控制小灯

由前述知道,STM32F407 系列中断分为 5 个组:(0～4)。对 0～4 每个中断设置一个抢占优先级和响应优先级值(值越小优先级越高),且第 n 个分组来说,有 n 位抢占优先级(值为 0～2^n-1)和 4-n 位响应优先级(值 0～2^{4-n}-1)。

● 高抢占优先级可以打断低抢占优先级。

● 抢占优先级相同时,先执行相应优先级值高的事件。

● 若抢占优先级相同,响应优先级高的事件要等正在执行的低响应优先级执行完后执行。

1)中断优先级分组函数

中断优先级分组函数一般放在 main() 函数中。

```
// 设置系统中断优先级分组
NVIC_PriorityGroupConfig(uint32_t NVIC_PriorityGroup);
#define IS_NVIC_PRIORITY_GROUP(GROUP)(((GROUP)==NVIC_PriorityGroup_0)||\
                                    ((GROUP)==NVIC_PriorityGroup_1)||\
                                    ((GROUP)==NVIC_PriorityGroup_2)||\
                                    ((GROUP)==NVIC_PriorityGroup_3)||\
                                    ((GROUP)==NVIC_PriorityGroup_4))
……
NVIC_InitTypeDef    NVIC_InitStructure;
NVIC_InitStructure.NVIC_IRQChannel=TIM3_IRQn;       // 确定中断通道
// 抢占优先级
NVIC_InitStructure.NVIC_IRQChannelPreemptionPriority=0x01;
NVIC_InitStructure.NVIC_IRQChannelSubPriority=0x03;  // 子优先级
NVIC_InitStructure.NVIC_IRQChannelCmd=ENABLE;        // 使能通道
NVIC_Init(&NVIC_InitStructure);

……
while(1) key=KEY_Scan(0);                             // 按键
```

2)中断配置

```
// ① 使能 SYSCFG 时钟
RCC_APB2PeriphClockCmd(RCC_APB2Periph_SYSCFG, ENABLE);// 使能 SYSCFG 时钟
// ② 初始化 GPIO 口为输入
//GPIO 初始化程序
void GPIO_SET(void)
{
    GPIO_InitTypeDef  GPIO_InitStructure;
    // 使能 GPIOA,GPIOB 时钟
    RCC_AHB1PeriphClockCmd(RCC_AHB1Periph_GPIOA, ENABLE);
    //WK_UP 对应引脚 PA0
    GPIO_InitStructure.GPIO_Pin=GPIO_Pin_0;
    GPIO_InitStructure.GPIO_Mode=GPIO_Mode_IN;       // 普通输入模式
```

```
    GPIO_InitStructure.GPIO_Speed=GPIO_Speed_100MHz;//100M
    GPIO_InitStructure.GPIO_PuPd=GPIO_PuPd_DOWN ;  // 下拉
    GPIO_Init(GPIOA, &GPIO_InitStructure);           // 初始化 GPIOA0
}
// ③ 设置 GPIO 口与中断线的映射关系
//PA0 连接到中断线 0
SYSCFG_EXTILineConfig(EXTI_PortSourceGPIOA, EXTI_PinSource0);
// ④ 初始化线上中断，设置触发条件：上升触发是电平由 0 转 1 时触发，下降
// 触发反之
/* 配置 EXTI_Line0 */
EXTI_InitTypeDef EXTI_InitStructure;
EXTI_InitStructure.EXTI_Line=EXTI_Line0;//LINE0
EXTI_InitStructure.EXTI_Mode=EXTI_Mode_Interrupt;// 中断事件
EXTI_InitStructure.EXTI_Trigger=EXTI_Trigger_Rising; // 上升沿触发
EXTI_InitStructure.EXTI_LineCmd=ENABLE;           // 使能 LINE0
EXTI_Init(&EXTI_InitStructure);                   // 配置
// ⑤ 设置中断分组
NVIC_InitTypeDef NVIC_InitStructure;
NVIC_InitStructure.NVIC_IRQChannel=EXTI0_IRQn;    // 外部中断 0
// 抢占优先级 0
NVIC_InitStructure.NVIC_IRQChannelPreemptionPriority = 0x00;
NVIC_InitStructure.NVIC_IRQChannelSubPriority = 0x02;// 子优先级 2
NVIC_InitStructure.NVIC_IRQChannelCmd = ENABLE;// 使能外部中断通道
NVIC_Init(&NVIC_InitStructure);// 配置
// ⑥ 编写中断服务函数，并清除中断标志位
// 外部中断 0 服务程序
void EXTI0_IRQHandler(void)
{
    delay_ms(10);        // 消抖
    if(WK_UP==1)
    {
        LED1=!LED1;
        LED2=!LED2;

    }
    EXTI_ClearITPendingBit(EXTI_Line0);// 清除 LINE0 上的中断标志位
}


// 外部中断初始化
void EXTIX_Init(void)
{
    // 使能 SYSCFG 时钟
```

学习笔记

```
RCC_APB2PeriphClockCmd(RCC_APB2Periph_SYSCFG, ENABLE);
GPIO_SET();              // 按键对应的 IO 口初始化
//PA0 连接到中断线 0
SYSCFG_EXTILineConfig(EXTI_PortSourceGPIOA, EXTI_PinSource0);

/* 配置 EXTI_Line0 */
EXTI_InitTypeDef EXTI_InitStructure;
EXTI_InitStructure.EXTI_Line=EXTI_Line0 ;       //LINE0
EXTI_InitStructure.EXTI_Mode=EXTI_Mode_Interrupt; // 中断事件
EXTI_InitStructure.EXTI_Trigger=EXTI_Trigger_Rising;  // 上升沿触发
EXTI_InitStructure.EXTI_LineCmd=ENABLE;         // 使能 LINE0
EXTI_Init(&EXTI_InitStructure);                 // 配置

NVIC_InitTypeDef NVIC_InitStructure;
NVIC_InitStructure.NVIC_IRQChannel=EXTI0_IRQn; // 外部中断
// 抢占优先级 3
NVIC_InitStructure.NVIC_IRQChannelPreemptionPriority=0x03;
// 子优先级 2
NVIC_InitStructure.NVIC_IRQChannelSubPriority=0x02;
// 使能外部中断通道
NVIC_InitStructure.NVIC_IRQChannelCmd=ENABLE;
NVIC_Init(&NVIC_InitStructure);                 // 配置
}
```

任务5 处理
STM32异常和
中断评价表

思考练习

1. 简述 STM32 的异常类型。

2. 在处理器处理异常时，优先级的作用是什么？

3. 在从异常中返回时，处理器可能会处于哪几种情况？

4. 在向量表的位置 0 处，仅需要包含 4 个值，这 4 个值都是什么？

5. 简述什么是硬故障。

6. 当遇到哪几种情况时，Local 故障将升级到硬故障？

7. 如何处理 STM32 微处理器的异常和中断？

8. 动手实践：

（1）通过查询资料，了解故障状态寄存器和故障地址寄存器的具体标志位的设置。

（2）通过查询资料，了解什么是 EXC_RETURN。

（3）采用中断方式实现按键切换 LED 灯亮灭。

任务6　设置 STM32 常用函数

任务描述

根据 STM32 应用开发的实际需要，封装底层硬件设置的一些函数，如 I/O 口位操作、系统时钟初始化函数、软件复位函数、睡眠设置函数、中断管理初始化函数以及延迟函数等。

相关知识

为了提高开发的效率，需要将一些常用的函数进行封装，例如，时钟初始化、延迟函数、中断管理函数等。

1. 底层硬件相关设置

1）I/O 口位操作

STM32 各个 I/O 口的位操作，包括读入和输出（见表 1.6.1），必须先进行 I/O 口时钟的使能和 I/O 口功能定义。sys.h 里面对 GPIO 输入输出部分功能实现了位带操作，I/O 口操作宏定义可见前面相关描述，不同规格注意寄存器地址的变化。

表 1.6.1　GPIO 读入、输出类型

功能	名　称	简　述
输入	上拉输入（GPIO_Mode_IPU）	默认状态下（引脚无输入），读得的数据为1，高电平
输入	下拉输入（GPIO_Mode_IPD）	与上拉输入相反，默认为0，低电平
输入	浮空输入（GPIO_Mode_IN_FLOATING）	输入不确定，无上拉和下拉，输入阻抗较大，一般用于标准通信协议如 I^2C、USART的接收端
输入	模拟输入模式（GPIO_Mode_AIN）	一般由ADC采集电压信号时将其设置为模拟输入
输出	普通推挽输出（GPIO_Mode_Out_PP）	输出电平为3.3 V
输出	普通开漏输出（GPIO_Mode_Out_OD）	若要输出5 V，则需外加上拉电阻，电源为5 V。输出为高阻态时，由上拉电阻和电源向外输出5 V的高电平
输出	复用推挽输出（GPIO_Mode_AF_PP）	引脚复用功能采用复用模式
输出	复用开漏输出（GPIO_Mode_AF_OD）	复用模式，且加入上拉电阻

2）初始化系统时钟

系统时钟初始化配置过程：

● 将 RCC 寄存器重新设置为默认值，配置中断向量表。

● 打开外部高速时钟晶振 HSE。

● 等待外部高速时钟晶振工作。

● 设置 AHB 时钟。

学习笔记

- 设置高速 AHB 时钟。
- 设置低速 AHB 时钟。
- 设置 PLL。
- 打开 PLL。
- 等待 PLL 工作。
- 设置系统时钟。
- 判断是否是 PLL 系统时钟。

3）软件复位

AIRCR 寄存器的各位描述如表 1.6.2 所示。

表 1.6.2　AIRCR 寄存器各位描述

位段	名　称	类型	复位值	描　述
31：16	VECTKEY	RW	—	访问钥匙，任何对该寄存器的写操作，都必须同时把 0x05FA 写入此段，否则写操作被忽略
15	ENDIANESS	R	—	指示端设置，1= 大端（BS8），0= 小端，此值是在复位时确定的，不能更改
10：8	PRIGROUP	R/W	0	优先级分组
2	SYSRESETREQ	W	—	请求芯片控制逻辑产生以此复位
1	VECTCLRACTIVE	W	—	清零所有异常的活动状态信息，通常只在调试时用，或者在 OS 从错误中恢复使用
0	VECTRESET	W	—	复位处理器内核（调试逻辑除外），但是此复位不影响芯片上内核以外的电路

从表 1.6.2 所列的位定义可以看出，要实现 STM32 的软复位，只要置位 BIT2 即可。这里要注意 bit 31 ~ 16 的访问钥匙，要将访问钥匙 0X05FA0000 与要进行的操作相或，然后写入 AIRCR，才被 Cortex-M3 接收。

4）睡眠模式

STM32 提供 3 种低功耗模式，以达到不同层次的降低功耗的目的：

- 睡眠模式（Cortex-M3 内核停止工作，外设仍在运行）。
- 停止模式（所有的时钟都停止）。
- 待机模式。

Sys_SleepDeep() 函数用来使 STM32 进入待机模式，在该模式下，STM32 所消耗的功耗最低。表 1.6.3 所示是 STM32 的低功耗一览表。

表 1.6.3　STM32 的低功耗一览表

模式	进入操作	唤　醒	对 1.8 V 区域时钟的影响	对 VDD 区域时钟的影响	电压调节器
睡眠	WFI	任一中断	CPU 时钟关，对其他时钟和 ADC 时钟无影响	无	开
	WFE	唤醒事件			

学习笔记

模式	进入操作	唤醒	对 1.8 V 区域时钟的影响	对 VDD 区域时钟的影响	电压调节器
停机	PDDS 和 LPDS 位 + SLEEPDEEP 位 +WFI 或 WFE	任一外部中断（在外部中断寄存器中设置）	所有使用 1.8 V 的区域的时钟都已关闭，HIS 和 HSE 的振荡器关闭	无	在低功耗模式下可进行开 / 关设置［依据电源控制寄存器（PWR_CR）的设定］
待机	PDDS 位 + SLEEPDEEP 位 +WFI 或 WFE	WKUP 引脚的上升沿、RTC 警告事件、NRST 引脚上的外部复位、IWDG 复位			关

表 1.6.4 列出了如何进入和退出待机模式。

表 1.6.4 进入和退出待机模式

待机模式	说　明
进入	在以下条件下执行 WFI 或 WFE 指令： ·设置 Cortex-M3 系统控制寄存器中的 SLEEPDEEP 位 ·设置电源控制寄存器（PWR_CR）中的 PDDS 位 ·清除电源控制 / 状态寄存器（PWR_CSR）中的 WUF 位
退出	WKUP 引脚的上升沿、RTC 闹钟、NRST 引脚上外部复位、IWDG 复位
唤醒延时	复位阶段时电压调节器的启动

5）中断管理

NVIC 嵌套向量中断控制器，控制着整个芯片中断相关的功能，它跟内核紧密耦合，是内核里面的一个外设。但各个芯片厂商会对 Cortex-M4 内核里面的 NVIC 进行裁剪，因此，STM32 的 NVIC 是 Cortex-M4 的 NVIC 的一个子集。STM32F4 的每个 I/O 都可以作为外部中断的中断输入口。每个中断设有状态位，每个中断 / 事件都有独立的触发和屏蔽设置。

NVIC_IPRx 中断优先级寄存器用来配置外部中断的优先级，IPR 宽度为 8 bit，原则上每个外部中断可配置的优先级为 0 ～ 255，数值越小，优先级越高。在 STM32F4 中使用了高 4 位设置中断优先级，也就是有 16 个可编程优先级。

中断优先级被分组为抢占优先级和子优先级。如果有多个中断同时响应，抢占优先级高的就会比抢占优先级低的优先得到执行，如果抢占优先级相同，就比较子优先级。如果抢占优先级和子优先级都相同的话，就比较它们的硬件中断编号，编号越小，优先级越高。

```
typedef struct
{
    uint8_t NVIC_IRQChannel;  // 设置中断源 , 不同的中断源不一样
    uint8_t NVIC_IRQChannelPreemptionPriority;  // 抢占优先级
    uint8_t NVIC_IRQChannelSubPriority;        // 子优先级
```

```
        FunctionalState NVIC_IRQChannelCmd;          // 中断使能
} NVIC_InitTypeDef;
```

如图 1.6.1 所示，编号①是输入线，EXTI 控制器有 23 个中断 / 事件输入线，这些输入可以通过寄存器设置为任意一个 GPIO，也可以是一些外设的事件，输入线一般是存在电平变化的信号。

编号②是一个边沿检测电路，它会根据上升沿触发选择寄存器（EXTI_RTSR）和下降沿触发选择寄存器（EXTI_FTSR）对应为的设置来控制信号触发。边沿检测电路以输入线作为信号输入端，如果检测到有边沿跳变就输出有效信号 1 给编号③电路，否则输出无效信号 0。编号④电路是一个与门电路，它的一个输入为编号③电路，另外一个输入来自中断屏蔽寄存器（EXTI_IMR）。与门电路要求输入都为 1 才输出 1，导致的结果如果 EXTI_IMR 设置为 0 时，不管编号③电路的输出信号是 1 还是 0，最终编号④电路输出的信号都为 0；如果 EXTI_IMR 设置为 1 时，最终编号④电路输出的信号才由编号③电路的输出信号决定，这样我们就可以简单控制 EXTI_IMR 来实现是否产生中断的目的。编号④电路输出的信号会被保存到挂起寄存器中（EXTI_PR）内，如果确定编号④电路输出为 1 就会把 EXTI_PR 对应位置 1。编号⑤是将 EXTI_PR 寄存器内容输出到 NVIC 内，从而实现系统中断事件控制。产生中断线路目的是把输入信号输入到 NVIC，进一步会运行中断服务函数，实现功能。

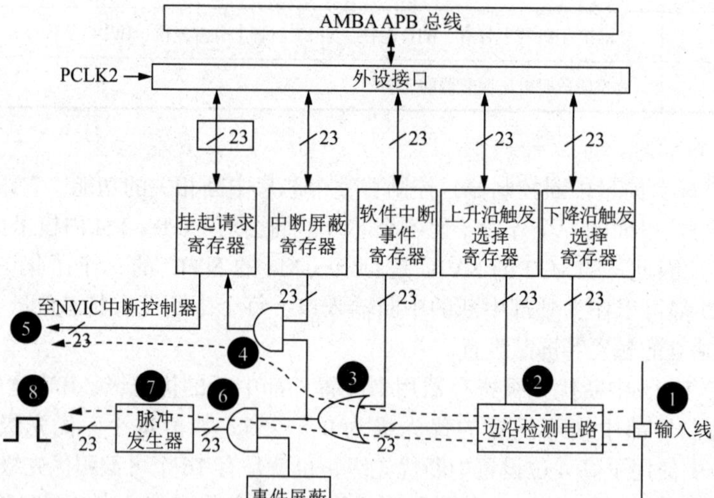

图 1.6.1　EXTI 功能框图

2. 延迟初始化

延迟初始化两个重要参数：fac_us 以及 fac_ms，同时把 SysTick 的时钟源选择外部时钟。

SysTick 是 MDK 定义了的一个结构体（在 stm32f10x_map. 里面），其中包含 CTRL、LOAD、VAL、CALIB 等 4 个寄存器。

SysTick_CTRL 寄存器各位的定义如表 1.6.5 所示。

表 1.6.5 CTRL 寄存器各位的定义

位　段	名　　称	类　型	复位值	描　　述
16	COUNTFLAG	R	0	如果在上次读取本寄存器后，SysTick 已经数到了 0，则该位为 1。如果读取该位，该位将自动清零
2	CLKSOURCE	R/W	0	0= 外部时钟源（STCLK） 1= 内核时钟（FCLK）
1	TICKINT	R/W	0	1=SysTick 倒数到 0 时产生 SysTick 异常请求 0= 数到 0 时无动作
0	ENABLE	R/W	0	SysTick 定时器的使能位

SysTick_LOAD 寄存器各位的定义如表 1.6.6 所示。

表 1.6.6 LOAD 寄存器各位的定义

位　　段	名　称	类　型	复位值	描　　述
23：0	RELOAD	R/W	0	当倒数至零时，将被重装载的值

SysTick_VAL 寄存器各位的定义如表 1.6.7 所示。

表 1.6.7 VAL 寄存器各位的定义

位　　段	名　称	类　型	复位值	描　　述
23：0	CURRENT	R/Wc	0	读取时返回当前倒计数的值，写它则使之清零，同时还会清除在 SysTick 控制及状态寄存器中的 COUNFLAG 标志

SysTick_CALIB 不常用，在这里也用不到，故不再介绍。

SysTick->CTRL&=0xfffffffb；设置 SysTick 的时钟选择外部时钟，这里需要注意的是 SysTick 的时钟源自 HCLK 的 8 分频，假设外部晶振为 8 MHz，然后倍频到 72 MHz，那么 SysTick 的时钟即为 9 MHz。fac_us 为 us 延时的基数，也就是延时 1 μs，SysTick->LOAD 所应设置的值。fac_ms 为 ms 延时的基数，也就是延时 1 ms，SysTick->LOAD 所应设置的值。fac_us 为 8 位整型数据，fac_ms 为 16 位整型数据。正因为如此，系统时钟如果不是 8 的倍数，则会导致延时函数不准确，这也是推荐外部时钟选择 8 MHz 的原因。

任务实施

1. I/O 口位操作

（1）创建一个新文件夹 SYS，该文件夹中需要创建一个 sys.h 文件。sys.h 文件的主要作用是宏定义 I/O 口的位操作，以及添加一些底层硬件相关的设置函数的声明。

（2）在 sys.h 文件中添加如下代码，实现 I/O 口位操作。

```
#define BITBAND(addr, bitnum) ((addr & 0xF0000000)+0x2000000+((addr&
0xFFFFF)<<5)+(bitnum<<2))
```

```
#define MEM_ADDR(addr)  *((volatile unsigned long *)(addr))
#define BIT_ADDR(addr, bitnum)   MEM_ADDR(BITBAND(addr, bitnum))
//I/O 口地址映射
#define GPIOA_ODR_Addr    (GPIOA_BASE+12)        //0x4001080C
#define GPIOB_ODR_Addr    (GPIOB_BASE+12)        //0x40010C0C
#define GPIOC_ODR_Addr    (GPIOC_BASE+12)        //0x4001100C
#define GPIOD_ODR_Addr    (GPIOD_BASE+12)        //0x4001140C
#define GPIOE_ODR_Addr    (GPIOE_BASE+12)        //0x4001180C
#define GPIOF_ODR_Addr    (GPIOF_BASE+12)        //0x40011A0C
#define GPIOG_ODR_Addr    (GPIOG_BASE+12)        //0x40011E0C
#define GPIOA_IDR_Addr    (GPIOA_BASE+8)         //0x40010808
#define GPIOB_IDR_Addr    (GPIOB_BASE+8)         //0x40010C08
#define GPIOC_IDR_Addr    (GPIOC_BASE+8)         //0x40011008
#define GPIOD_IDR_Addr    (GPIOD_BASE+8)         //0x40011408
#define GPIOE_IDR_Addr    (GPIOE_BASE+8)         //0x40011808
#define GPIOF_IDR_Addr    (GPIOF_BASE+8)         //0x40011A08
#define PBout(n)   BIT_ADDR(GPIOB_ODR_Addr,n)    // 输出
#define PBin(n)    BIT_ADDR(GPIOB_IDR_Addr,n)    // 输入
#define PCout(n)   BIT_ADDR(GPIOC_ODR_Addr,n)    // 输出
#define PCin(n)    BIT_ADDR(GPIOC_IDR_Addr,n)    // 输入
#define PDout(n)   BIT_ADDR(GPIOD_ODR_Addr,n)    // 输出
#define PDin(n)    BIT_ADDR(GPIOD_IDR_Addr,n)    // 输入
#define PEout(n)   BIT_ADDR(GPIOE_ODR_Addr,n)    // 输出
#define PEin(n)    BIT_ADDR(GPIOE_IDR_Addr,n)    // 输入
#define PFout(n)   BIT_ADDR(GPIOF_ODR_Addr,n)    // 输出
#define PFin(n)    BIT_ADDR(GPIOF_IDR_Addr,n)    // 输入
#define PGout(n)   BIT_ADDR(GPIOG_ODR_Addr,n)    // 输出
#define PGin(n)    BIT_ADDR(GPIOG_IDR_Addr,n)    // 输入
```

注意：以上代码中仅仅是对 I/O 口进行了输入和输出的控制，在调用这些函数之前不要忘记先进行 I/O 口时钟的使能和 I/O 口功能定义。

例如，要使 GPIOB 的第 1 个引脚输出 1，那么就需要先使能 GPIOB 口的时钟以及定义 GPIOB 口，然后使用 PBout(0)=1；实现。如果是判断 GPIOC 的第 8 个引脚输出是否等于 1，使用 if(PCout（7）==1)；即可以实现。

2. 系统时钟初始化程序

（1）在文件夹 SYS 下创建 sys.c 文件。

（2）依照系统时钟的初始化配置过程，首先需要在 sys.c 中添加 MYRCC_DeInit() 函数，该函数的作用是复位 RCC 寄存器以及配置中断向量表。具体实现代码如下：

```
void MYRCC_DeInit(void)
{
    RCC->APB1RSTR=0x00000000;// 复位结束
```

```
RCC->APB2RSTR=0x00000000;
RCC->AHBENR=0x00000014;      // 睡眠模式闪存和 SRAM 时钟使能，其他关闭
RCC->APB2ENR=0x00000000;     // 外设时钟关闭
RCC->APB1ENR=0x00000000;
RCC->CR|=0x00000001;         // 使能内部高速时钟 HSION
RCC->CFGR&=0xF8FF0000;
// 复位 SW[1:0],HPRE[3:0],PPRE1[2:0],PPRE2[2:0],ADCPRE[1:0],MCO[2:0]
RCC->CR&=0xFEF6FFFF;         // 复位 HSEON,CSSON,PLLON
RCC->CR&=0xFFFBFFFF;         // 复位 HSEBYP
RCC->CFGR&=0xFF80FFFF;       // 复位 PLLSRC,PLLXTPRE,PLLMUL[3:0]
                             // and USBPRE
RCC->CIR=0x00000000;         // 关闭所有中断
// 配置向量表
#ifdef  VECT_TAB_RAM
MY_NVIC_SetVectorTable(NVIC_VectTab_RAM, 0x0);
#else
    MY_NVIC_SetVectorTable(NVIC_VectTab_FLASH, 0x0);
#endif
}
```

其中，配置向量表的 **MY_NVIC_SetVectorTable(u32 NVIC_VectTab, u32 Offset)** 函数的实现代码如下，同时，也需要输入到 sys.c 文件中。

```
void MY_NVIC_SetVectorTable(u32 NVIC_VectTab, u32 Offset)
{
    // 检查参数合法性
    assert_param(IS_NVIC_VECTTAB(NVIC_VectTab));
    assert_param(IS_NVIC_OFFSET(Offset));
    // 设置 NVIC 的向量表偏移寄存器
    SCB->VTOR=NVIC_VectTab|(Offset & (u32)0x1FFFFF80);
    // 用于标识向量表是在 CODE 区还是在 RAM 区
}
```

该函数用来配置中断向量表基址和偏移量，决定是在哪个区域。当在 RAM 中调试代码时，需要把中断向量表放到 RAM 里，这就需要通过这个函数来配置。

（3）编写初始化系统时钟函数 Stm32_Clock_Init(u8 PLL) 函数，具体代码如下：

```
void Stm32_Clock_Init(u8 PLL)
{
    unsigned char temp=0;
    MYRCC_DeInit();            // 复位并配置向量表
    RCC->CR|=0x00010000;       // 外部高速时钟使能 HSEON
    while(!(RCC->CR>>17));     // 等待外部时钟就绪
    RCC->CFGR=0X00000400;      //APB1/2=DIV2;AHB=DIV1;
    PLL-=2;                    // 抵消 2 个单位
```

```
RCC->CFGR|=PLL<<18;           //设置 PLL 值 2 ～ 16
#define GPIOG_IDR_Addr    (GPIOG_BASE+8)        //0x40011E08
//I/O 口操作，只对单一的 I/O 口！
// 确保 n 的值小于 16！
#define PAout(n)     BIT_ADDR(GPIOA_ODR_Addr,n) // 输出
#define PAin(n)      BIT_ADDR(GPIOA_IDR_Addr,n) // 输入
RCC->CFGR|=1<<16;            //PLLSRC ON
FLASH->ACR|=0x32;           //FLASH 2 个延时周期
RCC->CR|=0x01000000;         //PLLON
while(!(RCC->CR>>25));       // 等待 PLL 锁定
RCC->CFGR|=0x00000002;       //PLL 作为系统时钟
while(temp!=0x02)            // 等待 PLL 作为系统时钟设置成功
{
     temp=RCC->CFGR>>2;
     temp&=0x03;
}
}
```

该函数只有一个参数 PLL，是用来配置时钟的倍频数的。例如，当前所用的晶振为 8 MHz，PLL 的值设为 9，那么 STM32 将运行在 72 MHz 的速度下。

3. 软复位

软复位可用下面代码：

```
void Sys_Soft_Reset (void)
{
     SCB->AIRCR =0X05FA0000|(u32)0x04;
}
```

SCB 为 MDK 定义的一个寄存器组，里面包含了很多与系统相关的控制器，具体的定义如下所示：

```
typedef struct
{
     vuc32 CPUID;       //CM3 内核版本号寄存器
     vu32 ICSR;         // 中断控制及状态控制寄存器
     vu32 VTOR;         // 向量表偏移量寄存器
     vu32 AIRCR;        // 应用程序中断及复位控制寄存器
     vu32 SCR;          // 系统控制寄存器
     vu32 CCR;          // 配置与控制寄存器
     vu32 SHPR[3];      // 系统异常优先级寄存器组
     vu32 SHCSR;        // 系统 Handler 控制及状态寄存器
     vu32 CFSR;         //MFSR+BFSR+UFSR
     vu32 HFSR;         // 硬件 fault 状态寄存器
     vu32 DFSR;         // 调试 fault 状态寄存器
     vu32 MMFAR;        // 存储管理地址寄存器
```

```
    vu32 BFAR;           // 硬件 fault 地址寄存器
    vu32 AFSR;           // 辅助 fault 地址寄存器
} SCB_TypeDef;
```

在 Sys_Soft_Reset 函数里，只是对 SCB__AIRCR 进行了一次操作，即实现了 STM32 的软复位。

4. 设置待机模式

待机模式的代码 Sys_Standby 的具体实现如下：

```
void Sys_Standby(void)
{
    SCB->SCR|=1<<2;           // 使能 SLEEPDEEP 位 (SYS->CTRL)
    RCC->APB1ENR|=1<<28;      // 使能电源时钟
    PWR->CSR|=1<<8;           // 设置 WKUP 用于唤醒
    PWR->CR|=1<<2;            // 清除 Wake-up 标志
    PWR->CR|=1<<1;            //PDDS 置位
    WFI_SET();               // 执行 WFI 指令
}
```

注：进入待机模式后，系统将停止工作，此时 JTAG 会失效。

5. 中断初始化

```
//EXTI 初始化结构体定义:
typedef struct
{
    /* EXTI_Line:EXTI 中断 / 事件线选择, 可选 EXTI0 或 EXTI22 */
    uint32_t EXTI_Line;
    /*EXTI_Mode:EXTI 模式选择, 可选为产生中断 (EXTI_Mode_Interrupt)
或者产生事件 (EXTI_Mode_Event) */
    EXTIMode_TypeDef EXTI_Mode;
    /* EXTI 边沿触发事件, 可选上升沿 (EXTI_Trigger_Rising)、下降沿触发 (EXTI_
Trigger_Falling) 或者上升沿和下降沿都触发 (EXTI_Trigger_Rising_Falling) */
    EXTIMode_TypeDef EXTI_Mode;
    /* 控制是否使能 EXTI 线, 可选使能 EXTI 线 (ENABLE) 或禁用 (DISABLE) */
    FunctionalState EXTI_LineCmd;
}EXTI_InitTypeDef;
```

注意：中断服务函数在库函数中都特定的名称，可以看作是默认的环境变量。也就是在 NVIC 检测到对应的中断的时候，就会去找到对应的中断服务函数标号。笔者使用的是正点原子的 STM32F407，其中的所有中断标号在 startup_stm32f40xx.s 文件中。

以下截取部分代码：

```
EXPORT  EXTI0_IRQHandler                    [WEAK]
EXPORT  EXTI1_IRQHandler                    [WEAK]
```

```
EXPORT   EXTI2_IRQHandler              [WEAK]
EXPORT   EXTI3_IRQHandler              [WEAK]
EXPORT   EXTI4_IRQHandler              [WEAK]
```

6. 延迟初始化

```
void delay_init(u8 SYSCLK)
{
//bit2清空，选择外部时钟   HCLK/8
SysTick->CTRL&=0xfffffffb;
    fac_us=SYSCLK/8;
    fac_ms=(u16)fac_us*1000;
}
```

1）微秒延迟

```
void delay_us(u32 nus)
{
    u32 temp;
    SysTick->LOAD=nus*fac_us;                 // 时间加载
    SysTick->VAL=0x00;                        // 清空计数器
    SysTick->CTRL=0x01;                       // 开始倒数
    do
    {
        temp=SysTick->CTRL;
    }
    while(temp&0x01&&!(temp&(1<<16)));        // 等待时间到达
    SysTick->CTRL=0x00;                       // 关闭计数器
    SysTick->VAL =0X00;                       // 清空计数器
}
```

通过之前对 SysTick 寄存器的描述，这段代码不难理解。其实就是先把要延时的微秒（us）数换算成 SysTick 的时钟数，然后写入 LOAD 寄存器。然后清空当前寄存器 VAL 的内容，再开启倒数功能。等到倒数结束，即延时了 nus。最后关闭 SysTick，清空 VAL 的值。实现一次延时 nus 的操作。

2）毫秒延迟

```
void delay_ms(u16 nms)
{
    u32 temp;
    SysTick->LOAD=(u32)nms*fac_ms; // 时间加载 (SysTick->LOAD 为 24bit)
    SysTick->VAL =0x00;             // 清空计数器
    SysTick->CTRL=0x01 ;            // 开始倒数
    do
    {
        temp=SysTick->CTRL;
```

```
        }
        while(temp&0x01&&!(temp&(1<<16)));        // 等待时间到达
        SysTick->CTRL=0x00;                        // 关闭计数器
        SysTick->VAL =0X00;                        // 清空计数器
    }
```

此部分代码和微秒延迟的代码大致一样，但是要注意因为 LOAD 仅仅是一个 24 bit 的寄存器，延时的毫秒（ms）数不能太长，否则超出了 LOAD 的范围，高位会被舍去，导致延时不准。最大延迟毫秒数可以通过以下公式计算：

```
nms<=0xffffff×8×1000/SYSCLK
```

SYSCLK 的单位为 Hz，nms 的单位为 ms。如果时钟为 72 MHz，那么 nms 的最大值为 1 864 ms。超过这个值就会导致延时不准确。

📺 思考练习

1. 简述 STM32 的中断机制。
2. 简述系统时钟的初始化配置过程。
3. 如何实现 STM32 的软复位？
4. 外部时钟为何一般选择 8 MHz？
5. 动手实践：
（1）通过查询资料，实现 I/O 口位操作使第 3 引脚和第 5 引脚输出 1。
（2）通过查询资料，实现最大延迟函数的操作。

任务6　设置 STM32常用函数 评价表

任务 7　配置 GPIO 的输入与输出

📋 任务描述

在掌握 STM32 的 GPIO 工作模式及其输入、输出初始化配置方法的基础上，利用 STM32 开发板或智能小车核心板，配置 STM32 的 GPIO 输入输出配置，完成跑马灯效果，控制 LED 灯和蜂鸣器开 / 关。

🖥 相关知识

课程视频

1．GPIO 概述

GPIO（General Purpose Input/Output，通用输入 / 输出）端口有时也被开发人员称为 I/O 口，是 STM32 上使用频率最高的设备之一。简单说来，就是 STM32 上的一些引脚，可以通过这些引脚输出高电平或低电平，或者通过读取这些引脚的状态输入高电平或低电平。

STM32 上提供了 80 多个 GPIO 端口（GPIO 端口数目视 STM32 芯片具体型号而定）。嵌入式智能车型机器人上所使用的 STM32F103VCT6 芯片，提供了 80 个双向 GPIO 端口，分为 GPIOA ～ GPIOE 共 5 组：GPIOA、GPIOB、GPIOC、

任务7　配置 GPIO的输入与 输出

GPIOD、GPIOE。每组有 16 个 GPIO，每个 GPIO 端口都可以承受最大 5 V 的压降。可以通过设置寄存器来确定某一引脚用于输入、输出还是其他特殊功能。例如，GPIOB_12 引脚与 LED 灯相连，就可以通过寄存器设置 GPIOB_12 为输出模式，控制 LED 灯的亮或灭。

对 GPIO 端口的操作是所有硬件操作的基础，由此扩展开来可以了解所有硬件的操作，所以对 GPIO 端口的操作是必须要掌握的。

2. GPIO 端口工作模式

一个 GPIO 引脚可以用于输入、输出。对于输入，通过某一寄存器来确定引脚是高电平还是低电平；对于输出，通过写入某一寄存器让某一引脚输出高电平还或低电平。在 STM32 中，开发人员可以通过设置寄存器设置 GPIO 的工作模式。STM32 中 GPIO 的工作模式有 8 种，分别是：

- 浮空输入。
- 带上拉电阻输入。
- 带下拉电阻输入。
- 模拟输入。
- 开漏输出。
- 推挽输出。
- 复用功能推挽输出。
- 复用功能开漏输出。

STM32 的 GPIO 除了以上 8 种工作模式之外，还可以进行两种映射，分别是外部中断映射和第二功能映射。当某一引脚映射为外部中断后，该 GPIO 端口就会被当做一个外部中断源使用，外面可以在这个 GPIO 上产生外部事件来实现对 STM32 内部程序的介入。例如，使用按键作为外部事件中断源，那么与按键相连的 GPIO 引脚就要进行外部中断映射使用。而当某个引脚被映射为第二功能映射时，它就会被切换为某个外围设备的功能 I/O 口。例如，当使用 PWM 控制嵌入式智能车型机器人的电动机时，就要设置相应引脚为第二功能映射，使该引脚为复用第二功能输出。

通常情况下，有 5 种方式使用某个引脚工作模式，它们的配置方式如下：

（1）作为普通 GPIO 输入：根据需要配置该引脚为浮空输入、带上拉电阻输入或带下拉电阻输入。同时，不能使能该引脚对应的所有复用功能模块。

（2）作为普通 GPIO 输出：根据需要配置该引脚为推挽输出或开漏输出。同时，不能使能该引脚对应的所有复用功能模块。

（3）作为普通模拟输入：根据需要配置该引脚为模拟输入。同时，不能使能该引脚所对应的所有复用功能模块。

（4）作为内置外设的输入：根据需要配置该引脚为浮空输入、带上拉电阻输入或带下拉电阻输入。同时，使能该引脚对应的某个复用功能模块。

（5）作为内置外设的输出：根据需要配置该引脚为复用功能推挽输出或复用功能开漏输出。同时，使能该引脚对应的所有复用功能模块。

在使用时需要注意，如果有多个复用功能模块对应同一个引脚，只能使能其中一个复用功能，其他复用功能应处于非使能状态。

3. GPIO 端口初始化配置

为了能够使 GPIO 端口在 STM32 上工作，需要对 GPIO 端口的相关寄存器进行配置，根据需要做输入与输出初始化配置操作。在此之前，需要了解 GPIO 端口初始化配置时的相关寄存器。

　　1）GPIO 端口初始化配置相关寄存器

　　（1）APB2ENR。

　　假设要控制 LED 灯的亮灭，LED 灯与 GPIOA_12 引脚相连，首先要做的是使能 GPIOA 端口的时钟。STM32 中 GPIO 端口的使能位都在 APB2ENR（APB2 外设时钟使能寄存器）中。图 1.7.1 所示为 APB2ENR 寄存器的各位描述。

31	30	29	28	27	26	25	24	23	22	21	20	19	18	17	16
		保留													

15	14	13	12	11	10	9	8	7	6	5	4	3	2	1	0
保留	USART1 EN	保留	SPI1 EN	TIM1 EN	ADC2 EN	ADC1 EN		保留	IOPE EN	IOPD EN	IOPC EN	IOPB EN	IPOA EN	保留	AFIO EN

图 1.7.1　APB2ENR 寄存器的各位描述

　　图 1.7.1 中，位 2 表示 GPIOA 端口时钟使能位，写 1 表示使能 GPIOA 时钟。写 0 表示关闭 GPIOA 时钟。位 3 表示 GPIOB 端口时钟使能位，写 1 表示使能 GPIOB 时钟，写 0 表示关闭 GPIOB 时钟。位 4 表示 GPIOC 端口时钟使能位，写 1 表示使能 GPIOC 时钟，写 0 表示关闭 GPIOC 时钟。位 5 表示 GPIOD 端口时钟使能位，写 1 表示使能 GPIOD 时钟，写 0 表示关闭 GPIOD 时钟。位 6 表示 GPIOE 端口时钟使能位，写 1 表示使能 GPIOE 时钟，写 0 表示关闭 GPIOE 时钟。

　　现在假设要对 GPIOD_12 引脚进行操作，首先要使能 GPIOD 引脚。以下为使能 GPIOD 端口且不影响 APB2ENR 寄存器其他位的 C 语言实现代码清单：

```
/* 使能 GPIO 端口 */
RCC->APB2ENR|=1<<5;
```

　　（2）GPIOx_CRH。

　　一个 GPIO 端口共有 16 个引脚，其中 GPIOx_15 ～ GPIOx_8 引脚可以通过 GPIOx_CRH（GPIOx 端口配置高八位寄存器）进行其工作模式的配置。图 1.7.2 所示为 GPIOx_CRH 寄存器各位描述。

31	30	29	28	27	26	25	24	23	22	21	20	19	18	17	16
CNF15 [1:0]		MODE15 [1:0]		CNF14 [1:0]		MODE14 [1:0]		CNF13 [1:0]		MODE13 [1:0]		CNF12 [1:0]		MODE12 [1:0]	

15	14	13	12	11	10	9	8	7	6	5	4	3	2	1	0
CNF11 [1:0]		MODE11 [1:0]		CNF10 [1:0]		MODE10 [1:0]		CNF9 [1:0]		MODE9 [1:0]		CNF8 [1:0]		MODE8 [1:0]	

图 1.7.2　GPIOx_CRH 寄存器各位描述

　　图 1.7.2 中，位 3 ～ 0 表示的是 GPIOx_8 引脚的端口配置位和端口模式位。位 7 ～ 4 表示的是 GPIOx_9 引脚的端口配置位和端口模式位。位 11 ～ 8 表示的是 GPIOx_10 引脚的端口配置位和端口模式位。位 15 ～ 12 表示的是 GPIOx_11 引脚的端口配置位和端口模式位。位 19 ～ 16 表示的是 GPIOx_12 引脚的端口配置位和端口模式位。位 23 ～ 20 表示的是 GPIOx_13 引脚的端口配置位和端口模式位。位

学习笔记

学习笔记

27 ～ 24 表示的是 GPIOx_14 引脚的端口配置位和端口模式位。位 31 ～ 28 表示的是 GPIOx_15 引脚的端口配置位和端口模式位。

图 1.7.2 中的 CNFx 表示的是端口 x 的配置位（x = 8,…,15）。当 GPIOx 引脚为输入模式时（MODEx[1:0] = 00），写入 00 时，表示模拟输入模式；写入 01 时，表示浮空输入模式（复位后的状态）；写入 10 时，表示上拉电阻 / 下拉电阻输入模式；写入 11 时，表示保留。当 GPIOx 引脚为输出模式时（MODEx[1:0] > 00），写入 00 时，表示通用推挽输出模式；写入 01 时，表示通用开漏输出模式；写入 10 时，表示复用功能推挽输出模式；写入 11 时，表示复用功能开漏输出模式。

图 1.7.2 中的 MODEx[1:0] 表示的是端口 x 的模式位（x = 8,…,15）。写入 00 时，表示输入模式（复位后的状态）；写入 01 时，表示输出模式，最大速率为 10 MHz；写入 10 时，表示输出模式，最大速率为 2 MHz；写入 11 时，表示输出模式，最大速率为 50 MHz。

假设要设置 GPIOB_8 引脚为通用推挽输出模式，速率为 50 MHz，不影响其他位设置，C 语言实现代码清单如下：

```
/* 清除 GPIOB_8 引脚原有设置，而不影响其他位 */
GPIOB->CRH|=0xFFFFFFF0;
/* 为 GPIOB_8 引脚设置为通用推挽输出，最大速率为 50 MHz*/
GPIOB->CRH&=0x00000003;
```

上边代码中设置了 GPIOB_8 引脚为通用推挽输出模式，速率为 50 MHz，现在要将 GPIOB_8 引脚设置为上拉电阻输入模式。C 语言实现代码清单如下：

```
/* 清除 GPIOB_8 引脚原有设置，而不影响其他位设置 */
GPIOB->CRH|=0xFFFFFFF0;
/* 为 GPIOB_8 引脚设置为上拉电阻输入 */
GPIOB->CRH&=0x00000008; // 为 GPIOB_8 引脚设置为上拉电阻输入
```

（3）GPIOx_CRL

GPIOx_CRH 是针对一个 GPIO 端口高八位引脚进行配置，而 GPIOx_CRL（GPIOx 端口配置低八位寄存器）则是针对一个 GPIO 端口的低八位引脚进行配置的（GPIOx_7 ～ GPIOx_0 引脚）。图 1.7.3 所示为 GPIOx_CRL 寄存器各位描述。

31	30	29	28	27	26	25	24	23	22	21	20	19	18	17	16
CNF7 [1:0]		MODE7 [1:0]		CNF6 [1:0]		MODE6 [1:0]		CNF5 [1:0]		MODE5 [1:0]		CNF4 [1:0]		MODE4 [1:0]	

15	14	13	12	11	10	9	8	7	6	5	4	3	2	1	0
CNF3 [1:0]		MODE3 [1:0]		CNF2 [1:0]		MODE2 [1:0]		CNF1 [1:0]		MODE1 [1:0]		CNF0 [1:0]		MODE0 [1:0]	

图 1.7.3　GPIOx_CRL 寄存器各位描述

图 1.7.3 中，位 3 ～ 0 表示的是 GPIOx_0 引脚的端口配置位和端口模式位。位 7 ～ 4 表示的是 GPIOx_1 引脚的端口配置位和端口模式位。位 11 ～ 8 表示的是 GPIOx_2 引脚的端口配置位和端口模式位。位 15 ～ 12 表示的是 GPIOx_3 引脚的端口配置位和端口模式位。位 19 ～ 16 表示的是 GPIOx_4 引脚的端口配置位和

端口模式位。位 23 ～ 20 表示的是 GPIOx_5 引脚的端口配置位和端口模式位。位 27 ～ 24 表示的是 GPIOx_6 引脚的端口配置位和端口模式位。位 31 ～ 28 表示的是 GPIOx_7 引脚的端口配置位和端口模式位。

在这里，GPIOx_CRL 寄存器与 GPIOx_CRH 寄存器中的 CNFx（端口 x 的配置位）、MODEx（端口 x 的模式位）相似，不再赘述。

假设要设置 GPIOB_0 和 GPIOB_4 引脚为通用推挽输出模式，速率为 50 MHz，不影响其他位设置，C 语言实现代码清单如下：

```
/* 清除 GPIOB_0 和 GPIOB_4 引脚原有设置，而不影响其他位设置 */
GPIOB->CRL|=0xFFF0FFF0;
/* 为 GPIOB_0 和 GPIOB_4 引脚设置为上拉电阻输入 */
GPIOB->CRL&=0x00030003;
```

（4）GPIOx_ODR

GPIOx_ODR（GPIOx 端口输出数据寄存器）是用来设置 GPIO 端口相应引脚输出高电平或低电平的一个寄存器。通过该寄存器，可以设置一个引脚的默认输出电平是高电平还是低电平。图 1.7.4 所示为 GPIOx_ODR 寄存器各位描述。

31	30	29	28	27	26	25	24	23	22	21	20	19	18	17	16
保留															

15	14	13	12	11	10	9	8	7	6	5	4	3	2	1	0
ODR15	ODR14	ODR13	ODR12	ODR11	ODR10	ODR9	ODR8	ODR7	ODR6	ODR5	ODR4	ODR3	ODR2	ODR1	ODR0

图 1.7.4 GPIOx_ODR 寄存器各位描述

该寄存器为可读写寄存器，我们可以向相应位写入 1，表示该位相应为默认输出高电平；向相应为写入 0，表示该位相应为默认输出低电平。

现在假设 GPIOB_0 默认输出高电平，不影响其他位，C 语言代码实现清单如下：

```
/* 设置 GPIOB 默认输出高电平 */
GPIOB->ODR|=1<<0;
```

2）GPIO 端口输出初始化配置

如果想要使 LED 灯亮或灭，那么就要对 STM32 的 GPIO 端口进行相应的输出初始化配置。一般 GPIO 端口输出初始化配置的实现步骤如下：

步骤 1：使能相应的 GPIO 端口。

步骤 2：设置 GPIO 端口相应引脚的工作模式。

步骤 3：设置 GPIO 端口相应引脚的默认输出电平。

在进行 GPIO 端口输出初始化配置编程实现时，需要注意如下几点：

（1）不要忘记对相应 GPIO 端口进行使能。

（2）工作模式配置时，如果一个 GPIO 端口有多个复用功能，那么只有一个复用功能能够使能。

（3）初始化设置时，一定要注意，只针对需要操作的引脚进行设置，而不要影响到其他引脚。

下面通过一个例子来具体学习一下 GPIO 端口输出初始化配置。

例：初始化设置 GPIOB_0 引脚的输出模式为推挽输出，速率为 50 MHz，默认输出高电平。

其 C 语言代码实现清单如下：

```
/******************************
** 函数名: gpiob_0_output_init
** 作  用: 初始化 GPIO_0 端口，为输出端口
*******************************/
void gpiob_0_output_init(void)
{
    /* 使能 GPIOB 端口 */
    RCC->APB2ENR|=1<<3;
    /* 清除 GPIOB_0 原设置，而不影响其他位设置 */
    GPIOB->CRL|=0xFFFFFFF0;
    /* 设置 GPIOB_0 为推挽输出，速率为 50 MHz*/
    GPIOB->CRL&=0x00000003;
    /* 设置 GPIOB_0 默认输出高电平 */
    GPIOB->ORD|=1<< 0;
}
```

在这里，首先使能了 GPIOB 端口，对 GPIOB_0 进行了清除原设置操作，然后根据需要设置 GPIOB_0 为推挽输出模式，速率为 50 MHz，默认输出高电平。注意，因为我们是要对 GPIOB_0 进行配置，所以在这里只对 GPIOx_CRL 寄存器进行配置即可，而不用去配置 GPIOx_CRH 寄存器。

3）GPIO 端口输入初始化配置

如果想要使用按键控制，那么就要对 STM32 的 GPIO 端口进行相应的输入初始化配置。一般 GPIO 端口输入初始化配置的实现步骤如下：

步骤 1：使能相应的 GPIO 端口。

步骤 2：设置 GPIO 端口相应引脚的工作模式。

步骤 3：设置 GPIO 端口相应引脚的默认输出电平。

在进行 GPIO 端口输入初始化配置编程实现时，同样需要注意以下几点：

（1）不要忘记对相应 GPIO 端口进行使能操作。

（2）作为普通 GPIO 输入时，不能使能该引脚所对应的复用功能。

例：初始化设置 GPIOB_8 引脚的输出模式为带上拉电阻输入，默认输出高电平。

其 C 语言代码实现清单如下：

```
/******************************
** 函数名: gpiob_8_input_init
** 作  用: 初始化 GPIO_8 端口，为输入端口
*******************************/
void gpiob_8_input_init(void)
{
```

74

```
    /* 使能 GPIOB 端口 */
    RCC->APB2ENR|=1<<3;
    /* 清除 GPIOB_8 原设置，而不影响其他位设置 */
    GPIOB->CRH|=0xFFFFFFF0;
    /* 设置 GPIOB_8 为上拉电阻输入 */
    GPIOB->CRH&=0x00000008;
    /* 设置 GPIOB_8 默认输出高电平 */
    GPIOB->ODR|=1<< 8
}
```

在这里，首先使能了 GPIOB 端口，对 GPIOB_8 进行了清除原设置操作，然后根据需要设置 GPIOB_8 为带上拉电阻输入，默认输出高电平。注意，因为是要对 GPIOB_8 进行配置，所以在这里只对 GPIOx_CRH 寄存器进行配置即可，而不用去配置 GPIOx_CRL 寄存器。

任务实施

1. 跑马灯实现

如图 1.7.5 所示，嵌入式智能车型机器人核心板上板载了 4 个 LED 灯，分别是 D1、D2、D3、D4。在其 STM32 程序设计中，可以通过 D1 来判断指令的运行周期。该任务将通过嵌入式智能车型机器人板载的 LED 灯实现跑马灯效果，掌握 STM32 中 GPIO 端口输出初始化配置方法。

这里使用核心板板载 LED 模块、主控芯片，主控芯片通过 GPIO 端口输出高低电平，控制 LED 灯亮与灭，其他开发板或芯片类似。

1）电路连接

选用核心板板载 LED 灯中的 D1 和 D2 来做跑马灯实验。D1 与 STM32 主控芯片的 GPIOD_8 引脚连接，D2 与 STM32 主控芯片的 GPIOD_9 引脚连接。电路原理图如图 1.7.6 所示。

图 1.7.5 跑马灯功能框图

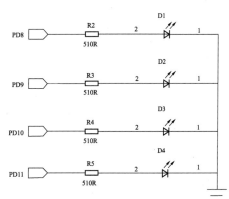

图 1.7.6 LED 灯电路原理图

2）程序设计

跑马灯程序流程图如图 1.7.7 所示。

实操视频

配置 GPIO 的
输入与输出

程序中设备初始化主要包括 GPIO 端口的初始化，控制 D1 和 D2 的亮灭实现。

3）程序实现

（1）新创建一个工程 test，在其下创建 3 个目录，分别是 SYSTEM、USER、HARDWARE。SYSTEM 目录下主要存放 STM32 内部设备的初始化文件、延时文件等。USER 目录下主要存放编写的主要业务逻辑。HARDWARE 目录下主要存放外面对外围设备初始化、功能函数的文件。因为前面章节已对系统时钟初始化和延时做过讲解，在此不再赘述。

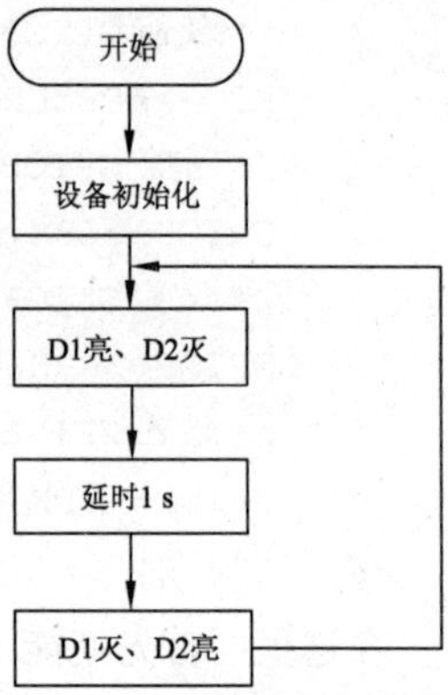

（2）在 HARDWARE 目录下添加 LED 目录，并在 LED 目录下添加 led.c 文件和 led.h 文件。

led.c 文件中代码清单如下：

```
/*****************************
** 函数名：LED_INIT
** 作  用：LED 灯初始化
*****************************/
void LED_INIT(void)
{
    /* 清除 GPIOD_8 和 GPIOD_9 原有设置，而不影响其他位设置 */
    GPIOD->CRH&=0xFFFFFF00;
    /* 设置 GPIOD_8 和 GPIOD_9 为推挽输出，速率为 50 MHz*/
    GPIOD->CRH|=0x00000033;
    /* 默认输出低电平 */
    GPIOD->ODR|=0x0000;
}
```

led.h 文件中代码清单如下：

```
#ifndef _ _LED_H
#define _ _LED_H
#include "sys.h"

#define D1 PDout(8)
#define D2 PDout(9)

void LED_INIT(void);
#endif
```

（3）在 HARDWARE 目录下创建目录 INIT，并创建 init.c 文件和 init.h 文件。其中 init.c 的作用是初始化操作。

init.c 文件中的代码清单如下：

```
#include "init.h"
```

图 1.7.7　跑马灯程序流程图

开始 → 设备初始化 → D1亮、D2灭 → 延时1 s → D1灭、D2亮

```
void initialization(void)
{
    /* 系统时钟初始化 */
    Stm32_Clock_Init(9);
    Delay_Init(72);
    RCC->APB2ENR=1<<5;
    LED_INIT();
}
```

init.h 文件中的代码清单如下：

```
#ifndef _ _INIT_H
#define _ _INIT_H

#include <stm32f10x_lib.h>
#include "sys.h"
#include "usart.h"
#include "delay.h"
#include "led.h"

void initialization(void);
#endif
```

（4）主要业务逻辑编写，在 USER 目录下创建文件 main.c 文件。

main.c 文件中的代码清单如下：

```
#include "init.h"
#include <stm32f10x_lib.h>

int main(void)
{
    initialization();
    while(1)
    {
        D1=1;
        D2=0;
        delay_ms(1000);
        D1=0;
        D2=1;
        delay_ms(1000);
    }
}
```

4）运行结果

当 LED 灯 D1 亮时，LED 灯 D2 灭。1 s 后，LED 灯 D1 灭，LED 灯 D2 亮。如此一直循环下去。

2. 控制 LED 灯和蜂鸣器

如图 1.7.8 所示，需要用到核心板载 LED 模块、按键模块、蜂鸣器和主控芯片。在这里主控芯片通过 GPIO 端口判断按键是否按下，如果按下，则开启相应功能。开发板上板载 4 个 LED 灯，分别是 D1、D2、D3、D4；4 个按键，分别是 K1、K2、K3、K4；一个蜂鸣器。这里将通过按键控制 LED 灯的亮与灭，以及蜂鸣器开启与关闭。需要对 STM32GPIO 端口输出 / 输入初始化配置，实现按下按键 K1，LED 灯 D1 亮，松开按键 K1，LED 灯 D1 灭；按下按键 K2，LED 灯 D2 亮，松开按键 K2，LED 灯 D2 灭；按下按键 K3，蜂鸣器响，松开按键 K3，蜂鸣器不响。

1）电路连接

图 1.7.9 所示为嵌入式智能车型机器人板载 LED 灯的电路原理图。

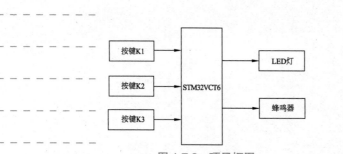

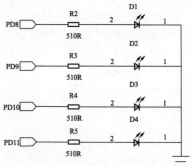

图 1.7.8　项目框图　　　　　　图 1.7.9　板载 LED 灯电路原理图

图 1.7.10 所示为嵌入式智能车型机器人板载蜂鸣器电路原理图。

图 1.7.11 所示为嵌入式智能车型机器人板载按键电路原理图。

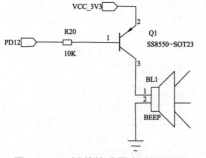

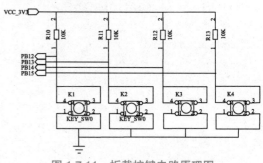

图 1.7.10　板载蜂鸣器电路原理图　　　图 1.7.11　板载按键电路原理图

2）程序设计

本任务程序流程图如图 1.7.12 所示。

程序中的设备初始化主要指的是 GPIO 端口的初始化。当按下一个按键时，会有相应的功能相应。

3）程序实现

（1）新创建一个工程 test，在其下创建 3 个目录，分别是 SYSTEM、USER、HARDWARE。SYSTEM 目录下主要存放 STM32 内部设备的初始化文件、延时文件等。

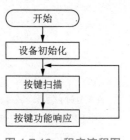

图 1.7.12　程序流程图

USER 目录下主要存放编写的主要业务逻辑。HARDWARE 目录下主要存放外面对外围设备初始化、功能函数的文件。因为前面章节已对系统时钟初始化和延时做过讲解，在此不再赘述。

（2）在 HARDWARE 目录下添加 LED 目录，并在 LED 目录下添加 led.c 文件和 led.h 文件。

led.c 文件中代码清单如下：

```
#include "led.h"

void LED_INIT(void)
{
    GPIOD->CRH&=0xFFFFFF00;
    GPIOD->CRH|=0x00000033;
    GPIOD->ODR|=0x0000;
}
```

led.h 文件中代码清单如下：

```
#ifndef _ _LED_H
#define _ _LED_H
#include "sys.h"
#include <stm32f10x_lib.h>

#define D1 PDout(8)
#define D2 PDout(9)

void LED_INIT(void);
#endif
```

（3）在 HARDWARE 目录下添加 KEY 目录，并在 KEY 目录下添加 key.c 文件和 key.h 文件。

key.c 文件中代码清单如下：

```
#include "key.h"

void KEY_INIT(void)
{
    GPIOB->CRH&=0xF000FFFF;
    GPIOB->CRH|=0x08880000;
    GPIOB->ODR|=0x7000;
}
```

key.h 文件中代码清单如下：

```
#ifndef _ _KEY_H
#define _ _KEY_H
```

学习笔记

```
#include "sys.h"

#define K1 PBin(12)
#define K2 PBin(13)
#define K3 PBin(14)

void KEY_INIT(void);

#endif
```

（4）在 HARDWARE 目录下添加 BEEP 目录，并在 BEEP 目录下添加 beep.c 文件和 beep.h 文件。

beep.c 文件中代码清单如下：

```
#include "beep.h"

void BEEP_INIT(void)
{
    GPIOD->CRH&=0xFFF0FFFF;
    GPIOD->CRH|=0x00030000;
    GPIOD->ODR|=0x0000;
}
```

beep.h 文件中代码清单如下：

```
#ifndef _ _BEEP_H
#define _ _BEEP_H
#include <stm32f10x_lib.h>
#include "sys.h"

#define BP PDout(12)

void BEEP_INIT(void);
#endif
```

（5）在 HARDWARE 目录下添加 INIT 目录，并在 INIT 目录下添加 init.c 文件和 init.h 文件。

init.c 文件中代码清单如下：

```
#include "init.h"
void initialization(void)
{
    stm32_clock_init(9);
    delay_init(72);
    RCC->APB2ENR|=1<<5;
    RCC->APB2ENR|=1<<3;
    KEY_INIT();
```

```
    LED_INIT();
    BEEP_INIT();
}
```

init.h 文件中代码清单如下：

```
#ifndef _ _INIT_H
#define _ _INIT_H
#include <stm32f10x_lib.h>
#include "sys.h"
#include "usart.h"
#include "delay.h"
#include "led.h"
#include "beep.h"
#include "key.h"
void initialization(void);
#endif
```

（6）主要业务逻辑编写，在 USER 目录下创建 main.c 文件。

main.c 文件中的代码清单如下：

```
#include "init.h"
#include <stm32f10x_lib.h>
int main(void)
{
    initialization();
    while(1)
    {
        if(!K1)
        {
            delay_ms(10);
            if(!K1)
            {
                D1=1;
            }
        }
        else
        {
            D1=0;
        }
        if(!K2)
        {
            delay_ms(10);
            if(!K2)
            {
                D2=1;
```

```
            }
        }
        else
        {
            D2=0;
        }
        if(!K3)
        {
            delay_ms(10);
            if(!K3)
            {
                BP=0;
            }
        }
        else
        {
            BP=1;
        }
    }
}
```

4）运行结果

按键 K1，LED 灯 D1 亮，松开按键 K1，LED 灯 D1 灭；按下按键 K2，LED 灯 D2 亮，松开按键 K2，LED 灯 D2 灭；按下按键 K3，蜂鸣器响，松开按键 K3，蜂鸣器不响。

思考练习

1. 简述 GPIO 的工作模式。
2. 简述 GPIO 端口输入和输出配置实现步骤。
3. 动手实践：按键 K1，实现跑马灯效果案例。

任务7 配置 GPIO的输入与输出评价表

课程视频

任务8 实现 STM32串口通信

任务8　实现 STM32 串口通信

任务描述

在了解串口通信协议、特性、初始化配置的基础上，参考芯片手册，利用 STM32 开发板构建串口通信系统框图，连接外设，实现简单的串口通信控制数据的发送与接收。具体包括：① 嵌入式智能车型机器人可以通过按键或指令控制实时回传数据到 PC 端；② 按下按键可回传相应数据到 PC 端；③ 通过发送指令，嵌入式智能车型机器人发送相应数据到 PC 端。

相关知识

按照数据传送方向，通信可分为单工、半双工、全双工三种方式，如图 1.8.1 所示。

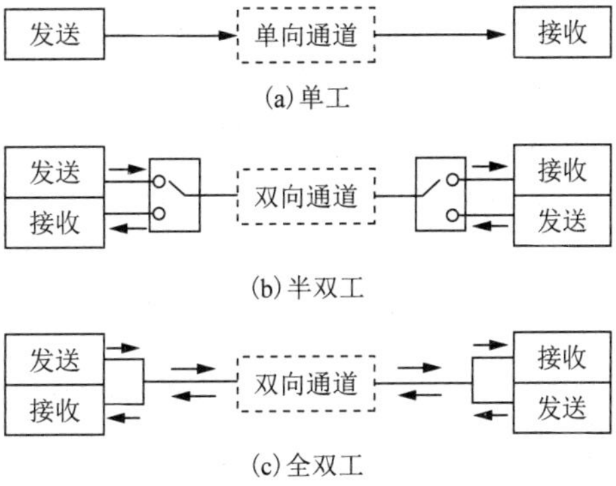

● 单工：数据传输只支持数据在一个方向上传输。

● 半双工：允许数据在两个方向上传输，但是，在某一时刻，只允许数据在一个方向上传输，它实际上是一种切换方向的单工通信。

● 全双工：允许数据同时在两个方向上传输，因此，全双工通信是两个单工通信方式的结合，它要求发送设备和接收设备都有独立的接收和发送能力。

图 1.8.1 通信方式

处理器与外围设备通信的两种方式：并行通信和串行通信，比较如下：

并行通信：

● 传输原理：数据各个位同时传输。

● 优点：速度快。

● 缺点：占用引脚资源多。

串行通信：

● 传输原理：数据按位顺序传输。

● 优点：占用引脚资源少。

● 缺点：速度相对较慢。

常见的串行通信接口见表 1.8.1。

表 1.8.1 常见的串行通信接口类型

通信标准	引脚说明	通信方式	通信方向
UART（通用异步收发器）	TXD：发送端 RXD：接收端 GND：公共地	异步通信	全双工
单总线（1-wire）	DQ：发送/接受端	异步通信	半双工
SPI	SCK：同步时钟 MISO：主机输入，从机输出 MOSI：主机输出，从机输入	同步通信	全双工
I2C	SCL：同步时钟 SDA：数据输入/输出端	同步通信	半双工

1. 串口通信简介

根据串口通信的时钟控制方式不同，分为同步串行通信和异步串行通信，这里重点介绍异步串行通信。

1）异步串行通信协议

通用异步收发传输器（Universal Asynchronous Receiver/Transmitter，UART）是一种异步收发传输器，该总线双向通信，可以实现全双工传输和接收。

串行通信协议是对数据传送方式的规定，包括数据格式定义和数据位定义等。UART 模式异步通信的位序列，主要包括起始位、数据位、校验位和停止位 4 个部分，如图 1.8.2 所示。

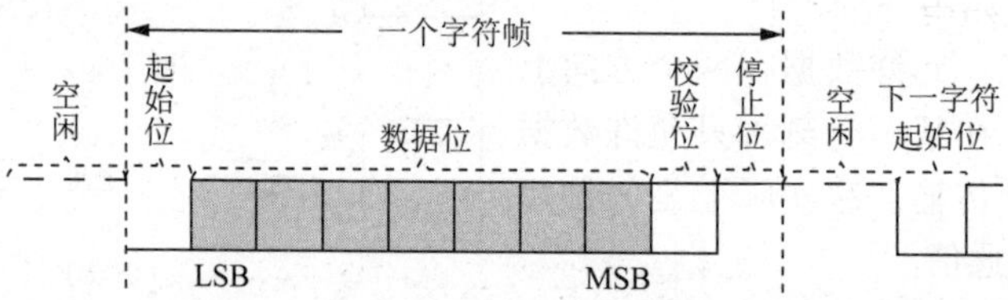

图 1.8.2　UART 模式异步通信的位序列

（1）起始位

对于异步通信，在通信线上没有数据传送时处于逻辑"1"状态。当发送设备要发送一个字符数据时，首先发出一个逻辑"0"信号，这个逻辑低电平就是起始位。起始位通过通信线传向接收设备，当接收设备检测到这个逻辑低电平后，就开始准备接收数据位信号。因此，起始位所起的作用就是表示字符传送开始。

（2）数据位

起始位之后便是数据位，对于 STM32F4，数据位可以是 7 位或 8 位数据，通过对寄存器 USART_CR1 的 M 位编程来进行选择。在字符数据传送过程中，数据位从最低位开始传输，依次顺序在接收设备中被转换为并行数据。

（3）校验位

校验位是可选位，位于数据位之后，仅占一位，用来表征串行通信中采用奇校验还是偶校验，由用户决定。

（4）停止位

在奇偶位或数据位之后发送的是停止位，为逻辑 1 高电平。对于 STM32F4，可以是 0.5 个、1 个、1.5 个、2 个停止位。停止位用于向接收端表示一个字符数据已经发送完，也为发送下一个字符数据作准备。

2）波特率

串行通信中的波特率是指每秒传送二进制数的位数，单位是位每秒（bit/s 或 bps），是串行通信中十分重要的指标。对于相互通信的设备，其波特率必须一致。

STM32F4 可通过小数波特率发生器来获得多种波特率。小数波特率发生器的波特率，在异步通信模式中可通过如下公式计算获得：

$$波特率 = \frac{fck}{8 \times (2-OVER8) \times USARTDIV}$$

式中：fck 为串口所对应外设的时钟，OVER8 为 USART_CR1 寄存器中的 OVER8 位，USARTDIV 从 USART_BRR 寄存器获取。

3）通信校验

受距离、外部环境等影响，数据传输时，数据可能会出现丢包或者被干扰。为此，常常使用校验来保障数据传输的可靠性。常用的通信校验方式有以下几种：

（1）奇偶校验。

奇偶校验就是在传输的一组二进制数据中，根据数据中"1"的个数是奇数个还是偶数个来进行校验的。在使用中，通常专门设置一个奇偶校验位，在传输的一组二进制数据中，存放"1"的个数为奇数个或是偶数个。若用奇校验，则奇偶校验为奇数个"1"，表示数据正确。若用偶校验，则奇偶校验为偶数个"1"，表示数据正确。

例如：若约定好为奇校验，接收数据为 10001100（1），其中最后一位为校验位，由于这个数据中有偶数个"1"，所以数据在传输过程中出现错误了。

（2）CRC 校验（循环冗余校验码）。

CRC 校验是数据通信领域中最常用的一种查错校验码，其最主要的特征是信息字段和校验字段的长度可以任意选定。循环冗余检查（CRC）是一种数据传输检错功能，对数据进行多项式计算，并将得到的结果附在帧的后面，接收设备也执行类似的算法，以保证数据传输的正确性和完整性。

常用的 CRC 循环冗余校验标准多项式如下：

CRC（16 位）= X16+X15+X2+1

CRC（CCITT）= X16+X12 +X5+1

CRC（32 位）= X32+X26+X23+X16+X12+X11+X10+X8+X7+X5+X4+X2+X+1

以 CRC（16 位）多项式为例，CRC 校验计算过程如下：

① 设置 CRC 寄存器，并给其赋值 0xFFFF。

② 将数据的第一个字符（8 位）与 16 位 CRC 寄存器的低 8 位进行异或，并把结果存入 CRC 寄存器。

③ CRC 寄存器右移一位，最高位（MSB）补零，移出后并检查最低位（LSB）。

④ 如果 LSB 为 0，重复第③步；若 LSB 为 1，CRC 寄存器与多项式码相异或。

⑤ 重复第③和第④步，直到 8 次移位全部完成，此时一个 8 位的数据处理完毕。

⑥ 重复第②至第⑤步，直到所有数据全部处理完成。最后，CRC 寄存器的内容即为 CRC 值。

当使用 CRC 校验时，在发送端，会根据要传送的 k 位二进制码序列，以一定的规则产生一个校验用的 r 位监督码（CRC 码），附在原始信息后边，构成一个新的二进制码序列数共 $k+r$ 位，然后发送出去。在接收端，会根据信息码和 CRC 码之间所遵循的规则进行检验，以确定传送中是否出错。

（3）LRC 校验。

LRC 校验是用于 ModBus 协定的 ASCII 模式，这种校验比较简单，通信速率较慢，通常在 ASCII 协议中使用。LRC 校验主要检测消息域中，除开始的冒号及结束的回车换行号外的内容。它仅仅是把每一个需要传输的数据字节迭加后，取反加 1 即可。

例如：需要传输的 6 个数据字节 01H、03H、21H、02H、00H 和 02H，使用 LRC 校验。先对 6 个数据字节进行迭加，其结果为 29H，然后对 29H 取反加 1，即可获得 D7H。

（4）校验和。

校验一组数据项的和是否正确。通常是以十六进制为数制表示的形式。如果校验和的数值超过十六进制的 FF，也就是 255。校验和是对传输的数据（8 bit）进行累加，累加值只取其和的低 8 位数据，不计超过 256 的溢出值，获得的低 8 位数据即为校验和。当传输结束时，把接收到的数据进行累加，然后判断累加的低 8 位与接收到的校验和是否相等，相等表示数据传输完成。

例如：16 进制 10+00+10+00+18+F0+9F+E5+80+5F+20+B9+F0+FF+1F+E5+18+F0+9F+E5 累加的低 8 位是 0x1D，即校验和为 0x1D。

校验和常用在数据处理和数据通信领域中，尤其是远距离通信中保证数据的完整性和准确性。

4）串口通信 FIFO

（1）串行通信中的数据流处理方式。

在串行通信中，对数据流的处理可采用连续处理和突发处理两种方式。突发处理方式相对于连续处理方式，需要预先为串行口配置一定长度的缓存区，当数据收发达到一定数量后，再对缓冲区进行集中处理。

因此，突发方式对数据处理的实时性要比连续方式弱。但在实际应用中，串行通信的通信数据往往需要划分成多帧进行传送，其自身的实时性就不是很高，所以这种突发处理方式不会对控制时效造成明显的影响。

同时，突发处理方式有利于减轻数据收发任务的负担，减少数据收发程序占用的处理器执行时间，还有助于实现模块化的程序设计，避免因通信内容、长度的不确定造成软件结构的混乱。比如在分布式温度测量系统中，子机监测若干个节点的温度，并把测量数据按序列写入发送缓冲区，由中断处理程序将缓冲区数据串行地发送到主机，主机端则成批次地处理接收缓冲区的数据。这种突发处理方式可以将数据处理与数据收发分离，由独立的模块分别在主线程和中断中执行，并以缓冲区为桥梁实现两者的数据交换，从而减少了中断处理的工作量，优化了程序的结构。因此，串口通信模块应当开辟适当的内存，作为通信数据的缓冲区。

（2）软件模拟 FIFO 分析。

设计具有软件模拟 FIFO 缓冲区的串口通信模块，该模块需要具备以下几个方面的功能：

首先，已分配的缓冲队列能够完成先入先出功能，模块可以按照写入的先后顺序，为读出操作提供正确的数据序列。

其次，可以独立地完成对串行口和缓冲队列的管理，不需要其他任务干预，便能将已接收的数据写入接收缓冲区，或将待发送的数据从发送缓冲区读出到发送寄存器。

最后，可以指示模块自身的工作状态，以及接收外部指令，实现模块与外部程序的接口。

串口的发送和接收工作是相对独立的，因此可以通过构建两个环形缓冲区来实现具有先入先出（FIFO）功能的缓冲队列，一个用于保存待发送的数据（sBuf_Tx），另一个用于存储已接收的数据（sBuf_Rx）。每个环形缓冲区都对应有写入（cPtr_Wr）和读出（cP tr_Rd）两个指针，从写指针到读指针之间的相对区域存储的便是待发送或已接收的数据，两个指针的前后次序通过标志位（bFlag_Loopback）来判别，当它们的位置重合时则表示没有有效数据。读写指针相对位置与存储的数据之间的关系如图 1.8.3 所示，阴影的格子表示有效数据。

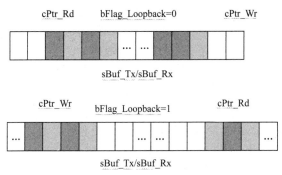

图 1.8.3　读写指针相对位置与存储数据间的关系示意图

（3）软件模拟 FIFO 实现流程。

串口通信软件模拟 FIFO 程序流程图如图 1.8.4 所示。

当缓冲区有需要发送的数据时，首先由外部程序启动发送任务，模块根据命令将缓冲队列中的第一个数据写入串口发送寄存器，以引导系统产生第一次发送中断，然后再在中断处理中改变发送缓冲区读指针的位置，并读取数据到发送寄存器完成其他数据的发送。

当发生接收中断时，接收处理程序将串口接收寄存器中的数据写入到接收缓冲区，并修改写指针的位置。而发送缓冲区写指针和接收缓冲区读指针的位置，只在数据处理程序访问通信模块时才作相应改变。这样便实现了模块对串行口和缓冲区的管理。在对收发缓冲区读写的过程中，通过判断读写指针的相对位置，来确定缓冲区的使用情况。

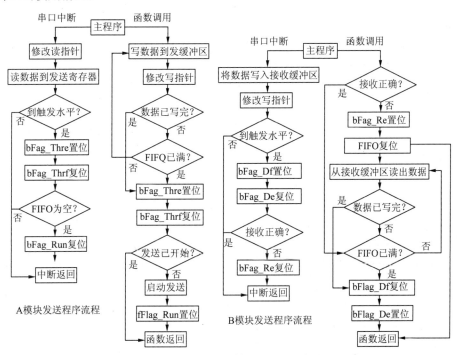

图 1.8.4　串口通信软件模拟 FIFO 程序流程图

当发送缓冲区中的数据将要发送完毕或接收缓冲区接近溢出时，将发送队列为空（bFlag_Thre）或接收队列已满（bFlag_Df）的标志位置位。

当外部写入发送缓冲区的数据已满或从接收缓冲区读出的数据已空时，便将发送缓冲区已满（bFlag_Thrf）或接收缓冲区已空（bFlag_De）的标志位置位。

如果通信发生错误，则将发送（bFlag_Se）或接收（bFlag_Re）错误标志位置位，并给出错误类型（cType_Err）。

而这些标志位在不满足触发条件或外部写入复位命令时，则自动复位。数据处理程序通过访问这些状态位，便可以知晓通信模块的工作状态，从而实现与该模块的接口。

通信模块缓冲区的大小，可以根据系统可用 RAM 数量、通信速率、数据处理实时性需求等因素确定。通信中，根据数据收发操作对缓冲区使用情况标志位的影响，可以适当提前几个字符触发，这样即便系统没能及时对模块补充新的发送数据，或从模块读出已接收的数据，也不会造成通信中断或数据丢失。

2. STM32F4 串口

STF32F4 内部集成了通用同步异步收发器（USART），能够灵活地与外围设备进行全双工数据交换，满足外围设备对工业标准 NRZ（Non Return Zero）异步串行数据格式的要求。

1）STM32F4 的 USART 特性

STF32F4 的 USART 不仅支持同步单向通信和半双工单线通信，还支持 LIN(局域互连网络)、智能卡协议与 IrDA（红外线数据协会）SIR ENDEC 规范、调制解调器操作（CTS/RTS）、多处理器通信，通过配置多个缓冲区使用 DMA，可实现高速数据通信。STF32F4 的 USART 具有如下特性：

- 全双工异步通信。
- NRZ 标准格式（标记 / 空格）。
- 可配置为 16 倍过采样或 8 倍过采样，因而为速度容差与时钟容差的灵活配置提供了可能。
- 通过小数波特率发生器提供多种波特率。
- 数据字长度可编程（8 位或 9 位）。
- 停止位可配置，支持 1 或 2 个停止位。
- LIN 主模式同步停止符号发送功能和 LIN 从模式停止符号检测功能，对 USART 进行 LIN 硬件配置时可生成 13 位停止符号和检测 10/11 位停止符号。
- 用于同步发送的发送器时钟输出。
- IrDA SIR 编码解码器，正常模式下，支持 3/16 位持续时间。
- 智能卡仿真功能，智能卡接口支持符合 ISO 7816-3 标准中定义的异步协议智能卡，智能卡工作模式下，支持 0.5 或 1.5 个停止位。
- 单线半双工通信，使用 DMA（直接存储器访问）实现可配置的多缓冲区通信，使用 DMA 在预留的 SRAM 缓冲区中收 / 发字节。
- 发送器和接收器具有单独使能位。
- 传输检测标志：接收缓冲区已满、发送缓冲区为空、传输结束标志。

- 奇偶校验控制：发送奇偶校验位、检查接收的数据字节的奇偶性。
- 四个错误检测标志：溢出错误、噪声检测、帧错误、奇偶校验错误。
- 十个具有标志位的中断源：CTS 变化、LIN 停止符号检测、发送数据寄存器为空、发送完成、接收数据寄存器已满、接收到线路空闲、溢出错误、帧错误、噪声错误、奇偶校验错误。
- 多处理器通信，如果地址不匹配，则进入静默模式。
- 从静默模式唤醒（通过线路空闲检测或地址标记检测）。
- 两个接收器唤醒模式：地址位（MSB，第 9 位），线路空闲。

2）STM32F4 的 USART 内部结构

STF32F4 的 USART 内部结构，如图 1.8.5 所示，可以看出任何 USART 双向通信，均需要接收数据输入引脚 RX 和发送数据引脚输出 TX 这两个引脚。

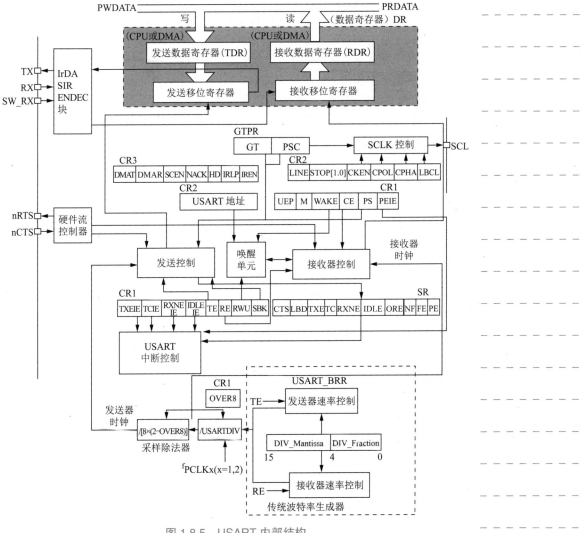

图 1.8.5　USART 内部结构

RX 是接收数据输入引脚，即串行数据输入引脚；TX 是发送数据输出引脚。如果关闭发送器，该输出引脚模式由其 I/O 端口配置决定。如果使能了发送器但没有待发送的数据，则 TX 引脚处于高电平。在单线和智能卡模式下，该 I/O 用于发送和接收数据（USART 电平下，随后在 SW_RX 上接收数据）。在正常 USART 模式下，这些引脚是以帧的形式进行发送和接收串行数据的。

STF32F4 的 USART 内部包含如下寄存器：

- 状态寄存器 USART_SR。
- 数据寄存器 USART_DR。
- 波特率寄存器 USART_BRR，有 12 位整数和 4 位小数。
- 智能卡模式下的保护时间寄存器 USART_GTPR。

在同步模式下，需要连接 SCLK 引脚（发送器时钟输出）。该引脚用于输出发送器数据时钟，以便按照 SPI 主模式进行同步发送（起始位和结束位上无时钟脉冲，可通过软件向最后一个数据位发送时钟脉冲）。RX 上可同步接收并行数据。这一点可用于控制带移位寄存器的外设（如 LCD 驱动器）。时钟相位和极性可通过软件编程。在智能卡模式下，SCLK 可向智能卡提供时钟。

在硬件流控制模式下，需要连接 nCTS 和 nRTS 引脚。nCTS 引脚是"清除以发送"，用于在当前传输结束时，阻止数据发送（高电平时）；nRTS 引脚是"请求以发送"，用于指示 USART 已准备好接收数据（低电平时）。

3. STM32F4 串口库函数分析

这里仅介绍与异步通信相关的库函数，主要包括初始化及配置函数、数据传输函数。

1）初始化及配置函数

（1）USART_Cmd 函数。

USART_Cmd() 是使能或失能指定的 USARTx，其函数原型如下：

```
void USART_Cmd (USART_TypeDef* USARTx, FunctionalState  NewState)
```

第一个入口参数 USARTx 是使能或失能指定的串口，如选择 USART2(串口2)。第二个入口参数 NewState 确定指定的串口是使能 ENABLE 还是失能 DISABLE。

例如 USART2 串口使能代码如下：

```
USART_Cmd(USART2, ENABLE);
```

（2）USART_Init 函数。

USART 串口初始化主要是配置串口的波特率、校验位、停止位和时钟等基本功能，是通过 USART_Init() 函数来实现的。其函数原型如下：

```
void USART_Init (USART_TypeDef* USARTx, USART_InitTypeDef* USART_InitStruct)
```

其中，参数 USART_InitStruct 是一个 USART_InitTypeDef 类型的结构体指针，这个结构体指针的成员变量用来设置串口的波特率、字长、停止位、奇偶校验位、硬件数据流控制和收发模式等参数。

```
--------------------------------------------------------------
typedef struct
{
```

```
    uint32_t   USART_BaudRate;// 波特率
    uint16_t   USART_WordLength;// 字长，可选 8 位或 9 位
    uint16_t   USART_StopBits;// 停止位，可选 0.5,1,1.5 或 2 位
    uint16_t   USART_Parity;   // 校验模式，可选无校验、奇校验或偶校验
    uint16_t   USART_Mode;       // 指定使能或使能发送和接收模式
    uint16_t   USART_HardwareFlowControl;   // 硬件流控制
} USART_InitTypeDef;
```

其中，USART_HardwareFlowControl 是硬件流控制模式，可选无硬件流控制、发送请求 RTS 使能、清除发送 CTS 使能、RTS 和 CTS 使能。

2）数据传输函数

（1）USART_ReceiveData() 函数。

USART 串口接收数据是通过 USART_ReceiveData () 函数来操作 USART_DR 寄存器读取串口接收到的数据，其函数原型如下：

```
uint16_t  USART_ReceiveData ( USART_TypeDef*  USARTx )
```

例如，读取串口 2 接收到的数据代码如下：

```
Res=USART_ReceiveData(USART2);        //USART2->DR 读取接收到的数据
```

（2）USART_SendData() 函数。

USART 串口发送数据是通过 USART_SendData() 函数来操作 USART_DR 寄存器发送数据的，其函数原型如下：

```
void USART_SendData ( USART_TypeDef*  USARTx, uint16_t  Data )
```

例如，向串口 2 发送数据代码如下：

```
USART_SendData(USART2, USART_TX_BUF[t]);   //USART2->DR 发送数据
```

4．printf() 重定向

printf() 是 C 语言标准库函数，用于将格式化后的字符串输出到标准输出。默认的标准输出设备是显示器。

1）printf() 重定向简介

在嵌入式应用中，我们常常需要通过串口完成显示，这就必须重定义标准库函数里调用的与输出设备相关的函数。比如使用 printf() 函数输出到串口，需要将 fputc 里面的输出指向串口，这一过程就叫重定向。

那么如何让 STM32 使用 printf() 函数呢？

2）编写 printf() 重定向代码

通常是在 usart.c 文件中，加入支持 printf() 函数的代码，就可以通过 printf 函数向串口发送需要的数据，以便在开发过程中查看代码执行情况以及一些变量值。

```
#if 1
#pragma import(__use_no_semihosting)
struct __FILE                  // 标准库需要的支持函数
{
    int handle;
```

学习笔记

```
};
FILE __stdout;
void _sys_exit(int x)              // 定义 _sys_exit() 以避免使用半主机模式
{
    x=x;
}
int fputc(int ch, FILE *f)        // 函数默认, 使用 printf 函数时自动调
{
    USART_SendData(USART1,(u8)ch); // 发送一个字符
    // 等待发送完成
    while(USART_GetFlagStatus(USART1,USART_FLAG_TXE)==RESET);
    return ch;
}
#endif
```

任务实施

以 STM32 为核心, 通过外接设备, 实现简单的控制数据的发送与接收。具体要求如下:

- 嵌入式智能车型机器人可以通过按键或指令控制实时回传数据到 PC 端。
- 按下按键可回传相应数据到 PC 端。
- 通过发送指令, 嵌入式智能车型机器人发送相应数据到 PC 端。

1. 实现框图

根据任务要求, 实现框图如图 1.8.6 所示, 包括按键模块、主控芯片、Wi-Fi 模块以及 PC。若是通过按键控制, 主控芯片会将数据通过串口转发 Wi-Fi 模块, 然后 Wi-Fi 模块会将数据发送到 PC

图 1.8.6　实现框图

端, 在 PC 端显示。若是通过指令控制, PC 端会将数据发送到 Wi-Fi 模块, Wi-Fi 模块通过串口转发给主控芯片, 数据经过处理后, 由主控芯片通过串口发送到 Wi-Fi 模块, 最后通过 Wi-Fi 将数据发送给 PC 端显示。

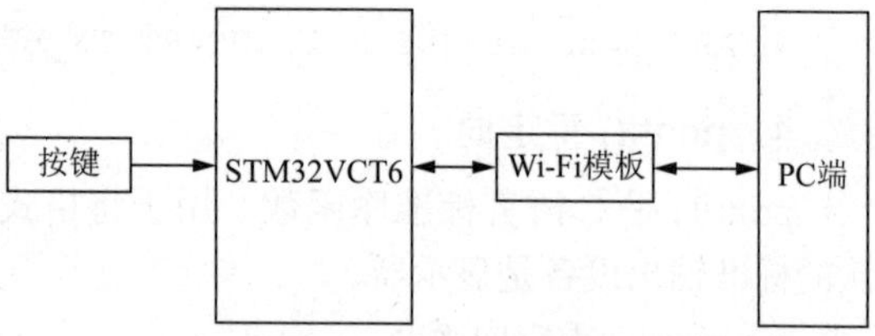

2. 电路连接

1) 按键与 STM32F103VCT6 连接

这里选用核心板上 K1、K2、K3、K4 这 4 个按键作为功能按键。K1 与 STM32 上的 GPIOB 端口的 12 引脚连接。K2 与 STM32 上的 GPIOB 端口的 13 引脚连接。K3 与 STM32 上的 GPIOB 端口的 14 引脚连接。K4 与 STM32 上的 GPIOB 端口的 15 引脚连接。其中 K1 与 K2 作为控制是否实时发送数据使用。按下 K1 键表示一直发送数据到 PC 端, 发送数据为 (0xFA 0x00 0x00 0xAF)。按下 K2 键表示关闭一直发送数据到 PC 端, 但会发送数据 (0xFA 0xFF 0xFF 0xFF) 作为提示。按下 K3

键表示发送数据（0xFA 0xAA 0xBB 0xAF）到 PC 端。按下 K4 键表示发送数据（0xFA 0xCC 0xDD 0xAF）到 PC 端。

2）Wi-Fi 模块与 STM32F103VCT6 连接

这里选用串口 1 与 Wi-Fi 模块进行串口通信，STM32 上的 GPIOA 的第 9 引脚作为 STM32 的串口通信输出端与 Wi-Fi 模块的第 20 引脚连接。STM32 上的 GPIOA 的第 10 引脚作为 STM32 的串口通信接收端与 Wi-Fi 模块的第 21 引脚连接。

3. 通信协议定义

（1）PC 端向嵌入式智能车型机器人发送指令数据结构，如表 1.8.2 所示。

表 1.8.2　指令数据结构

通信协议头	主指令	保留位	通信协议尾
0xFA	0xXX	0x00	0xAF

说明：通信协议头与通信协议层是固定不变的。主指令是一个十六进制数。保留位默认是设置为 0x00，保留位不能设为 0xFA。

（2）主指令对应功能如表 1.8.3 所示。

表 1.8.3　主指令对应功能

主指令	功 能 描 述
0x01	开启嵌入式智能车型机器人一直发送数据到 PC 端（程序默认不开启）
0x02	关闭嵌入式智能车型机器人一直发送数据到 PC 端，发送数据为 0xFA 0xFF 0xFF 0xFF 作为提示
0x03	发送数据 0xFA 0x11 0x11 0x11 到 PC 端
0x04	发送数据 0xFA 0x22 0x22 0x22 到 PC 端

4. 程序设计

程序流程图如图 1.8.7 所示。程序中主要包括设备初始化、按键扫描、指令接收扫描 3 部分。

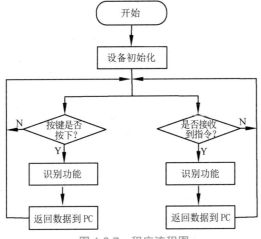

图 1.8.7　程序流程图

5. 程序实现

（1）新创建一个工程 test，在其下创建 3 个目录，分别是 SYSTEM、USER、HARDWARE。SYSTEM 目录下主要存放 STM32 内部设备的初始化文件、延时文件等。USER 目录下主要存放编写的主要业务逻辑。HARDWARE 目录下主要存放外面对外围设备初始化、功能函数的文件。因为前面章节已对系统时钟初始化和延时做过讲解，在此不再赘述。

（2）在 SYSTEM 目录下添加 USART 目录，并在 USART 目录下添加 usart.c 文件和 usart.h 文件。

usart.c 文件中代码清单如下：

```c
#include "usart.h"

u8 USART1_RX_BUF[4];
u8 RX_num1=0;

void USART1_IRQHandler(void)
{
    u8 res;
    res=USART1->DR;
    if(RX_num1 > 0)
    {
        USART1_RX_BUF[RX_num1]=res;
        RX_num1++;
    }
    else if(res==0xFA)
    {
        USART1_RX_BUF[0]=res;
        RX_num1=1;
    }
    if(RX_num1>=4)
    {
        RX_num1=0;
    }
}

void uart1_init(u32 pclk2,u32 bound)
{
    float temp;
    u16 mantissa;
    u16 fraction;
    temp=(float)(pclk2*1000000)/(bound*16);
    mantissa=temp;
```

```
    fraction=(temp-mantissa)*16;
    mantissa<<=4;
    mantissa+=fraction;
    RCC->APB2ENR|=1<<2;
    RCC->APB2ENR|=1<<14;
    GPIOA->CRH=0X444444B4;
    RCC->APB2RSTR|=1<<14;
    RCC->APB2RSTR&=~(1<<14);
    USART1->BRR=mantissa;
    USART1->CR1|=0X200C;
    #if EN_USART1_RX
    USART1->CR1|=1<<8;
    USART1->CR1|=1<<5;
    MY_NVIC_Init(3,1,USART1_IRQChannel,1);
    #endif
}


int U1SendChar(int ch)
{
    USART1->DR=(ch& 0x1FF);
    while ((USART1->SR&0x40)==0);
    return (ch);
}
```

usart.h 文件中的代码清单如下：

```
#ifndef _ _USART_H
#define _ _USART_H
#include <stm32f10x_lib.h>
#include <string.h>
#include "sys.h"
#include "test.h"

extern u8 USART1_RX_BUF[];
extern int U1SendChar(int ch);

#define EN_USART1_RX 1
void uart1_init(u32 pclk2,u32 bound);

#endif
```

（3）按键初始化，在 HARDWARE 目录下，创建目录 KEY 目录，并在 KEY 目录下创建 key.c 文件和 key.h 文件。

key.c 文件中的代码清单如下：

```
#include "key.h"
#include "delay.h"

void key_init(void)
{
    RCC->APB2ENR|=1<<3;
    GPIOB->CRH&=0X0000FFFF;
    GPIOB->CRH|=0X88880000;
    GPIOB->ODR|=0xf000;
}
```

key.h 文件中的代码清单如下：

```
#ifndef _ _KEY_H
#define _ _KEY_H

#include <stm32f10x_lib.h>
#include "sys.h"

#define KEY1 PBin(12)
#define KEY2 PBin(13)
#define KEY3 PBin(14)
#define KEY4 PBin(15)
void key_init(void);

#endif
```

（4）在 HARDWARE 目录下创建目录 INIT，并创建两个文件 init.c 和文件 init.h。其中 init.c 的作用是初始化操作。

init.c 文件中的代码清单如下：

```
#include "init.h"

void initialization(void)
{
    //1. 系统时钟初始化
    stm32_clock_init(9);
    //2. 延迟初始化
    delay_init(72);
    //3. 串口初始化
    uart1_init(72,115200);
    //4. 按键初始化
    key_init();
}
```

init.h 文件中的代码清单如下：

```
#ifndef _ _INIT_H
#define _ _INIT_H

#include <stm32f10x_lib.h>
#include "sys.h"
#include "key.h"
#include "usart.h"
#include "delay.h"

void initialization(void);
#endif
```

（5）主要业务逻辑编写，在 USER 目录下创建文件 main.c 文件。

```
#include "init.h"

u8 Switch_Flag=1;

int main(void)
{
    initialization();
    while(1){
        delay_ms(1000);
        if(!Switch_Flag)
        {
            U1SendChar(0xFA);
            U1SendChar(0x00);
            U1SendChar(0x00);
            U1SendChar(0xAF);
        }
        if(!KEY1)
        {
            delay_ms(10);
            if(!KEY1)
            {
                Switch_Flag=0;
            }
        }
        if(!KEY2)
        {
            delay_ms(10);
            if(!KEY2)
            {
                Switch_Flag=1;
```

```
                              U1SendChar(0xFA);
                              U1SendChar(0xFF);
                              U1SendChar(0xFF);
                              U1SendChar(0xFF);
                         }
                    }
                    if(!KEY3)
                    {
                         delay_ms(10);
                         if(!KEY3)
                         {
                              U1SendChar(0xFA);
                              U1SendChar(0xAA);
                              U1SendChar(0xBB);
                              U1SendChar(0xAF);
                         }
                    }
                    if(!KEY4)
                    {
                         delay_ms(10);
                         if(!KEY4)
                         {
                              U1SendChar(0xFA);
                              U1SendChar(0xCC);
                              U1SendChar(0xDD);
                              U1SendChar(0xAF);
                         }
                    }

                    if(USART1_RX_BUF[0]==0xFA)
                    {
                         switch(USART1_RX_BUF[1])
                         {
                              case 0x01:
                                   Switch_Flag=0;
                                   USART1_RX_BUF[1]=0xFF;        // 刷新数据
                                   break;
                              case 0x02:
                                   Switch_Flag=1;
                                   U1SendChar(0xFA);
                                   U1SendChar(0xFF);
                                   U1SendChar(0xFF);
```

```
                U1SendChar(0xFF);
                USART1_RX_BUF[1]=0xFF;
                break;
            case 0x03:
                U1SendChar(0xFA);
                U1SendChar(0x11);
                U1SendChar(0x11);
                U1SendChar(0xAF);
                USART1_RX_BUF[1]=0xFF;
                break;
            case 0x04:
                U1SendChar(0xFA);
                U1SendChar(0x22);
                U1SendChar(0x22);
                U1SendChar(0xAF);
                USART1_RX_BUF[1]=0xFF;
                break;
            }
        }
    }
}
```

学习笔记

6. 运行结果

在 PC 端进行调试，查看结果时，需要借助软件 NetAssist.exe。

当按下核心板上的 K1 键时，嵌入式智能车型机器人一直发送数据 FA 00 00 AF，如图 1.8.8 所示。

此时，按下 K2 键，会停止一直发送 FA 00 00 AF，发送一条数据 FA FF FF FF，如图 1.8.9 所示。

图 1.8.8　按下 K1 键时运行结果

图 1.8.9　按下 K2 键时运行结果

学习笔记

按下 K3 键，嵌入式智能车型机器人会发送数据 FA AA BB AF，如图 1.8.10 所示。

按下 K4 键，嵌入式智能车型机器人会发送数据 FA CC DD AF，如图 1.8.11 所示。

图 1.8.10　按下 K3 键时运行结果　　　　图 1.8.11　按下 K4 键时运行结果

下面输入指令来看看程序的运行结果。

输入指令 FA 01 00 AF，嵌入式智能车型机器人一直发送数据 FA 00 00 AF 到 PC 端，如图 1.8.12 所示。

输入指令 FA 02 00 AF，停止嵌入式智能车型机器人一直发送数据 FA 00 00 AF 到 PC 端，发送数据 FA FF FF FF 到 PC 端，如图 1.8.13 所示。

图 1.8.12　输入指令 FA 01 00 AF 后运行结果　　图 1.8.13　输入指令 FA 02 00 AF 后运行结果

任务8　实现
STM32串口通信
评价表

思考练习

1. 串行通信的优点及缺点都是什么？并行通信的优点及缺点都是什么？

2. 为什么串口在嵌入式领域还有广泛的应用，而在个人计算机上已经被淘汰了？

3. STM32 串口通信初始化配置的主要步骤有哪些？

4. STM32 串口通信相关的寄存器主要有哪几个？

项目2

开动竞赛用车

嵌入式技术应用开发赛项以"立德树人""德技并修"为指导思想，以服务"新基建""互联网+"为宗旨，以促进国家战略性新兴产业落地实施为导向，推动新一代信息技术与基础设施的融合，支撑打造符合产业升级、融合、创新的新型基础设施体系。加快政产学研一体化进程，构建以"竞赛"为中心、多方联合参与的新形态教学体系，进一步深化产教融合、校企合作协同育人，为行业、企业培养思想政治觉悟高、综合素质强的高技能复合型嵌入式技术紧缺人才。

赛项借鉴了世界技能大赛的理念和竞赛方式，重点考察嵌入式系统电路设计及应用、嵌入式微控制器技术及应用、传感器技术及应用、RFID 技术及应用、无线传感网技术及应用、移动互联技术及应用、Android 应用开发、机器视觉技术及应用、智能语音技术及应用、嵌入式人工智能与边缘计算技术及应用等嵌入式技术核心知识和核心技能。赛项采用嵌入式技术应用真实场景，设计完整的任务，考察参赛者的综合技能和应变能力。

登录全国职业院校技能大赛官网（http://www.chinaskills-jsw.org/），单击"赛项规程"，选择最新公布的赛项规程，找到"嵌入式技术应用开发赛项规程"，解读赛项要求与内容。

项目描述

把竞赛用小车开动起来，实现智能小车的各种应用场景。

学习目标

● 了解竞赛用智能小车沙盘功能区，熟悉标志物及其功能原理，学会设计小车自动行驶中的停止、前进、后退、寻迹、左转和右转等控制；

● 了解超声波收发电路功能原理、光照传感器与 MCU 接口电路、红外控制电路功能，实现超声波测距，并利用超声波测距数据识别障碍等；

● 了解红外控制智能路灯、报警器、立体控制显示原理，掌握主车向立体显示标志物发送命令的数据结构等，实现红外通信控制功能；

● 了解 RFID 寻卡、读卡原理，实现 RFID 的检测与识别功能；

● 了解 ZigBee 通信控制原理、相关人协议，实现 ZigBee 通信控制 LED 显示计时和指定字符，打开、关闭道闸，显示车牌，启 / 闭无线充电，控制语音播报，

TFT 显示车牌、距离和翻页，交通状态识别和确认，立体车库控制，ETC 控制，从车控制等功能；

- 了解 SYN7318 离线语音识别模块的工作原理，结合示例初始化程序，编写语音识别函数，实现语音控制；
- 通过了解特殊地形标志物，实现智能小车通过特殊地形的功能；
- 培养团结协作，奋力拼搏的竞赛精神、工匠精神等。

任务1 设计小车自动行驶

任务描述

根据设备手册或资料，对沙盘上的设备进行了解与测试。在规定的路段上完成主车的前进、后退、左转、右转和循迹，同时完成路径的自动规划和自动行驶。

相关知识

1. 综合实训沙盘

赛项模拟智慧交通实际场景，在沙盘内布置有 LED 数码显示标志物、语音播报标志物、无线充电标志物、智能路灯标志物、报警台标志物、立体显示标志物、道闸标志物、ETC 系统标志物、TFT 显示标志物、智能车库标志物、智能交通灯标志物、地形检测标志物、静态标志物等，根据不同的供电方式进行通电测试，通过测试了解各个标志物的通信方式。

2. 主车路径自动控制

要完成主车的前进、后退、左转、右转和循迹任务，必须熟练掌握电机、红外对管的控制和状态获取方法，同时再按该方法完成对路径的自动规划和自动行驶任务。

任务实施

1. 认识赛道地图

竞赛用沙盘外围尺寸通常为 2.5 m×2.5 m，整体效果图如图 2.1.1 所示。

课程视频

任务1 设计小车
自动行驶

实操视频

设计小车自动
行驶

图 2.1.1　竞赛沙盘标志物外形结构图

沙盘内放置有赛道地图。其中，赛道宽度为 30 cm，循迹线宽度为 3 cm。图中纵向虚线编号为 A～G，横向虚线编号为 1～7，赛道标志物将置于横纵虚线交叉点上。

2. 认识竞赛标志物

1）LED 数码管显示标志物

LED 数码管显示标志物外形如图 2.1.2 所示，采用 12V/2A 电源供电，其通信方式为 ZigBee。功能描述：计时器模式、距离显示模式、显示十六进制数据模式。

2）TFT 显示标志物

TFT 显示标志物外形如图 2.1.3 所示，采用 12V/2A 电源供电，其通信方式为 ZigBee。

功能描述：显示图片模式（显示车牌、图形、二维码等）、显示车牌模式（ASCII）、计时器显示模式、距离显示模式、显示十六进制数据模式。

注意事项：显示图片要求为 bin 格式，800×480 像素。

图 2.1.2　LED 数码管显示标志物

图 2.1.3　TFT 显示标志物

3）语音播报标志物

语音播报标志物外形如图 2.1.4 所示，采用 12V/2A 电源供电，其通信方式为 ZigBee，回传信息为语音合成状态。

功能描述：随机语音播报、指定文本播报（包括汉字、字母、数字等信息）。

4）无线充电标志物

无线充电标志物外形如图 2.1.5 所示，采用 12V/2A 电源供电，其通信方式为 ZigBee。

功能描述：无线充电开关控制（无线充电开启 10 s 后自动关闭）。

图 2.1.4　语音播报标志物

图 2.1.5　无线充电标志物

5）智能路灯标志物

智能路灯标志物外形如图 2.1.6 所示，采用 12V/2A 电源供电，其通信方式为红外无线通信。

功能描述：智能感光调节，共 4 个光强档位环控制。

6）立体显示标志物

立体显示标志物外形如图 2.1.7 所示，采用 5 V 移动电源（充电宝）供电，其通信方式为红外无线通信。

功能描述：显示车牌、距离、形状、颜色、路况等信息，默认显示"百科荣创（北京）科技发展有限公司"。

图 2.1.6　智能路灯标志物

图 2.1.7　立体显示标志物

7）报警台标志物

报警台标志物外形如图 2.1.8 所示，采用 12.6 V 红色蓄电池供电，其通信方式为红外无线通信。

功能描述：声光报警控制、数据验证等（声光报警开启 5 s 后自动关闭）。

8）ETC 系统标志物

ETC 系统标志物外形如图 2.1.9 所示，采用 12.6 V 锂电池供电，其通信方式为 ZigBee，回传信息为当前 ETC 系统闸门状态。

功能描述：模拟高速不停车收费系统（自动识别）。

注意事项：ETC 系统闸门开启 10 s 后自动关闭。

图 2.1.8　报警台标志物

图 2.1.9　ETC 系统标志物

9）道闸标志物

道闸标志物外形如图 2.1.10 所示，采用 12.6 V 锂电池供电，其通信方式为 ZigBee，回传信息为当前道闸闸门状态。

功能描述：道闸闸门开关控制、车牌数据显示（道闸闸门开启 10 s 后自动关闭）。

10）智能车库标志物

智能车库标志物外形如图 2.1.11 所示，采用 220 V 交流电源供电，其通信方式为 ZigBee，回传信息为当前车库层数及前后光电开关状态。

功能描述：模拟立体车库升降控制。立体车库共 4 个档位，最低位置为一档，最高位置为四档，档位调节可通过按钮或无线控制。

11）静态标志物

静态标志物外形如图 2.1.12 所示，主要用于测距挡板、放置二维码等。

图 2.1.10　道闸标志物　　　图 2.1.11　智能车库标志物　　　图 2.1.12　静态标志物

12）智能交通灯标志物

智能交通灯标志物外形如图 2.1.13 所示，采用 12.6 V 锂电池供电，其通信方式为 ZigBee，回传信息为是否进入识别模式。

功能描述：10 s 倒计时随机交通信号灯显示、按键控制固定交通信号灯显示。

13）地形检测标志物

地形检测标志物外形如图 2.1.14 所示，主要用于模拟 4 种不同轨迹复杂路线。

图 2.1.13　智能交通灯标志物　　　图 2.1.14　地形检测标志物

3. 主车路径自动控制

实现主车路径自动识别，可利用主车核心板上微控制器通过 CAN 总线通信方式来获取电机驱动板上的码盘数据和控制直流电机，以及采集循迹板上红外对管的数据。综合示例程序 Smart Car_V2.3[①]中，已给出 CAN 总线初始化函数 Hard_Can_Init()，可直接进行主车控制程序设计。

1）停止、前进和后退程序设计

要熟悉主车的停止、前进和后退程序设计，首先熟悉以下几个常用函数的使用方法。

通过 CanP_HostCom.c 文件中 Send_UpMotor(int x1, int x2) 函数设置电机转速，其第一个参数 x1 为左侧电机速度，赋值为负数时，电机会向相反的方向转动，第二个参数 x2 为右侧电机转速，赋值为负数时，电机会向相反的方向转动。其函数封装如下：

---

① 本书中的示例程序，可到 https://www.tdpress.com/51eds/ 下载查看。

学习笔记

```
1. void Send_UpMotor(int x1, int x2)
2. {
3.   u8 txbuf[4];
4.   txbuf[0]=x1;
5.   txbuf[1]=x1;
6.   txbuf[2]=x2;
7.   txbuf[3]=x2;
8.   if (CanDrv_TxEmptyCheck())
9.   {
10.    CanDrv_TxData(txbuf, 4, CAN_SID_HL(ID_MOTOR, 0), 0, _NULL);
11.    CanP_Cmd_Write(CANP_CMD_ID_MOTO, txbuf, 0, CAN_SID_HL(ID_MOTOR, 0), 0);
12.   }
13.  else
14.    CanP_Cmd_Write(CANP_CMD_ID_MOTO, txbuf, 4, CAN_SID_HL(ID_MOTOR, 0), 0);
15. }
```

在赋值时通常会做一定限制，所以在实际运用中通常调用 roadway_check.c 文件中的 Control(int L_Spend,int R_Spend) 函数，其参数含义和 Send_UpMotor() 函数一致，其函数封装如下：

```
1. void Control(int L_Spend, int R_Spend)
2. {
3.   if (L_Spend>=0)
4.   {
5.    if (L_Spend>100)
6.      L_Spend=100;
7.    if (L_Spend<5)
8.      L_Spend=5; //限制速度参数
9.   }
10.  else
11.  {
12.   if (L_Spend<-100)
13.     L_Spend=-100;
14.   if (L_Spend>-5)
15.     L_Spend=-5; //限制速度参数
16.  }
17.  if (R_Spend>=0)
18.  {
19.   if (R_Spend>100)
20.     R_Spend=100;
21.   if (R_Spend<5)
22.     R_Spend=5; //限制速度参数
23.  }
24.  else
```

```
25.  {
26.    if (R_Spend<-100)
27.      R_Spend=-100;
28.    if (R_Spend>-5)
29.      R_Spend=-5; // 限制速度参数
30.  }
31.  Send_UpMotor(L_Spend, R_Spend);
32. }
```

通过 roadway_check.c 文件中 Roadway_mp_syn(void) 函数进行码盘同步，其目的在于获取当前码盘值，便于在 roadway_check.c 文件中使用。其函数封装如下：

```
1. void Roadway_mp_syn(void)
2. {
3.   Roadway_cmp=CanHost_Mp;
4. }
```

其中 CanHost_Mp 在 CanP_HostCom.c 文件的 CanP_Host_Main() 函数中进行刷新，在需要使用码盘值时，需要先调用 Roadway_mp_syn(void) 函数来刷新 Roadway_cmp 的码盘值。

通过 roadway_check.c 文件中 uint16_t Roadway_mp_Get(void) 函数来获取相对码盘，返回的是 uint16_t 类型的相对码盘值。其函数封装如下：

```
1.  uint16_t Roadway_mp_Get(void)
2.  {
3.    uint32_t ct;
4.    if (CanHost_Mp>Roadway_cmp)
5.      ct=CanHost_Mp-Roadway_cmp;
6.    else
7.      ct=Roadway_cmp-CanHost_Mp;
8.    if (ct > 0x8000)
9.      ct=0xffff-ct;
10.   return ct;
11. }
```

Roadway_mp_syn(void) 函数和 uint16_t Roadway_mp_Get(void) 函数是配合使用的。通过 Roadway_mp_syn(void) 函数进行码盘同步，使 Roadway_cmp 变量的值为当前码盘值，此时，通过 Send_UpMotor(int x1, int x2) 函数让电机转动起来。当电机转动后，码盘的值将会增加，也就是 CanHost_Mp 变量的值会增加，这时可以利用 uint16_t Roadway_mp_Get(void) 函数对 Roadway_cmp 变量和 CanHost_Mp 变量进行做差，这两个变量的差，即为相对码盘值，也是 uint16_t Roadway_mp_Get(void) 函数的返回值。

通过上面的函数介绍，即可设计出"停止"、"前进"和"后退"3 个动作指令。"停止"可调用 Control(int L_Spend,int R_Spend) 函数，两个参数赋值为"0"，即可实现停止，如 Control(0,0)；"前进"同样是调用 Control(int L_Spend,int R_Spend) 函

学习笔记

数，两个参数赋值为正整数即可，如 Control(80,80)；"后退"也是调用 Control(int L_Spend,int R_Spend) 函数，两个参数赋值为负整数即可，如 Control(-80,-80)。当然，在前进和后退需要指定距离时，可通过上述介绍的 Roadway _mp_syn(void) 函数和 uint16_t Roadway_mp_Get(void) 函数来获取码盘，通过比较相对码盘，进行停止即可，完成规定距离的前进和后退。

2）循迹、左转和右转程序设计

循迹的目的是在黑色跑道上能按照指定的路线进行循迹行驶，如图 2.1.15 所示。

循迹板上有 15 组红外对管，前面 7 组，后面 8 组。红外对管照在黑线上时，没有光反射回来，该组红外对管反馈为低电平"0"，对应的发光二极管会熄灭；红外对管未照到黑线时，有光反射回来，该组输出高电平，对应的发光二极管点亮。

此时以后 8 组为例，当车在十字路口上时，红外对管反馈的数据与车位置的关系如表 2.1.1 所示。

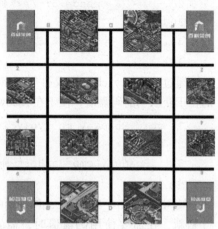

图 2.1.15　竞赛地图

表 2.1.1　红外对管数据与车位置的关系

情况	第1组	第2组	第3组	第4组	第5组	第6组	第7组	第8组	车位置
1	1（亮）	1（亮）	1（亮）	0（灭）	0（灭）	1（亮）	1（亮）	1（亮）	居中
	黑线外	黑线外	黑线外	黑线内	黑线内	黑线外	黑线外	黑线外	
2	1（亮）	0（灭）	0（灭）	1（亮）	1（亮）	1（亮）	1（亮）	1（亮）	偏右
	黑线外	黑线内	黑线内	黑线外	黑线外	黑线外	黑线外	黑线外	
3	1（亮）	1（亮）	1（亮）	1（亮）	1（亮）	0（灭）	0（灭）	1（亮）	偏左
	黑线外	黑线外	黑线外	黑线外	黑线外	黑线内	黑线内	黑线外	

可以看出，当反馈的数据是第 1 种情况时，车位置是居中的；当反馈的数据是第 2 种情况时，车位置是偏右的；当反馈的数据是第 3 种情况时，车位置是偏左的。通过这三种情况，即可完成循迹任务，在循迹任务中，若车位置是居中的，也就是反馈的数据是第 1 种情况时，可以全速前进，即 Control(80,80)。若车位置是偏右的，也就是反馈的数据是第 2 种情况时，需要进行调节车身，例如：Control(60,80)，左边速度低一点，右边速度高一点即可，将车身调至居中位置后，再全速前进。（调节车身居中时，需要根据实际情况来给定速度值）。若车位置是偏左的，也就是反馈的数据是第 3 种情况时，需要进行调节车身，例如：Control(80,60)，左边速度高一点，右边速度低一点即可，将车身调至居中位置后，再全速前进。（调节车身居中时，需要根据实际情况来给定速度值）

上述功能封装可参考综合示例程序 Smart Car_V2.3 中 roadway_check.c 文件的 Track_Correct(uint8_t gd) 函数，gd 为循迹板数据，其函数封装如下：

```
1.  void Track_Correct(uint8_t gd)
2.  {
3.    if (gd == 0x00)  // 循迹灯全灭 停止
4.    {
5.      Track_Flag=0;
6.      Stop_Flag=1;
7.      Send_UpMotor(0, 0);
8.    }
9.    else
10.   {
11.     Stop_Flag=0;
12.     // 中间 3/4 传感器检测到黑线，全速运行
13.     if (gd==0XE7||gd==0XF7||gd==0XEF)
14.     {
15.       LSpeed=Car_Spend;
16.       RSpeed=Car_Spend;
17.     }
18.     if (Line_Flag != 2)
19.     {
20.       // 中间 4、3 传感器检测到黑线，微右拐
21.       if (gd==0XF3||gd==0XFB)
22.       {
23.         LSpeed=Car_Spend+30;
24.         RSpeed=Car_Spend-30;
25.         Line_Flag=0;
26.       }
27.       // 中间 3、2 传感器检测到黑线，再微右拐
28.       else if (gd==0XF9||gd==0XFD)
29.       {
30.         LSpeed=Car_Spend+40;
31.         RSpeed=Car_Spend-60;
32.         Line_Flag=0;
33.       }
34.       else if (gd==0XFC)  // 中间 2、1 传感器检测到黑线，强右拐
35.       {
36.         LSpeed=Car_Spend+50;
37.         RSpeed=Car_Spend-90;
38.         Line_Flag=0;
39.       }
40.       else if (gd==0XFE)  // 最右边 1 传感器检测到黑线，再强右拐
41.       {
42.         LSpeed=Car_Spend+60;
43.         RSpeed=Car_Spend-120;
```

```
44.           Line_Flag=1;
45.         }
46.       }
47.     if (Line_Flag != 1)
48.     {
49.       if (gd==0XCF)          // 中间 6、5 传感器检测到黑线，微左拐
50.       {
51.         RSpeed=Car_Spend+30;
52.         LSpeed=Car_Spend-30;
53.         Line_Flag=0;
54.       }
55.       // 中间 7、6 传感器检测到黑线，再微左拐
56.       else if (gd==0X9F||gd==0XDF)
57.       {
58.         RSpeed=Car_Spend+40;
59.         LSpeed=Car_Spend-60;
60.         Line_Flag=0;
61.       }
62.       // 中间 8、7 传感器检测到黑线，强左拐
63.       else if (gd==0X3F||gd==0XBF)
64.       {
65.         RSpeed=Car_Spend+50;
66.         LSpeed=Car_Spend-90;
67.         Line_Flag=0;
68.       }
69.       else if (gd==0X7F)     // 最左 8 传感器检测到黑线，再强左拐
70.       {
71.         RSpeed=Car_Spend+60;
72.         LSpeed=Car_Spend-120;
73.         Line_Flag=2;
74.       }
75.     }
76.     if (gd==0xFF)          // 循迹灯全亮
77.     {
78.       if (count>1000)
79.       {
80.         count=0;
81.         Send_UpMotor(0, 0);
82.         Track_Flag=0;
83.         if (Line_Flag==0)
84.           Stop_Flag=4;
85.       }
86.       else
```

```
87.        count++;
88.      }
89.    else
90.      count=0;
91.    }
92.  if (Track_Flag!=0)
93.  {
94.    Control(LSpeed, RSpeed);
95.  }
96. }
```

上述函数需要提供的循迹数据，可以通过 CanP_HostCom.c 文件中 uint16_t Get_H ost_UpTrack(u8 mode) 函数来获取循迹数据，其函数返回为 uint16_t 类型的循迹数据。参数 mode 为 TRACK_ALL 时，获取所有数据；参数 mode 为 TRACK_Q7 时，获取前面七位循迹数据；参数 mode 为 TRACK_H8 时，获取后面八位循迹数据。(TRACK_ALL 值为 "0"，TRACK_Q7 值为 "7"，TRACK_H8 值为 "8")。函数封装如下：

```
1. uint16_t Get_Host_UpTrack(u8 mode) // 获取循迹数据
2. {
3.    uint16_t Rt=0;
4.    switch (mode)
5.    {
6.    case TRACK_ALL:
7.      Rt=(uint16_t)((Track_buf[0]<<8)+Track_buf[1]);
8.      break;
9.    case TRACK_Q7:
10.     Rt=Track_buf[1];
11.     break;
12.   case TRACK_H8:
13.     Rt=Track_buf[0];
14.     break;
15.   }
16.   return Rt;
17. }
```

通过上述介绍，即可完成循迹功能函数的封装。同时，需要注意的是，当循迹板全在黑线上时，反馈的数据是 "0000 0000"，通常该状态用于该循迹功能函数的停止判断，这样小车即可行驶到下一个十字路口了。

左转功能函数设计左转的目的是使小车在一个十字路口上左转 90°，到达另一个黑线上。通过前面的介绍，可以利用 Control(int L_Spend,int R_Spend) 函数，进行左转，例如：Control(-80,80)。左侧车轮给予向后的速度，右侧车轮给予向前的速度，即可实现左转动作，当再次发现黑线时停止，即可完成左转。

通过判断循迹板上的红外对管，当再次出现第 1 种情况（车位置在另一条黑线

📖 学习笔记

上居中）时，停止即可完成左转。

右转功能函数设计右转的目的是使小车在一个十字路口上右转 90°，到达另一个黑线上。利用 Control(int L_Spend,int R_Spend) 函数进行右转，例如：Control(80,-80)。左侧车轮给予向前的速度，右侧车轮给予向后的速度，即可实现右转动作，当再次发现黑线时停止，即可完成右转。

通过判断循迹板上的红外对管，当再次出现第 1 种情况（车位置在另一条黑线上居中）时，停止即可完成右转。

自动规划和自动行驶程序设计通过基础功能函数的设计，可以实现指定路段的行驶。自动规划和自动行驶的目的是给定起点和终点，从起点自行选择路线，到达终点即可。其实现方法不限，可以通过画"二叉树"的方法，把所有的路径画出来再写入程序逻辑中；也可以利用字母的先后顺序找出规律完成此设计。

编写程序逻辑并使主车顺利通过指定路段，完成路径的自动规划和自动行驶，主车通过指定路段的真实环境示意图如图 2.1.16 所示。

图 2.1.16　主车通过指定路段真实环境图

任务1　设计小车
自动行驶评价表

💻 **思考练习**

动手实践：亲手实现沙盘上小车的自动行驶程序功能。

任务 2　设计传感器应用

📋 任务描述

当智能小车在规定运行轨迹上行进到某一位置处，利用 STM32 微控制器控制超声波发射电路发送超声波信号，并通过 GPIO 口获取超声波接收电路的信号，通过时间差计算出超声波传感器与前方障碍物的距离；通过微控制器 IIC 总线协议与光强度传感器（BH1750FVI）进行数据交互；通过光强度传感器获取智能路灯标志物的光照值，同时计算出当前档位。

课程视频

🖥 相关知识

要完成超声波测距与避障任务，必须掌握超声波发射电路和接收电路的电路原理，并熟悉 STM32 微控制器 GPIO、外部中断和定时器的配置及应用方法，最后利用定时器记录时间差，计算出超声波传感器与前方障碍物的距离。

1. **超声波发射电路**

任务板上的超声波发射电路如图 2.2.1 所示。

从图 2.2.1 可以看出，该电路由 555 定时器、74HC08（与门）、74HC14（非门）、

任务2　设计传感器应用

CD4069 反相器和 CY1 超声波发射装置组成。通过调节电位器 RW1 可以调节 555 定时器的输出频率。而超声波实际的输出频率，需要根据超声波传感器的测量误差来进行调节，通常调节在 40 KHz 左右；当控制引脚 INC（PA15 引脚）为低电平时，超声波信号即可发射出去。

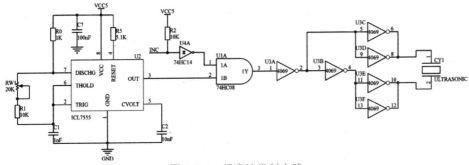

图 2.2.1　超声波发射电路

2. 超声波接收电路

竞赛任务板上的超声波接收电路如图 2.2.2 所示。

CX20106 是一种专用的超声波接收集成电路，它可以实现对超声波探头接收到的信号放大、滤波等作用，其总放大增益为 80 dB。通过调节电位器 RW3 来改变前置放大器的增益和频率特性，当有信号输入时，会将 INT0 拉低（PB4 引脚）。

3. 光照传感器与 MCU 接口电路

首先，要掌握光照传感器 BH1750FVI 通信时序，通过 MCU 获取传感器数据；光照传感器 BH1750FVI 引脚功能与外围电路原理如图 2.2.3 所示。

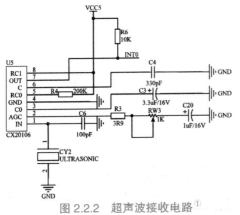

图 2.2.2　超声波接收电路[1]

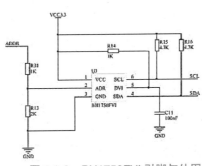

图 2.2.3　BH1750FVI 引脚与外围电路原理

通过图 2.2.3 可以看出，BH1750FVI 传感器与 MCU 连接需要三个引脚，分别是"ADDR"、"SCL"和"SDA"。（其余引脚说明可参考 BH1750FVI 的数据手册）ADDR 为 IIC 地址端口，ADDR="H"（ADDR ≥ 0.7Vcc）时，地址为"1011100"；ADDR="L"（ADDR ≤ 0.3Vcc）时，地址为"0100011"。SCL 为 IIC 接口的时钟端口，

[1]　图中，3.3uF 即 3.3 μF。10K 即 10kΩ，余同。

SDA 为 IIC 接口的数据端口。通过这 3 个引脚，再结合上面的数据交互过程，即可写出 BH1750FVI 驱动程序，从而获得当前环境的光照值。

4. 红外控制智能路灯的加挡或减挡

通过 MCU 获取到光照度传感器的数据后，还需要将该数据运用到实际场景中去，并要求利用固定的红外指令来控制智能路灯的加挡或减挡。

在提供的综合示例程序中，Infrared_Send(uint8_t *s,int n) 函数为红外发送函数，H_1[4]={0x00,0xFF,0x0C,～ (0x0C)} 数组值为光源挡位加 1 的指令。

调用 Infrared_Send(H_1,4) 即可控制智能路灯加 1 挡。

要计算出智能路灯标志物的当前挡位，首先需要将第一次获取到的光照值保存下来（用 A1 表示）。智能路灯一共有 4 个挡位，在保存 A1 之后，将智能路灯加 1 挡，然后再次测量光照值并保存用 A2 表示，依次再加 2 次，分别记为 A3 和 A4。将 A1、A2、A3、A4 进行冒泡排序，若排序后满足 A2 < A3 < A4 < A1，则说明当前挡位为第 4 挡，以此类推，即可确定当前挡位。

任务实施

1. 超声波测距和避障

首先调节 555 定时器的输出频率为 40 kHz 左右，然后配置两个端口 PA15 和 PB4，其中的 PA15 为超声波信号发射的控制引脚，即将 PA15 配置为推挽输出模式，初始电平为高电平；将 PB4 配置为超声波信号的接收引脚，即 PB4 配置为输入模式，同时开启外部中断。

当端口配置后，还需配置一个定时器来记录时间差，利用时间差和超声波在空气中传输的速度来计算出距离。

当 STM32 的 GPIO、外部中断、定时器配置完成后，编写程序逻辑并完成超声波测距任务。同时可以利用超声波数据实现自动避障功能。

超声波测距真实环境图如图 2.2.4 所示。

2. 智能路灯光强测量

（1）编写 BH1750 的驱动程序，并获取当前光照值。

（2）编写冒泡函数，辨别出当前挡位。

（3）实际测量如图 2.2.5 所示。

图 2.2.4 超声波测距真实环境图

图 2.2.5 智能路灯光强测量真实环境图

学习笔记

思考练习

动手实践：在给定的综合示例程序的基础上，分别实现超声波测距和智能路灯光强测量任务，鼓励大家创新方法、程序，提高任务完成的质量。

任务 3　实现红外通信控制

任务描述

编写模拟红外通信时序，通过配置 STM32 的 GPIO 口来控制红外发射电路发送红外信号，从而对智能路灯的档位控制、报警器控制、立体显示标志物控制。

课程视频

任务3　实现红外通信控制

相关知识

1.　红外控制智能路灯电路原理

利用红外发射电路发出红外信号，按照红外通信时序编写模拟时序，实现对智能路灯档位的调节。任务板上的红外发射电路如图 2.3.1 所示。

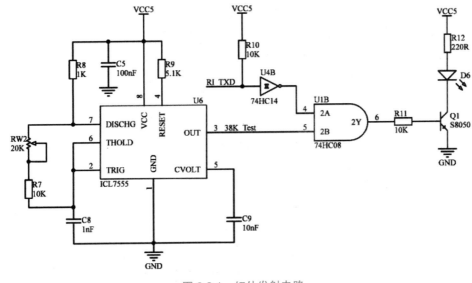

图 2.3.1　红外发射电路

从图 2.3.1 可以看出，ICL7555 定时器用于产生 38 kHz 红外发射载波，通过 RW2 可以调节发射频率；通过红外发射二极管 D6 发射红外信号。该电路由 RI_TXD 引脚（PF11 引脚）控制输出。

红外通信时序采用的是 NEC 码位。NEC 码位的定义：一个脉冲对应 560 μs 的连续载波，一个逻辑 1 传输需要 2.25 ms（560 μs 脉冲 +1680 μs 低电平），一个逻辑 0 的传输需要 1.125 ms（560 μs 脉冲 +560 μs 低电平）。

2. 红外控制报警器

报警器的开启原理与控制智能路灯光挡原理相同。

3. 红外控制立体显示

仍然是任务板上的红外发射电路，红外通信时序设计也与前述相同。红外控制的标志物中，只有立体显示标志物与主车有通信协议。根据固定的通信协议，完成立体显示标志物显示车牌号信息的程序设计。显示其他的信息，可以参考显示车牌号的程序来完成。

4. 主车向立体显示标志物发送命令的数据结构

主车向立体显示标志物发送命令，其命令数据结构共有6个字节，如表2.3.1所示。

表 2.3.1　主车向立体显示标志物发送命令的数据结构

0xFF	0xXX	0xXX	0xXX	0xXX	0xXX
起始位	模式	数据 [1]	数据 [2]	数据 [3]	数据 [4]

数据结构由以下6个字节组成：

第一个字节为起始位（0xFF），固定不变。

第二个字节为模式编号。

第三个字节～第六个字节为可变数据。

（1）立体显示标志物的模式。立体显示标志物的模式编号如表2.3.2所示。

表 2.3.2　立体显示标志物模式编号

模 式 编 号	模 式 说 明
0x20	接收前四位车牌信息模式
0x10	接收后两位车牌信息与两位坐标信息模式并显示
0x11	显示距离模式
0x12	显示图形模式
0x13	显示颜色模式
0x14	显示路况模式
0x15	显示默认模式

（2）车牌显示模式的数据。车牌显示模式的数据说明如表2.3.3所示。

表 2.3.3　车牌显示模式的数据说明

模式	数据 [1]	数据 [2]	数据 [3]	数据 [4]
0x20	车牌 [1]	车牌 [2]	车牌 [3]	车牌 [4]
0x10	车牌 [5]	车牌 [6]	横坐标	纵坐标

说明：在车牌显示模式下，车牌信息包括六个车牌字符和在地图上某个位置的坐标，共8个字符（注意：车牌信息格式为字符串格式）。

（3）距离显示模式的数据。距离显示模式的数据说明如表 2.3.4 所示。

表 2.3.4　距离显示模式的数据说明

模式	数据 [1]	数据 [2]	数据 [3]	数据 [4]
0x11	距离十位	距离个位	0x00	0x00

说明：在距离显示模式下，数据 [1] 和数据 [2] 为需要显示的距离信息（注意：距离显示格式为十进制）。其余位为 0x00，保留不用。

任务实施

1. 红外通信时序编码

通过 NEC 码位的定义即可写出红外时序，参考代码如下：

```
1.  void Transmition(u8 *s, int n)
2.  {
3.    u8 i, j, temp;
4.
5.    RI_TXD=0;
6.    delay_ms(9);
7.    RI_TXD=1;
8.    delay_ms(4);
9.
10.   for (i=0; i<n; i++)
11.   {
12.     for (j=0; j<8; j++)
13.     {
14.       temp=(s[i]>>j) & 0x01;
15.       if (temp=0)            //发射 0
16.       {
17.         RI_TXD=0;
18.         delay_us(560);       // 延时 0.56ms
19.         RI_TXD=1;
20.         delay_us(560);       // 延时 0.56ms
21.       }
22.       if (temp=1)            //发射 1
23.       {
24.         RI_TXD=0;
25.         delay_us(560);       // 延时 0.56ms
26.         RI_TXD=1;
27.         delay_ms(1);
28.         delay_us(680);       // 延时 1.68ms
29.       }
30.     }
```

```
31.    }
32.    RI_TXD=0;                        // 结束
33.    delay_us(560);                   // 延时 0.56ms
34.    RI_TXD=1;                        // 关闭红外发射
35. }
```

2. 智能路灯光挡程序设计

光照挡位加 1、加 2 和加 3 挡的红外发射控制数组是在主文件中有所定义，其代码如下：

```
1. u8 H_1[4]={0x00, 0xFF, 0x0C, ~ (0x0C)}; // 光源挡位加 1
2. u8 H_2[4]={0x00, 0xFF, 0x18, ~ (0x18)}; // 光源挡位加 2
3. u8 H_3[4]={0x00, 0xFF, 0x5E, ~ (0x5E)}; // 光源挡位加 3
```

上面定义的红外发射控制数组有光挡加 1、光挡加 2 和光挡加 3，智能路灯光挡控制函数 Light_Gear()，代码如下：

```
1. void Light_Gear(u8 temp)       //temp=1: 光挡加 1,=2: 光挡加 2,=3: 光挡加 3
2. {
3.    if (temp=1)
4.    {
5.      Transmition(H_1, 4);       //H_1 是光挡加 1 的红外发射控制数组，4 个字节
6.    }
7.    else if (temp=2)
8.    {
9.      Transmition(H_2, 4);       //H_2 是光挡加 2 的红外发射控制数组，4 个字节
10.    }
11.   else if (temp=3)
12.   {
13.     Transmition(H_3, 4);       //H_3 是光挡加 3 的红外发射控制数组，4 个字节
14.    }
15.   delay_ms(1000);
16. }
```

智能路灯控制操作步骤：

（1）调节电位器 RW2，使 ICL7555 定时器的载波频率为 38 kHz。

（2）配置红外输出控制引脚 PF11，并编写红外时序逻辑并调节光照挡位。

（3）利用定时器产生 PWM 代替红外模拟时序进行驱动电路，如图 2.3.2 所示。

3. 红外发射报警器的控制程序设计

报警器打开函数 Alarm_Open()，代码如下：

```
1. // 报警器打开
2. static u8 HW_K[6]={0x03, 0x05, 0x14, 0x45, 0xDE, 0x92};
3. // 报警器关闭
4. static u8 HW_G[6]={0x67, 0x34, 0x78, 0xA2, 0xFD, 0x27};
5.
```

```
6.  void Alarm_Open(void)
7.  {
8.      Transmition(HW_K, 6);        //HW_K 是打开烽火台报警的红外发射控制数组
9.      delay_ms(200);
10.     }
```

控制报警器操作步骤：

（1）调节电位器 RW2，使 ICL7555 定时器的载波频率为 38 kHz。

（2）程序逻辑并开启报警器，如图 2.3.3 所示。

图 2.3.2　控制智能路灯标志物真实环境图　　图 2.3.3　控制报警器标志物开启真实环境图

4. 立体显示车牌程序设计

立体显示标志物显示车牌号信息函数 Stereo_Display()，代码如下：

```
1.  // 车牌信息格式为字符串格式，spin 是指针变量
2.  void Stereo_Display(u8 *spin)
3.  {
4.      u8 temp[6];
5.      temp[0]=0xff;               // 起始位 0xff, 固定不变
6.      temp[1]=0x20;               // 模式为 0x20, 接收车牌号的前 4 位
7.      temp[2]=spin[0];            // 数据 [1]
8.      temp[3]=spin[1];            // 数据 [2]
9.      temp[4]=spin[2];            // 数据 [3]
10.     temp[5]=spin[3];           // 数据 [4]
11. // 红外发射 1, 发送以上 6 个字节数据到立体显示标志物
12.     Transmition(temp, 6);
13.     delay_ms(1000);
14. // 模式为 0x10, 接收车牌号的后 2 位，2 位坐标，并显示
15.     temp[1]=0x10;
16.     temp[2]=spin[4];           // 数据 [5]
17.     temp[3]=spin[5];           // 数据 [6]
18.     temp[4]=spin[6];           // 横坐标
19.     temp[5]=spin[7];           // 纵坐标
20. // 红外发射 2, 发送以上 6 个字节数据到立体显示标志物
21.     Transmition(temp, 6);
22.     delay_ms(1000);
23.     }
```

学习笔记

实操视频

实现红外通信控制——烽火台报警功能实现

实操视频

实现红外通信控制——立体交互显示功能实现

假设，发送给立体显示标志物显示的车牌信息是BJ2089F4，其中车牌号是BJ2089，坐标是F4。完成显示车牌号信息的代码如下：

```
1. u8 STRING[]="BJ2089F4"; // 车牌号是 BJ2089,坐标是 F4
2. Stereo_Display(STRING);   // 把车牌号信息发射给立体显示标志物
```

立体显示操作步骤：

（1）调节电位器RW2，使555定时器的载波频率为38 kHz。

（2）写程序逻辑并控制立体显示标志物显示指定信息。

控制立体显示标志物开启真实环境图如图2.3.4所示。

图2.3.4　控制立体显示标志物开启真实环境图

思考练习

动手实践：在给定的示例程序基础上，实现智能路灯光挡控制、报警器控制功能，以及车牌立体显示功能等，鼓励创新方法、程序，以提高任务完成的质量。

任务4　检测与识别 RFID

任务描述

利用RFID读卡器的驱动程序，通过MCU串口通信与RC522进行数据交互，实现对13.56M的IC卡进行读写操作。在赛道上指定路段放入RIFD卡片，且卡片位置是在该路段任意位置，通过主车下方的RFID读卡器在指定路段进行RFID寻卡任务，读取RFID卡片内容。

相关知识

要完成RFID卡读写操作任务，必须了解RFID射频识别技术，掌握RFID的存储结构以及RC522的读写原理。要完成小车自动检测与识别RFID卡片的任务，必须熟悉RFID卡的读写操作方法，再按照主车行进的控制方法完成自动寻卡、读卡任务。

1. 寻卡

当主车行驶在指定路段上时，调用寻卡函数PcdRequest()即可。当该函数返回"0"时，说明已经寻到卡，对应的主车停止行进即可。

寻卡时需注意，当停止行进后，需要判断此时主车所停留的位置，如图2.4.1所示。若规定路段为AC，则RFID卡片可以出现在A点、B点、C点、AB之间和BC之间。

由于白卡放在路段上时，会遮挡住原有的黑色循

图2.4.1　RFID卡片的位置图

迹线，当主车行驶在 A 点、B 点、C 点、AB 之间和 BC 之间时，白卡都会影响主车对路况的判断，此时需要在路况判断条件中添加对应的状态监测，来避免主车路况判断出错的情况。添加路况判断后，即可完成寻卡任务。

2. 读卡

当主车行驶在指定路段上时，寻到卡后，再进行防冲撞、选定卡片、验证卡片密码，即可进行读卡操作。

防冲撞：在多张 IC 卡中选出唯一的一张卡片进行读写操作。

选定卡片：确认卡片，检测 IC 卡是否还在感应区。

验证卡片密码：通常验证 A 秘钥，A 密钥是供用户读写操作的，利用 A 密钥可对除 0 区外的其他所有扇区块进行读写操作；B 密钥通常是不可操作的，用于逻辑加密、算法加密，同时密钥通常也是不可见的。

任务实施

1. RFID 初始化

例程中，Readcard_daivce_Init() 函数为 RFID 初始化函数，如下所示：

```
1. void Readcard_daivce_Init(void)
2. {
3.   RC522_Uart_init(9600);   // 串口初始化为 9600
4.   delay_ms(500);
5.   InitRc522();             // 读卡器初始化
6. }
```

RFID 初始化函数主要包含 RC522_Uart_init() 和 InitRc522() 两个函数。InitRc522() 函数为 RFID 的初始化函数，主要是对 RC522 读卡芯片的设置，由厂家提供，同时也有详细说明文档，在此不再阐述。RC522_Uart_init() 函数如下：

```
1. void RC522_Uart_init(u32 baudrate)
2. {
3.   GPIO_InitTypeDef GPIO_TypeDefStructure;
4.   USART_InitTypeDef USART_TypeDefStructure;
5.
6.   RCC_AHB1PeriphClockCmd(RCC_AHB1Periph_GPIOA, ENABLE);
7.   RCC_APB2PeriphClockCmd(RCC_APB2Periph_USART1, ENABLE);
8.
9.   GPIO_PinAFConfig(GPIOA, GPIO_PinSource9, GPIO_AF_USART1);
10.  GPIO_PinAFConfig(GPIOA, GPIO_PinSource10, GPIO_AF_USART1);
11.
12.  //PA9-Tx
13.  GPIO_TypeDefStructure.GPIO_Pin = GPIO_Pin_9 | GPIO_Pin_10;
14.  GPIO_TypeDefStructure.GPIO_Mode = GPIO_Mode_AF;// 复用功能
15.  GPIO_TypeDefStructure.GPIO_OType = GPIO_OType_PP;  // 推挽输出
16.  GPIO_TypeDefStructure.GPIO_PuPd = GPIO_PuPd_UP;// 上拉
```

```
17.  GPIO_TypeDefStructure.GPIO_Speed = GPIO_Speed_100MHz;
18.  GPIO_Init(GPIOA, &GPIO_TypeDefStructure);
19.
20.  USART_TypeDefStructure.USART_BaudRate=baudrate; //波特率
21.  USART_TypeDefStructure.USART_HardwareFlowControl = USART_
HardwareFlowControl_None;                    // 无硬件控制流
22.   USART_TypeDefStructure.USART_Mode=USART_Mode_Tx|USART_
Mode_Rx;                                    // 接收发送模式
23.
24.  // 无校验位
25.  USART_TypeDefStructure.USART_Parity=USART_Parity_No;
26.  // 停止位 1
27.  USART_TypeDefStructure.USART_StopBits=USART_StopBits_1;
28.  // 数据位 8
29.  USART_TypeDefStructure.USART_WordLength=USART_WordLength_8b;
30.  USART_Init(USART1, &USART_TypeDefStructure);
31.
32.  USART_Cmd(USART1, ENABLE);                  // 使能串口
33.
34.  Rc522_LinkFlag=0;
35. }
```

2. 数据收发

可以看出，MCU 与 RC522 读卡器连接的端口初始化，使用的串口 1 通信，未开启中断。数据发送、接收中是通过查询法实现的，具体如下所示：

```
1. short WriteRawRC_HDL(unsigned char Address, unsigned char value)
2. {
3.   unsigned char EchoByte;
4.   short status;
5.   uint8_t e=3;
6.
7.   Address&=0x3f; //code the first byte
8.   for (e=0; e<3; e++)
9.   {
10.    Send_data(Address);
11.    status=Rece_data(&EchoByte, 10000);
12.    if (status==STATUS_SUCCESS)
13.    {
14.      if (Address==EchoByte)
15.      {
16.        Send_data(value);
17.        break;
18.      }
```

```
19.      else
20.      {
21.        status=STARUS_ADDR_RERR;
22.      }
23.    }
24.  }
25.  return status;
26. }
```

Rece_data() 为串口接收函数，代码如下：

```
1. short Rece_data(unsigned char *ch, unsigned int WaitTime)
2. {
3.   uint32_t tt;
4.   tt=gt_get()+WaitTime/2000;
5.   while (gt_get_sub(tt))
6.   {
7.     if (USART1->SR & USART_FLAG_RXNE)
8.     {
9.       *ch=(uint8_t)USART_ReceiveData(USART1);
10.      return STATUS_SUCCESS;
11.    }
12.  }
13.  Rc522_LinkFlag=0;
14.  return STATUS_IO_TIMEOUT;
15. }
```

Send_data() 是串口发送函数，示例如下：

```
1. void Send_data(unsigned char ch)
2. {
3.   USART1->SR;
4.   while ((USART1->SR & USART_FLAG_TXE)==SET)
5.   {
6.     ;
7.   }
8.   USART_SendData(USART1, ch);
9.   while (USART_GetFlagStatus(USART1, USART_FLAG_TC)!=SET)
10.  {
11.    ;
12.  }
13. }
```

在主函数中增加初始化成功与否的判断：

```
1. if (gt_get_sub(RFID_Init_Check_times)==0) // RFID 初始化检测
2. {
```

学习笔记

```
3.    RFID_Init_Check_times=gt_get()+200;
4.    if (Rc522_GetLinkFlag()==0)
5.    {
6.      Readcard_daivce_Init();
7.      MP_SPK=!MP_SPK;
8.    }
9.    else
10.   {
11.     Rc522_LinkTest();
12.   }
13. }
```

若 RFID 硬件连接故障或上电未能成功初始化，在上述函数中则不可实现监测功能。

3. RFID 卡读写操作

（1）编写 RC522 的驱动程序，参照例程完成。

（2）配置 MCU 的片上串口，RFID 卡读写如图 2.4.2 所示。

4. RFID 卡检测与识别

参照例程编写程序逻辑并在规定的路段进行 RFID 的读写操作，如图 2.4.3 所示。

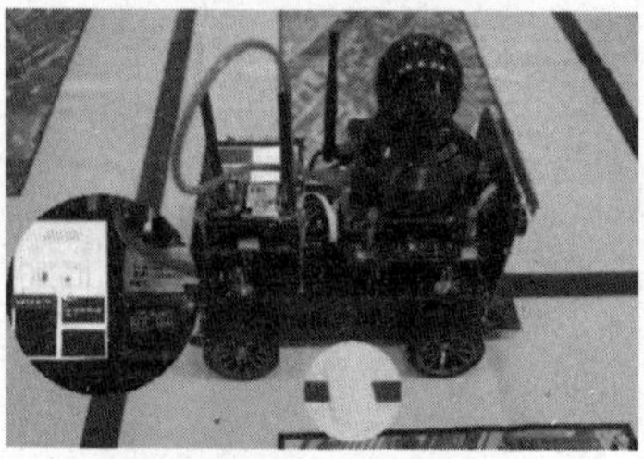

图 2.4.2　RFID 卡读写 　　　图 2.4.3　小车自动检测与识别 RFID 卡

任务4　检测与识别RFID评价表

思考练习

动手实践：在前述分析的基础上，实现智能小车自动建设与识别 RFID 卡片，完成 RFID 卡读写任务，鼓励创新方法、程序，以提高任务完成的质量。

任务 5　实现 ZigBee 通信控制

任务描述

通过 CAN 总线完成 STM32 与通信显示板上的 MCU 进行数据交互，同时利用通信显示板上的 MCU 控制 ZigBee 发送和接收通信指令，完成 LED 显示标志物的计时和显示功能、道闸控制、无线充电控制、语音播报、TFT 显示控制、智能交通灯控制、立体车库控制、ETC 系统控制、从车控制等。

相关知识

学习笔记

要完成本任务，需要了解 CAN 总线的通信协议与配置方法，熟悉 STM32 与通信显示板 MCU 通过 CAN 总线进行数据交互的方法，并利用通信显示板上的 MCU 控制 ZigBee 发送和接收通信指令，完成 LED 显示、道闸、语音播报、无线充电、TFT 显示控制、智能交通灯、立体车库、ETC 系统、从车等标志物的控制。

CAN 总线通过接收固定的 ID（标识符）即可获取来自通信显示板上的数据，通信显示板 MCU 的数据包含了 ZigBee 的数据回传、Wi-Fi 的数据回传等。同时，也可以通过固定的协议控制 ZigBee 进行发送指令。

本任务主要通过固定指令来控制实现以下功能：

- LED 显示标志物进行计时和显示固定字符。
- 道闸标志物的开启、关闭和显示车牌。
- 无线充电标志物的开启和关闭。
- TFT 显示车牌、距离和翻页等。
- 智能交通灯翻页和显示。
- 立体车库控制。
- 回收 ETC 系统数据。
- AGV 智能运输机器人（从车）的行驶控制和数据获取。

1. LED 显示

1）通过 CAN 总线向 LED 显示标志物发送命令

通过 CAN 总线向 LED 显示标志物发送命令的数据结构如表 2.5.1 所示。

表 2.5.1　CAN 总线向 LED 显示标志物发送命令的数据结构

0X55	0X04	0Xxx	0Xxx	0Xxx	0Xxx	0Xxx	0XBB
包头	主指令	副指令				校验和	包尾

说明：本组数据由八个字节构成，包括两字节固定包头，一字节主指令，三字节副指令，一字节校验和，一字节包尾。

2）控制 LED 显示标志物主指令

控制 LED 显示标志物主指令说明如表 2.5.2 所示。

表 2.5.2　控制 LED 显示标志物主指令

主指令	指令说明
0X01	数据写入第一排数码管
0X02	数据写入第二排数码管
0X03	LED 显示标志物进入计时模式
0X04	LED 显示标志物第二排显示距离

3）控制 LED 显示标志物主指令对应副指令

控制 LED 显示标志物主指令对应副指令如表 2.5.3 所示。

课程视频

任务5　实现 ZigBee通信控制

实操视频

实现ZigBee 通信控制——智慧交通模拟沙盘介绍与ZigBee通信显示

表 2.5.3　控制 LED 显示标志物主指令对应副指令

主 指 令	副 指 令		
0X01	数据 [1]、数据 [2]	数据 [3]、数据 [4]	数据 [5]、数据 [6]
0X02	数据 [1]、数据 [2]	数据 [3]、数据 [4]	数据 [5]、数据 [6]
0X03	0X00/0X01/0X02 （关闭 / 打开 / 清零）	0X00	0X00
0X04	0X00	0X0X	0Xxx

说明：LED 显示标志物在第二排显示距离时，第二位和第三位副指令中的"X"代表要显示的距离值（注意：距离显示格式为十进制）。

2. 道闸

1）道闸标志物控制的数据结构

主车向道闸标志物发送命令的数据结构如表 2.5.4 所示。

表 2.5.4　主车向道闸标志物发送控制指令数据结构

包头		主指令	副指令			效验和	包尾
0x55	0x03	0xXX	0xXX	0xXX	0xXX	0xXX	0xBB

说明：本组数据由八个字节构成，包括两字节固定包头，一字节主指令，三字节副指令，一字节校验和，一字节包尾。

主指令的数据结构如表 2.5.5 所示。

表 2.5.5　主指令数据结构

主指令	副指令 [1]	副指令 [2]	副指令 [3]	说　　明
0x01	0x01/0x02 （打开 / 关闭）	0x00	0x00	道闸闸门开关控制
0x10	0xXX	0xXX	0xXX	车牌前三位数据（ASCII）
0x11	0xXX	0xXX	0xXX	车牌后三位数据（ASCII）
0x20	0x01	0x00	0x00	道闸状态回传

说明：道闸控制可发送固定开启指令控制，同时当发送正确指令时也可开启。道闸状态需发送请求返回指令得到（不会自动回传）。

2）道闸标志物回传数据结构

道闸标志物向主车回传的数据结构如表 2.5.6 所示。

表 2.5.6　道闸标志物向主车回传数据结构

包头		主指令	副指令			效验和	包尾
0x55	0x03	0x01	0x00	0xXX （闸门状态）	0x00	0xXX	0xBB

说明：道闸标志物回传的副指令结构中，副指令第二位为道闸门开关状态。道闸标志物回传数据副指令的第二位说明如表 2.5.7 所示。

表 2.5.7　道闸标志物回传数据副指令第二位说明

副指令 [1]	状 态 说 明
0x05	闸门已开启

3. 无线充电

主车向无线充电标志物发送命令数据结构如表 2.5.8 所示。

表 2.5.8　主车向无线充电标志物发送命令数据结构

0X55	0X0a	0X01	0X01/0X02 (打开/关闭)	0X00	0X00	0Xxx	0XBB
包头	主指令	副指令				校验和	包尾

说明：本组数据由八个字节构成，包括两字节固定包头，一字节主指令，三字节副指令，一字节校验和，一字节包尾。主指令 0X01 代表控制无线充电标志物指令，第一位副指令 0X01 控制无线充电标志物打开，0X02 控制无线充电标志物关闭，后两位副指令保留不用。需要注意的是，该标志物瞬间启动电流比较大，所以这里只开放了开启命令，10 s 之后系统自动关闭。

4. 语音播报

1）语音数据帧结构

语音数据帧结构如表 2.5.9 所示。

表 2.5.9　语音数据帧结构

帧 头	数据区长度	数 据 区
0XFD	0Xxx，0Xxx	data

说明：所有语音控制命令都需要用"帧"的方式进行封装后传输。帧结构由帧头标志、数据区长度和数据区三部分组成。在本协议中，为保证无线通信质量，规定每帧数据长度不超过 200 字节（包含帧头、数据区长度、数据）。

2）状态查询命令数据帧

状态查询命令数据帧如表 2.5.10 所示。

表 2.5.10　状态查询命令数据帧

帧 头	数据区长度		数 据 区
0XFD	高字节	低字节	命令字
	0X00	0X01	0X21

说明：通过该命令获取相应参数，来判断 TTS 语音芯片是否处在合成状态，返回 0X4E 表明芯片仍在合成中，返回 0X4F 表明芯片处于空闲状态。

3）语音合成命令数据帧

语音合成命令数据帧如表 2.5.11 所示。

表 2.5.11　语音合成命令数据帧

帧 头	数据区长度		数据 区		
	高字节	低字节	命令字	文本编码格式	待合成文本
0XFD	0XHH	0XLL	0X01	0X00～0X03	……

文本编码格式如表 2.5.12 所示。

表 2.5.12　文本编码格式说明

文本编码格式说明		
	取值参数	文本编码格式
1Byte 表示文本的编码格式，取值为 0～3	0X00	GB2312
	0X01	GBK
	0X02	BIG5
	0X03	UNICODE

特别说明：当语音芯片正在合成文本的时候，如果又接收到一帧有效的合成命令帧，芯片会立即停止当前正在合成的文本，转而合成新收到的文本。

4）停止合成语音命令数据帧

停止合成语音命令数据帧如表 2.5.13 所示。

表 2.5.13　停止合成语音命令数据帧

帧 头	数据区长度		数据 区
	高字节	低字节	命令字
0XFD	0X00	0X01	0X02

说明：命令字 0X02 停止合成语音。

5）暂停合成语音命令数据帧

暂停合成语音命令数据帧如表 2.5.14 所示。

表 2.5.14　暂停合成语音命令数据帧

帧 头	数据区长度		数据 区
	高字节	低字节	命令字
0XFD	0X00	0X01	0X03

说明：命令字 0X03 暂停合成语音命令。

6）恢复合成语音命令数据帧

恢复合成语音命令数据帧如表 2.5.15 所示。

表 2.5.15 恢复合成语音命令数据帧

帧 头	数据区长度		数 据 区
	高字节	低字节	命令字
0XFD	0X00	0X01	0X04

说明：命令字 0X04 恢复合成语音命令。

7）状态回传

语音芯片在上电初始化成功时会向上位机发送一个字节的"初始化成功"回传，初始化不成功时不发送此回传；在收到一个命令帧后会判断此命令帧正确与否，如果命令帧正确返回"收到正确命令帧"回传，如果命令帧错误则返回"收到错误命令帧"回传；在收到状态查询命令时，如果芯片正处于合成状态则返回"芯片忙碌"回传，如果芯片处于空闲状态则返回"芯片空闲"回传。在一帧数据合成完毕后，会自动返回一次"芯片空闲"的回传。语音状态回传表如表 2.5.16 所示。

表 2.5.16 语音状态回传表

回传数据类型	回传数据	触发条件
初始化成功	0X4A	芯片初始化成功
收到正确命令帧	0X41	收到正确的命令帧
收到错误命令帧	0X45	收到错误的命令帧
芯片忙碌	0X4E	收到"状态查询命令"，芯片处于合成文本状态，回传 0X4E
芯片空闲	0X4F	当一帧数据合成完以后，芯片进入空闲状态，回传 0X4F；当芯片收到"状态查询命令"，芯片处于空闲状态，回传 0X4F

8）语音控制指令

语音控制指令如表 2.5.17 所示。

表 2.5.17 语音控制指令

0X55	0X06	0Xxx	0Xxx	0Xxx	0Xxx	0Xxx	0XBB
包头		主指令	副指令			校验和	包尾

语音控制命令上指令如表 2.5.18 所示。

表 2.5.18 音控制命令主指令

主 指 令	说 明
0X10	特定语音命令
0X20	随机语音命令

在主指令 0X10 下，第一副指令为特定语音命令编号，第二、三副指令保留为 0X00；在主指令 0X20 下，第一副指令为 0X01，表示开启随机语音命令，第二、三副指令保留为 0X00，具体说明如表 2.5.19 所示。

表 2.5.19 语音控制命令主指令对应副指令

主指令	副指令 [1]	副指令 [2]、[3]
0X10	0X01：语音唤醒词，如语音驾驶等，可修改	0X00
	0X02：语音控制命令 –> 向右转弯	0X00
	0X03：语音控制命令 –> 禁止右转	0X00
	0X04：语音控制命令 –> 左侧行驶	0X00
	0X05：语音控制命令 –> 左行被禁	0X00
	0X06：语音控制命令 –> 原地掉头	0X00
0X20	0X01：随机语音命令，随机出现特定语音命令 2 ～ 6	0X00

5. TFT 显示

1）MCU 向智能 TFT 显示器标志物发送命令数据结构

MCU 向智能 TFT 显示器标志物发送命令数据结构如表 2.5.20 所示。

表 2.5.20 MCU 向智能 TFT 显示器标志物发送命令数据结构

0X55	0X0b	0Xxx	0Xxx	0Xxx	0Xxx	0Xxx	0XBB
包头	主指令	副指令				校验和	包尾

说明：本组数据由八个字节构成，包括两字节固定包头，一字节主指令，三字节副指令，一字节校验和，一字节包尾。

2）智能 TFT 显示器标志物控制主指令

智能 TFT 显示器标志物控制主指令如表 2.5.21 所示。

表 2.5.21 智能 TFT 显示器标志物控制主指令说明

主 指 令	说　　明
0X10	图片显示模式
0X20	车牌显示模式数据 A（ASCII）
0X21	车牌显示模式数据 B（ASCII）
0X30	计时模式
0X40	HEX 显示模块
0X50	距离显示模式（十进制）

3）智能 TFT 显示器标志物控制副指令

智能 TFT 显示器标志物控制副指令如表 2.5.22 所示。

表 2.5.22   副指令说明

主指令	副指令 [1]	副指令 [2]	副指令 [3]	说明
0X10	0X00	0X01 ～ 0X20	0X00	由第二副指令指定显示那张图片
	0X01	0X00	0X00	图片向上翻页
	0X02	0X00	0X00	图片向下翻页
	0X03	0X00	0X00	图片自动向下翻页显示，间隔时间 10 s
0X20	0Xxx	0Xxx	0Xxx	车牌前三位数据（ASCII）
0X21	0Xxx	0Xxx	0Xxx	车牌后三位数据（ASCII）
0X30	0X00	0X00	0X00	计时模式关闭
	0X01	0X00	0X00	计时模式打开
	0X02	0X00	0X00	计时模式清零
0X40	0Xxx	0Xxx	0Xxx	六位显示数据（HEX 格式）
0X50	0X00	0X0x	0Xxx	距离显示模式（十进制）

6. 智能交通灯

1）智能交通灯标志物控制数据结构

主车向智能交通灯标志物发送数据结构如表 2.5.23 所示。

表 2.5.23   主车向智能交通灯标志物发送数据结构

包头	主指令	副指令				校验和	包尾
0X55	0X0E	0Xxx	0Xxx	0Xxx	0Xxx	0Xxx	0XBB

关于主指令的说明如表 2.5.24 所示。

表 2.5.24   主指令说明

主 指 令	说 明
0X01	进入识别模式
0X02	请求确认识别结果

关于副指令的说明如表 2.5.25 所示。

表 2.5.25   主副指令说明

主指令	副指令 [1]	副指令 [2]	副指令 [3]	说 明
0X01	0X00	0x00	0x00	进入识别模式
0X02	0x01（红灯）	0x00	0x00	识别结果为红色，请求确认
	0x02（绿灯）	0x00	0x00	识别结果为绿色，请求确认
	0x03（黄灯）	0x00	0x00	识别结果为黄色，请求确认

2）智能交通灯标志物回传数据结构

智能交通灯标志物向主车回传数据结构如表 2.5.26 所示。

表 2.5.26　智能交通灯标志物向主车回传数据结构

包头		主指令	副指令				校验和	包尾
0X55	0X0E	0X01	0X01		0Xxx	0X00	0Xxx	0XBB

副指令说明如表 2.5.27 所示。

表 2.5.27　副指令说明

副指令 2	说　明
0X07	进入识别模式
0X08	未能进入识别模式

7. 立体车库

立体车库控制指令数据结构。利用平板电脑向立体车库标志物发送命令的数据结构如表 2.5.28 所示。

表 2.5.28　平板电脑向立体车库标志物发送命令数据结构

0X55	0X0D	0Xxx	0Xxx	0Xxx	0X00	0Xxx	0XBB
包头	主指令	副指令				校验和	包尾

主指令的说明如表 2.5.29 所示。

表 2.5.29　主指令说明

主指令	说　明
0X01	控制指令
0X02	请求返回指令

副指令的说明如表 2.5.30 所示。

表 2.5.30　副指令说明

主指令	副指令 [1]	副指令 [2]	副指令 [3]	说　明
0X01	0X01	0X00	0X00	到达第一层
	0X02	0X00	0X00	到达第二层
	0X03	0X00	0X00	到达第三层
	0X04	0X00	0X00	到达第四层
0X02	0x01	0x00	0x00	请求返回车库位于第几层
	0x02	0x00	0x00	请求返回前后侧红外状态

立体车库标志物向主车返回命令数据结构如表 2.5.31 所示。

表 2.5.31　立体车库标志物向主车返回命令数据结构

0X55	0X0D	0X03	0Xxx	0Xxx	0X00	0Xxx	0XBB
包头	主指令	副指令				校验和	包尾

关于主副指令的说明如表 2.5.32 所示。

表 2.5.32　主副指令说明

主指令	副指令 [1]	副指令 [2]	副指令 [3]	说明
0X03	0x01	0x01	0x00	返回车库位于第一层
		0x02	0x00	返回车库位于第二层
		0x03	0x00	返回车库位于第三层
		0x04	0x00	返回车库位于第四层
	0x02	前侧 0x01（触发） 0x02（未触发）	后侧 0x01（触发） 0x02（未触发）	返回前后侧红外状态

8. ETC 系统

在主车的任务板上携带了 900M 的 RFID 标签，当主车在 ETC 系统标志物的正前方时，会被感应到，此时 ETC 系统闸门打开，同时将打开的信息通过 ZigBee 反馈给主车。

ETC 标志物回传数据结构如表 2.5.33 所示。

表 2.5.33　ETC 标志物回传数据结构

0X55	0X0C	0X01	0X01	0X06	0Xxx	0X08	0XBB
包头	主指令	副指令				校验和	包尾

说明：本组回传数据由八个字节构成，包括两字节固定包头，一字节主指令，三字节副指令，一字节校验和（固定为 0x08），一字节包尾。当副指令第二位为 0x06 时，为 ETC 开启成功并返回的状态。

9. 从车

可通过固定指令来完成 AGV 智能运输机器人（从车）的行驶控制和数据获取。

1）主车控制 AGV 智能运输机器人指令结构

主车向 AGV 智能运输机器人发送指令的数据结构如表 2.5.34 所示。

表 2.5.34　主车向 AGV 智能运输机器人发送命令的数据结构

0X55	0X02	0Xxx	0Xxx	0Xxx	0Xxx	0Xxx	0XBB
包头	主指令	副指令				校验和	包尾

数据由八位字节组成，前两位字节为数据包头，固定不变，第三位字节为主指

令，第四位字节～第六位字节为副指令，第七位为主指令和三位副指令的直接求和并对 0XFF 取余得到校验值（以下校验和均是这样定义），第八位为数据包尾，固定不变。

注意：在本协议中数据格式若无特殊说明，一般默认格式为十六进制。

2）主指令序号表

主指令的序号表如表 2.5.35 所示。

表 2.5.35　主指令序号表

主 指 令	主指令说明
0X01	从车停止
0X02	从车前进
0X03	主车后退
0X04	从车左转（循迹状态）
0X05	从车右转（循迹状态）
0X06	从车循迹
0X07	码盘清零
0x08	指定角度，从车暂不支持
0x09	指定角度，从车暂不支持
0X10	前三字节红外数据
0X11	后三字节红外数据
0X12	发射六字节红外数据
0X20	指示灯
0X30	蜂鸣器
0X40	保留
0X50	相框照片上翻
0X51	相框照片下翻
0X61	光源挡位加 1
0X62	光源挡位加 2
0X63	光源挡位加 3
0X80	主车上传从车数据
0X90	语音识别控制命令

注：表中从车代表 AGV 智能运输机器人。

3）主指令对应副指令说明表

主指令对应副指令的说明如表 2.5.36 所示。

表 2.5.36　主指令对应副指令表

主 指 令	副 指 令		
0X01	0X00	0X00	0X00
0X02	速度值	码盘低八位	码盘高八位
0X03	速度值	码盘低八位	码盘高八位
0X04	速度值	0X00	0X00
0X05	速度值	0X00	0X00
0X06	速度值	0X00	0X00
0X07	0X00	0X00	0X00
0x08	速度值	角度低八位	角度高八位
0x09	速度值	角度低八位	角度高八位
0X10	红外数据 [1]	红外数据 [2]	红外数据 [3]
0X11	红外数据 [4]	红外数据 [5]	红外数据 [6]
0X12	0X00	0X00	0X00
0X20	0X01/0X00（开 / 关）左灯	0X01/0X00（开 / 关）右灯	0X00
0X30	0X01/0X00（开 / 关）	0X00	0X00
0X40	保留	保留	保留
0X50	0X00	0X00	0X00
0X51	0X00	0X00	0X00
0X60	0X00	0X00	0X00
0X61	0X00	0X00	0X00
0X62	0X00	0X00	0X00
0X63	0X00	0X00	0X00
0X80	0X01/0X00（允许 / 禁止）	0X00	0X00
0X90	0X01/0X00（开启 / 关闭）	0X00	0X00

速度值：取值范围为 0 ～ 100。

码盘值：取值范围为 0 ～ 65 635。

4）AGV 智能运输机器人回传数据到主车指令

AGV 智能运输机器人回传数据到主车指令如表 2.5.37 所示。

表 2.5.37　AGV 智能运输机器人回传数据到主车指令

0X55	0X02	0X80	0X00/0X01（关闭 / 打开）	0X00	0X00	0Xxx	0XBB
包头	主指令	副指令				校验和	包尾

说明：AGV 智能运输机器人返回的数据包含运行状态、光敏状态、超声波数据、光照数据、码盘值。

任务实施

1. LED 显示计时和指定字符

（1）通过上面的通信协议即可完成 LED 显示标志物的计时和显示，将数据封装成数组，调用 Send_ZigbeeData_To_Fifo() 函数即可，Send_ZigbeeData_To_Fifo() 函数如下所示：

```
1. void Send_ZigbeeData_To_Fifo(u8 *p, u8 len)
2. {
3.   FifoDrv_BufWrite(&Fifo_ZigbTx, p, len);
4.  }
```

可以看出，调用了 FifoDrv_BufWrite() 函数，FifoDrv_BufWrite() 函数如下所示：

```
1. uint32_t FifoDrv_BufWrite(Fifo_Drv_Struct *p, uint8_t *buf, uint32_t l)
2. {
3.   uint32_t Rt=0;
4.   while (l--)
5.   {
6.    if (FifoDrv_WriteOne(p, buf[Rt])==0)
7.      break;
8.    Rt++;
9.   }
10.  return Rt;
11. }
```

紧接着调用了 FifoDrv_WriteOne() 函数，FifoDrv_WriteOne() 函数如下所示：

```
1. uint8_t FifoDrv_WriteOne(Fifo_Drv_Struct *p, uint8_t d)
2. {
3.   uint8_t Rt=0;
4.   if (FifoDrv_CheckWriteEn(p))
5.   {
6.    p->buf[p->wp++]=d;
7.    if (p->wp>=p->ml)
8.      p->wp=0;
9.    Rt=1;
10.   }
11.  return Rt;
12. }
```

通过上述的 FifoDrv_BufWrite() 函数和 FifoDrv_WriteOne() 函数可以看出，最终将 Send_ZigbeeData_To_Fifo(u8 *p ,u8 len)() 函数的 *p 数值经过处理赋值给了 Fifo_ZigbTx 数组。最后，通过 CanP_CanTx_Check() 函数中调用 CanDrv_TxData() 函数将数据发送出去。CanP_CanTx_Check() 函数如下：

```
1.  void CanP_CanTx_Check(void)
2.  {
3.    uint8_t tmbox, i, f=1;
4.    while (f)
5.    {
6.      f=0;
7.      i=FifoDrv_BufRead(&Fifo_Info, ctbuf, 8);    // 调试信息
8.      if (i)
9.      {
10.       CanDrv_WhaitTxEmpty();
11.       CanDrv_TxData(ctbuf, i, CAN_SID_HL(ID_DISP, 0), 0, &tmbox);
12.       f=1;
13.     }
14.     i=FifoDrv_BufRead(&Fifo_WifiTx, ctbuf, 8);  // Wi-Fi 信息
15.     if (i)
16.     {
17.       CanDrv_WhaitTxEmpty();
18.       CanDrv_TxData(ctbuf, i, CAN_SID_HL(ID_WIFI, 0), 0, &tmbox);
19.       f=1;
20.     }
21.
22.     i=FifoDrv_BufRead(&Fifo_ZigbTx, ctbuf, 8);    // ZigBee 信息
23.     if (i)
24.     {
25.       CanDrv_WhaitTxEmpty();
26.       CanDrv_TxData(ctbuf, i, CAN_SID_HL(ID_ZIGBEE, 0), 0, &tmbox);
27.       f=1;
28.     }
29.   }
30. }
```

（2）编写程序逻辑，完成 LED 显示标志物显示计时功能和显示指定字符功能，如图 2.5.1 所示。

2.　道闸打开、关闭和车牌显示

（1）按照前述通信协议控制无线道闸，将数据发送至 ZigBee 模块的函数是 Send_ZigbeeData_To_Fifo() 函数，Send_ZigbeeData_To_Fifo() 函数的定义和使用方法可参照前述说明。

（2）编写程序逻辑完成打开、关闭道闸和显示车牌功能，如图 2.5.2 所示。

3.　无线充电的开启、关闭

（1）按照前述通信协议控制无线充电，将数据发送至 ZigBee 模块的函数是 Send_ZigbeeData_To_Fifo() 函数，Send_ZigbeeData_To_Fifo() 函数的定义和使用方法可参照前述说明。

学习笔记

实操视频

实现ZigBee 通信控制——道闸控制功能实现

实操视频

实现ZigBee 通信控制——无线充电功能实现

（2）编写程序逻辑并完成无线充电标志物的开启，如图 2.5.3 所示。

4. 控制语音播报

（1）按照前述通信协议控制语音播报，将数据发送至 ZigBee 模块的函数是 Send_ZigbeeData_To_Fifo() 函数，Send_ZigbeeData_To_Fifo() 函数的定义和使用方法可参照前述说明。

（2）编写程序逻辑并完成语音播报标志物的播报功能，如图 2.5.4 所示。

图 2.5.1 LED 显示计时与指定字符功能

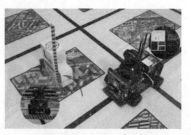

图 2.5.2 控制道闸

图 2.5.3 控制无线充电

图 2.5.4 控制语音播报

5. TFT 显示车牌、距离和翻页

（1）按照前述通信协议可完成 TFT 显示标志物的翻页和显示控制，而将数据发送至 ZigBee 模块的函数是 Send_ZigbeeData_To_Fifo() 函数，Send_ZigbeeData_To_Fifo() 函数的定义和使用方法可参照前述说明。

（2）编写程序逻辑并完成 TFT 显示标志物的翻页和显示控制，如图 2.5.5 所示。

6. 交通灯状态识别和确认

（1）按照前述通信协议完成交通灯状态识别和确认，而将数据发送至 ZigBee 模块的函数是 Send_ZigbeeData_To_Fifo() 函数。Send_ZigbeeData_To_Fifo() 函数的定义和使用方法参照前述说明。

（2）编写程序逻辑并完成智能交通灯状态识别和识别结果确认，如图 2.5.6 所示。

图 2.5.5 控制 TFT 显示标志物真实环境图

图 2.5.6 智能交通灯识别

7. 立体车库控制

（1）按照前述通信协议可完成对立体车库的控制，将数据发送至 ZigBee 模块的函数也是 Send_ZigbeeData_To_Fifo() 函数，Send_ZigbeeData_To_Fifo() 函数的定义和使用方法参照前述说明。

（2）编写程序逻辑并完成对立体车库的控制，如图 2.5.7 所示。

8. ETC 控制

（1）根据前述通信协议回收 ETC 系统数据，可判断 ETC 是否开启。

（2）编写程序逻辑并完成对 ETC 系统回传的数据进行判断，如图 2.5.8 所示。

实操视频

实现ZigBee 通信控制——智能立体车库控制功能实现

实操视频

实现ZigBee 通信控制——高速电子ETC交互功能实现

图 2.5.7　控制立体停车库标志物真实环境图　　图 2.5.8　控制回收 ETC 系统数据

9. 从车控制

（1）按照前述通信协议可完成 AGV 智能运输机器人的行驶控制和数据获取，将数据发送至 ZigBee 模块的函数也是 Send_ZigbeeData_To_Fifo() 函数，Send_ZigbeeData_To_Fifo() 函数的定义和使用方法参照前述说明。

（2）编写程序逻辑并完成 AGV 智能运输机器人的行驶控制和数据获取，如图 2.5.9 所示。

图 2.5.9　控制从车

思考练习

动手实践：CAN 总线通过接收固定的 ID 标识符（来自通信显示板上的数据）实现 ZigBee 数据回传、Wi-Fi 数据回传等。并能通过以下不同任务的固定协议控制 ZigBee 发送指令：

- LED 显示标志物进行计时和显示固定字符。
- 道闸标志物的开启、关闭和显示车牌。
- 无线充电标志物的开启和关闭。
- TFT 显示车牌、距离和翻页等。
- 智能交通灯翻页和显示。
- 立体车库控制。
- 回收 ETC 系统数据。
- AGV 智能运输机器人（从车）的行驶控制和数据获取。

上述任务在实施过程中，参照示例代码，鼓励大家创新思维、方法和程序，以提高任务完成的质量。

任务5　实现ZigBee通信控制评价表

任务6　实现语音控制

任务描述

编写 SYN7318 离线语音识别模块的驱动程序，并通过配置 STM32 微控制器的串口外设与语音识别进行数据交互，实现利用 SYN7318 离线语音识别模块进行语音识别。

相关知识

要利用 SYN7318 离线语音识别模块进行语音识别，必须了解 SYN7318 离线语音识别模块的驱动原理，熟悉识别指令的添加和处理的方法，利用 SYN7318 离线语音识别模块进行语音识别并进行处理。

任务实施

1. 程序分析

在提供的示例程序中，SYN7318_Init() 函数为 SYN7318 的初始化函数，如下所示：

```
1. void SYN7318_Init(void)
2. {
3.    USART6_Init(115200);
4.
5.    GPIO_InitTypeDef GPIO_TypeDefStructure;
6.    RCC_AHB1PeriphClockCmd(RCC_AHB1Periph_GPIOB, ENABLE);
7.    //PB9  SYN7318_RESET
8.    GPIO_TypeDefStructure.GPIO_Pin=GPIO_Pin_9;
9.    GPIO_TypeDefStructure.GPIO_Mode=GPIO_Mode_OUT;      // 复用功能
10.   GPIO_TypeDefStructure.GPIO_OType=GPIO_OType_PP;     // 推挽输出
11.   GPIO_TypeDefStructure.GPIO_PuPd=GPIO_PuPd_UP; // 上拉
12.   GPIO_TypeDefStructure.GPIO_Speed=GPIO_Speed_100MHz;
13.   GPIO_Init(GPIOB, &GPIO_TypeDefStructure);
14.
15.   GPIO_SetBits(GPIOB, GPIO_Pin_9);                    // 默认为高电平
16. }
```

通过 SYN7318_Init() 函数可以看出，利用 STM32 的 USART6 和语音交互模块建立通信，波特率为 115200，PB9 为 SYN7318 的复位引脚。

在示例程序中，语音识别测试函数为 SYN7318_Test() 函数，其代码如下：

```
1. void SYN7318_Test(void)                                // 开启语音测试
2. {
3.   Ysn7813_flag=1;
4.   SYN_TTS("语音识别测试，请发语音唤醒词，语音驾驶");
```

```
5.     LED1=1;
6.     Status_Query();              // 查询模块当前的工作状态
7.     if (S[3]==0x4F)              // 模块空闲即开启唤醒
8.     {
9.       LED2 = 1;
10.      delay_ms(1);
11.      SYN7318_Put_String(Wake_Up, 5);        // 发送唤醒指令
12.      SYN7318_Get_String(Back, 4);           // 接收反馈信息
13.      if (Back[3]==0x41)                     // 接收成功
14.      {
15.        LED3=1;
16.        SYN7318_Get_String(Back, 3);         // 接收前三位回传数据
17.        if (Back[0]==0xfc)                   // 帧头判断
18.        {
19.          LED4=1;
20.          SYN7318_Get_String(ASR, Back[2]);  // 接收回传数据
21.          if (ASR[0]==0x21)                  // 唤醒成功
22.          {
23.            SYN7318_Put_String(Play_MP3, 33);    // 播放 " 我在这 "
24.            SYN7318_Get_String(Back, 4);
25.            SYN7318_Get_String(Back, 4);
26.            while (!(Back[3]==0x4f))          // 等待空闲
27.            {
28.              LED2=～LED2;
29.              delay_ms(500);
30.            }
31.            while (Ysn7813_flag)             // 开始语音识别
32.            {
33.              // 发语音识别命令
34.              SYN7318_Put_String(Start_ASR_Buf, 5);
35.              SYN7318_Get_String(Back, 4);       // 接收反馈信息
36.              if (Back[3]==0x41)               // 接收成功
37.              {
38.                LED1=～LED1;                   //LED1 反转
39.                SYN7318_Get_String(Back, 3);   // 回传结果
40.                if (Back[0]==0xfc)             // 帧头判断
41.                {
42.                  LED2=～LED2;
43.                  SYN7318_Get_String(ASR, Back[2]); // 接收回传
44.                  Yu_Yin_Asr();
45.                }
46.              }
```

```
47.            }
48.            // 发送停止唤醒指令
49.            SYN7318_Put_String(Stop_Wake_Up, 4);
50.          }
51.        else // 唤醒内部错误
52.          {
53.          }
54.      }
55.    }
56.  }
57. }
```

通过 SYN7318_Test() 函数可以看出，在启动识别之前需要查询模块是否空闲，调用 Status_Query() 函数，即可查询模块当前的工作状态，查询后的结果储存在 S 数组里面，当 S 数组的第 4 位为 0X4F 时，说明此时的模块处于空闲状态。

SYN7318_Test() 函数还调用了 SYN7318_Put_String() 函数和 SYN7318_Get_String() 函数，SYN7318_Put_String() 函数和 SYN7318_Get_String() 函数其代码参考综合示例程序 SmartCar_V2.3，其作用分别是 MCU 向 SYN7318 模块进行发送数据和获取数据。

在确定模块空闲状态后，MCU 发送唤醒指令 SYN7318_Put_String(Wake_Up,5)，模块接收到以后，模块进入待唤醒状态，并反馈接收成功的信息，此时 MCU 通过 SYN7318 _Get_String(Back,4) 来接收反馈信息，数据存入 Back 数组。同时，程序等待用户唤醒。

当用户口中说出唤醒词后，语音模块会返回唤醒结果，当唤醒成功后，扬声器会播放"我在这"，同时 MCU 发送、识别词条指令，让模块进入识别指令状态。同时，程序等待用户发出指令。

最后，当用户口中发出控制指令后，语音模块会返回识别结果，此时，MCU 收到识别结果会调用 Yu_Yin_Asr() 函数，Yu_Yin_Asr() 函数是识别结果的处理函数，其函数示例代码可参见综合示例程序 SmartCar_V2.3。

2. 任务实施

通过修改 SYN7318 的驱动程序和测试程序，编写程序逻辑并完成识别指令的添加和处理，实施场景如图 2.6.1 所示。

图 2.6.1 语音识别与控制

思考练习

动手实践：亲手试一下利用 SYN7318 离线语音识别模块来进行语音识别和处理，在示例程序的基础上，鼓励大家创新思路、实现方法和程序，以提高任务完成的质量。

任务6 实现语音
控制评价表

任务 7　通过特殊地形

任务描述

在规定的路段上放入特殊地形标志物，让主 / 从车通过特殊地形标志物时不能撞击特殊地形标志物，需顺利通过特殊路段，并且后面路段按规定路径正常行驶。

相关知识

要完成本任务，首先要掌握前述主 / 从车行进的控制方法，然后再结合主 / 从车在赛道上行驶的过程，完成顺利通过特殊路段的任务。

任务实施

1. 主车通过特殊路段

编写程序逻辑并使主车顺利通过特殊路段，在程序设计过程中，登录中国铁道出版社有限公司网站进行参考学习，测试环境如图 2.7.1 所示。

2. 从车通过特殊路段

编写程序逻辑并使从车顺利通过特殊路段，进行实验时需要安装 Arduino 开发环境，测试环境如图 2.7.2 所示。

图 2.7.1　主车通过特殊路段　　　　图 2.7.2　从车通过特殊路段

思考练习

动手实践：亲自试一试编程实现主 / 从车顺利通过特殊路段的任务，在综合示例程序 SmartCar_V2.3 的基础上，鼓励创新思维、方法和程序，以提高任务完成的质量。

项目3

手机控制智能小车

2021 年 6 月 2 日，备受瞩目的 HarmonyOS 2 及华为全场景新品发布会上，华为正式发布了数款出厂搭载鸿蒙 OS（HarmonyOS）的智能手机新品：Mate 40 系列、Mate X2 和 Nova 8 Pro 的新版本。同时，华为 P50 系列手机新品也在发布会上正式亮相。这意味着，华为手机将全面告别安卓，拥抱鸿蒙，而鸿蒙 OS 也由此成为第一个搭载于智能手机的国产操作系统。鸿蒙 OS 分布式软总线技术允许用户根据自己的需要连接不同的硬件，任意组成各类超级终端。

项目描述

实现手机控制智能小车。

学习目标

- 了解 Android 体系结构、常用的开发工具，掌握 Android 开发环境搭建方法；
- 了解什么是 UI、常用布局方式和特点，掌握相对布局、帧布局、GridLayout 布局的实现方法，设计 Android UI 界面；
- 了解 Android 的文本框、编辑框、按钮等常用控件的使用方法，设计文本框、编辑框、功能按钮等控件；
- 了解颜色值的存储、颜色识别接口，掌握颜色识别功能程序的设计方法；
- 了解 NFC 技术、NFC 的 API 使用方法，实现对 NFC 的识别；
- 识别二维码；
- 了解网络协议、TCP/IP 协议、UDP 协议及 Socket 编程基础知识，实现 Android 网络编程；
- 了解无线监控应用，掌握 HTTP、UDP 网络协议的用法，实现 Android 无线监控；
- 了解 Wi-Fi 转串口的作用、寻迹驱动实现原理、红外驱动原理及其实现，手机控制智能小车基础功能、全功能；
- 了解鸿蒙操作系统，对比 Android 操作系统，培养学生的担当精神、民族自信。

任务 1　搭建 Android 开发环境

📖 任务描述

在了解 Android 体系结构、应用版本、Android Studio 开发工具的安装使用基础上，完成开发环境的搭建，自行安装 Android Studio 开发工具、创建工程并进行简单应用程序调试。

🖥 相关知识

1．Android 体系结构

Android 的系统架构和其他操作系统一样，采用了分层的架构。

1）Linux 内核层

Android 系统是基于 Linux 2.6 内核的，这一层为 Android 设备的各种硬件提供了底层的驱动，如显示驱动、音频驱动、照相机驱动、蓝牙驱动、Wi-Fi 驱动、电源管理等。

2）系统运行库层

通过一些 C/C++ 库来为 Android 系统提供了主要的特性支持。如 SQLite 库提供了数据库的支持，OpenGL|ES 库提供了 3D 绘图的支持，Webkit 库提供了浏览器内核的支持等。同样在这一层还有 Android 运行时库，它主要提供了一些核心库，能够允许开发者使用 Java 语言来编写 Android 应用。另外，Android 运行时库中还包含了 Dalvik 虚拟机，它使得每一个 Android 应用都能运行在独立的进程当中，并且拥有一个自己的 Dalvik 虚拟机实例。相较于 Java 虚拟机，Dalvik 是专门为移动设备定制的，它针对手机内存、CPU 性能有限等情况做了优化处理。

3）应用框架层

主要提供了构建应用程序时可能用到的各种 API，Android 自带的一些核心应用就是使用这些 API 完成的，开发者也可以通过使用这些 API 来构建自己的应用程序。一些核心库如下：

（1）系统 C 库：一个针对于标准 C 系统库（libc）的 BSD 派生的实现，针对于嵌入式 Linux 设备进行了调整。

（2）媒体库：基于 PacketVideo 的 OpenCore；该库支持回放和录制许多流行的音频和视频格式，以及静态图像文件，包括 MPEG4、H.264、MP3、AAC、AMR、JPG 和 PNG 格式。

（3）Surface 管理器：管理访问显示子系统和从多个程序中无缝合成二维和三维图形层。

（4）LibWebCore：一个流行的 Web 浏览器引擎，它对 Android 浏览器和嵌入式 Web 视图具有良好的支持。

（5）SGL：底层的 2D 图形引擎。

（6）3D 库：基于 OpenGL ES 1.0 API 的一个实现；该库使用硬件 3D 加速（如果可用）或包含高度优化的 3D 软件光栅扫描器。

学习笔记

（7）FreeType：用于位图和矢量字体渲染。

（8）SQLite：一个提供给所有的应用程序使用的强大的，并且轻量级的关系型数据库引擎。

4）应用层

所有安装在手机上的应用程序都是属于这一层的，比如系统自带的联系人、短信等程序，或者是从 Google Play 上下载的小游戏，当然还包括自己开发的程序。早期的 Android 应用程序开发，通常通过 Android SDK（Android 软件开发包）使用 Java 作为编程语言来开发应用程序，但通过不同的软件开发包，使用的编程语言也不同。

例如开发者可以通过 Android NDK 使用 C 语言或者 C++ 语言来作为编程语言开发应用程序。同时谷歌还推出了适合初学者编程使用的 Simple 语言，该语言类似微软公司的 Visual Basic 语言。此外，谷歌公司还推出了 Google App Inventor 开发工具，该开发工具可以快速地构建应用程序，方便新手开发者。

2. Android 开发版本

Android 操作系统是一个由 Google 和开放手持设备联盟共同开发的移动设备操作系统，其最早的一个版本 Android 1.0 beta 发布于 2007 年 11 月 5 日，而后至今发布了多个更新版本。

从 2009 年 5 月开始，Android 操作系统改用甜点作为版本代号，这些版本按照从大写字母 C 开始的顺序来进行命名：纸杯蛋糕（Cupcake）、甜甜圈（Donut）、闪电泡芙（Eclair）、冻酸奶（Froyo）、姜饼（Gingerbread）、蜂巢（Honeycomb）、冰淇淋三明治（Ice Cream Sandwich）、果冻豆（Jelly Bean）、奇巧（KitKat）、棒棒糖（Lollipop）、棉花糖（Marshmallow）、牛轧糖（Nougat）、奥利奥（Oreo）、馅饼（Pie）。

在 2020 年 9 月 9 日正式发布了 Android 11 正式版系统，系统主要增强了聊天气泡、安全性和隐私性的保护、电源菜单，可以更好地支持瀑布屏、折叠屏、双屏和 Vulkan 扩展程序等。表 3.1.1 直观展示了各个 Android 名称、版本号和 Target API 等级。

表 3.1.1 Android 系统版本

名 称	版本名	API 等级	名 称	版本名	API 等级
Android 11	11.0	30	Android Ice Cream Sandwich	4.0.1–4.0.4	14–15
Android 10 [3]	10.0	29	Android Honeycomb	3.0–3.2	11–13
Android Pie	9.0	28	Android Gingerbread	2.3–2.3.7	9–10
Android Oreo	8.0–8.1	26–27	Android Froyo	2.2	8
Android Nougat	7.0–7.1.2	24–25	Android Eclair	2.0–2.1	5–7
Android Marshmallow	6.0–6.0.1	23	Android Donut	1.6	4
Android Lollipop	5.0–5.1.1	21–22	Android Cupcake	1.5	3
Android KitKat	4.4–4.4.4	19–20	–	1.1	2
Android Jelly Bean	4.1–4.3	16–18	–	1.0	1

3．Android 开发

1）四大组件

Android 系统四大组件分别是活动（Activity）、服务（Service）、广播接收器（Broadcast Receiver）和内容提供器（Content Provider）。其中，活动是所有 Android 应用程序的门面，凡是在应用中看得到的东西，都是放在活动中的。而服务就比较低调，你无法看到它，但它会一直在后台默默地运行，即使用户退出了应用，服务仍然是可以继续运行的。广播接收器可以允许你的应用接收来自各处的广播消息，比如电话、短信等，当然，应用也可以向外发出广播消息。内容提供器则为应用程序之间共享数据提供了可能，比如想要读取系统电话簿中的联系人，就需要通过内容提供器来实现。

2）丰富的系统控件

Android 系统为开发者提供了丰富的系统控件，可以很轻松地编写出漂亮的界面。当然，如果不满足于系统自带的控件效果，也完全可以定制属于自己的控件。

3）SQLite 数据库

Android 系统还自带了这种轻量级、运算速度极快的嵌入式关系型数据库。它不仅支持标准的 SQL 语法，还可以通过 Android 封装好的 API 进行操作，让存储和读取数据变得非常方便。

4）地理位置定位

移动设备和 PC 相比，地理位置定位功能应该可以算是很大的一个亮点。现在 Android 手机都内置有 GPS，可以做出创意十足的应用，如果再结合上功能强大的地图功能，LBS 这一领域潜力无限。

5）强大的多媒体

Android 系统还提供了丰富的多媒体服务，如音乐、视频、录音、拍照、闹铃等，这一切都可以在程序中通过代码进行控制，让应用变得更加丰富多彩。

6）传感器

Android 手机中都会内置多种传感器，如加速度传感器、方向传感器等，这也算是移动设备的一大特点。通过灵活地使用这些传感器，可以做出很多在 PC 上根本无法实现的应用。

4．Android Studio 简介

为简化 Android 开发，谷歌决定将重点建设 Android Studio 工具。谷歌已在 2015 年底停止支持其他集成开发环境，比如 Eclipse。Android Studio 是第一个官方的 Android 开发环境。其他工具，例如 Eclipse，在 Android Studio 发布之前已经有了大规模的使用。为了帮助开发者转向 Android Studio，谷歌已经写出一套迁移指南。谷歌同时也发布声明称，在 2015 年接下来的几个月里，会为 Android Studio 增加一些性能工具，Eclipse 里现有的 Android 工具会通过 Eclipse 基金会继续支持下去。

谷歌于 2016 年 4 月正式发布了"集成开发环境"（IDE）—— AndroidStudio 2.0 版本，Windows、Mac 和 Linux 用户均可下载。近年来，通过版本的不断迭代与更新，Android Studio 3.1 版本在诸多版本中展现出高强的稳定性和完备性。

Android Studio 3.1 版本包括以下新功能：

1）可视布局编辑器

ConstraintLayout 通过将每个视图的约束添加到其他视图和指南来创建复杂的

布局。然后，通过选择各种设备配置之一或仅调整预览窗口的大小，在任何屏幕尺寸上预览布局。

2）APK 分析器

通过检查应用 APK 文件的内容，即使它不是使用 Android Studio 构建，也可以找到减少 Android 应用大小的机会。检查清单文件、资源和 DEX 文件。比较两个 APK，了解应用尺寸在应用版本之间的变化情况。

3）快速模拟器

比使用物理设备更快地安装和运行应用程序，并模拟不同的配置和功能，包括用于构建增强现实体验的 Google 平台 ARCore。

4）智能代码编辑器

使用为 Kotlin、Java 和 C / C ++ 语言提供代码完成的智能代码编辑器，编写更好的代码，更快地工作，并提高工作效率。

5）灵活的构建系统

由 Gradle 提供支持，Android Studio 的构建系统允许自定义构建，以便从单个项目为不同的设备生成多个构建变体。

6）实时分析器

内置的分析工具为应用程序的 CPU、内存和网络活动提供实时统计信息。通过记录方法跟踪、检查堆和分配，以及查看传入和传出网络有效负载来识别性能瓶颈。

Android 开发环境的有关知识、常识及方法、工具可以通过线上搜索进行深入了解。

任务实施

1. Android Studio 安装

注意：如果不是第一次安装 Android Studio，请先卸载之前的 Android Studio，再按照所述的步骤去安装。

（1）可以通过中文社区官网 http://www.android-studio.org/index.php/ download 上下载 Android Studio，在 D 盘上（空间比较大的盘上，建议不要放到 C 盘，因为随着后期的下载更新等，会下载很多东西，会导致 C 盘空间不足）安装。首先在 D 盘上创建 android_studio 目录（不能有空格和汉字），然后在这个目录下新建软件的安装目录"ruanjian"，并把 sdk 压缩包也放在 android_ studio 目录下，并解压到当前文件夹中，目录结构如图 3.1.1 所示。

图 3.1.1　安装文件目录结构

（2）安装 Android studio，双击安装包。图 3.1.2 为 Android Studio3.1.3 安装包。

| android-studio-ide-173.4819257-win... | 2018/7/4 8:44 | 应用程序 | 776,283 KB |

图 3.1.2　Android Studio 安装包

（3）单击 Next 按钮，如图 3.1.3 所示。

（4）不安装 Android 模拟器，如图 3.1.4 所示进行安装。

图 3.1.3　欢迎界面　　　　　　　图 3.1.4　选择是否安装虚拟机

（5）选择安装路径，如图 3.1.5 所示，单击 Next 按钮。

图 3.1.5　选择安装路径

（6）单击 Install 按钮，如图 3.1.6 所示。弹出安装进度对话框，如图 3.1.7 所示。

（7）单击 Next 按钮，如图 3.1.8 所示。

（8）安装完毕，单击 Finish 按钮，如图 3.1.9 所示。

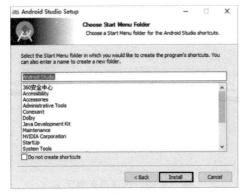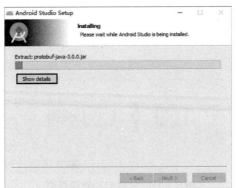

图 3.1.6　选择开始菜单文件夹　　　　图 3.1.7　安装进度

图 3.1.8　安装完成

图 3.1.9　安装完成启动

（9）第一次启动会询问是否导入自己以前的配置，这里选择不导入配置，如图 3.1.10 所示。

（10）之后还会提示没有 SKD add-onlist，单击 Cancel 按钮，进入工程，如图 3.1.11 所示。

图 3.1.10　选择是否导入配置

图 3.1.11　单击 Cancel 按钮

（11）在打开的界面中单击 Next 按钮，如图 3.1.12 所示。

（12）选择自定义，如图 3.1.13 所示。

（13）选择主题背景，单击 Next 按钮。如图 3.1.14 所示。

（14）选择 SDK 的安装路径，参考图 3.1.15（找到对应的 SDK 的路径，如图 3.1.16 所示）。

（15）单击 Next 按钮，检查设置是否有误，如图 3.1.17 所示。

图 3.1.12　软件启动欢迎界面

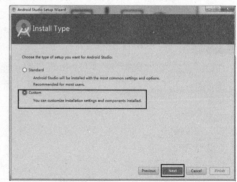

图 3.1.13　选择是否自定义

图 3.1.14 背景选择

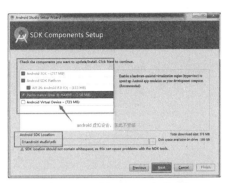

图 3.1.15 选择 SDK 安装路径

图 3.1.17 检查设置是否有误

图 3.1.16 选择 SDK 所在目录　　　图 3.1.17 检查设置是否有误

（16）开始下载组件，等结束单击 Finish 按钮，如图 3.1.18 所示。

2. 创建第一个工程

（1）先在 D 盘上创建工程的工作空间目录"android_study"，如图 3.1.19 所示，然后创建工程，把创建的工程都放在此目录下。

图 3.1.18 软件安装启动完成

图 3.1.19 创建工程文件

（2）单击创建，如图 3.1.20 所示，会弹出图 3.1.21 所示的对话框。这个时候项目会卡在"building'你的项目名'gradle project info"，不要着急，第一次运行项目 Android Studio 需要下载 Gradle，请耐心等待 5 ～ 10 分钟。如果一直卡这里，请打开任务管理器结束 Android Studio，手动下载 Gradle，注意，是哪个版本就下载哪个版本，比如 4.4 版本。Gradle 下载地址为 http://services.gradle.org/distributions/。

学习笔记

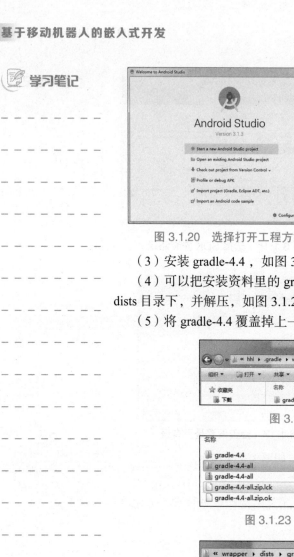

图 3.1.20　选择打开工程方式　　　　图 3.1.21　加载工程

（3）安装 gradle-4.4，如图 3.1.22 所示。

（4）可以把安装资料里的 gradle-4.4-all.zip 复制到 C:\Users***\.gradle\ wrapper\ dists 目录下，并解压，如图 3.1.23 和图 3.1.24 所示。

（5）将 gradle-4.4 覆盖掉上一级文件的 gradle-4.4，如图 3.1.25 所示。

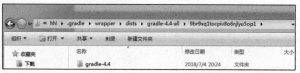

图 3.1.22　gradle 目录文件夹

图 3.1.23　复制 gradle 到文件夹并解压

图 3.1.24　详细目录

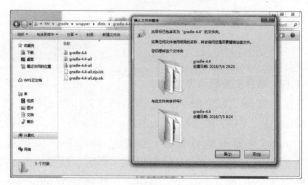

图 3.1.25　覆盖相同文件夹

（6）重新启动 Android Studio 软件，如图 3.1.26 所示。

（7）选择创建工程 Start a new Android Studio project，如图 3.1.27 所示。

图 3.1.26　重启 Android Studio

图 3.1.27　选择新建一个项目对话框

（8）设置工程空间的目录（android_study），然后单击 Next 按钮，如图 3.1.28 所示。

（9）单击两次 Next 按钮，如图 3.1.29 和图 3.1.30 所示。

第一次启动可能还会要很久，还会下载一些东西，如图 3.1.31 所示。

图 3.1.28　设置新建项目的存放路径

图 3.1.29　选择工程运行环境

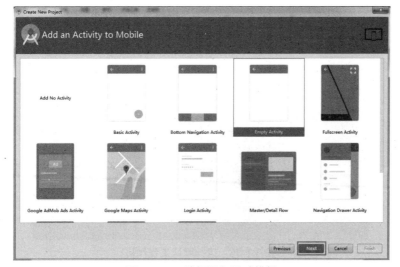

图 3.1.30　选择添加活动模板

图 3.1.31　加载依赖包进度框

加载完之后会进入图 3.1.32 所示的界面。

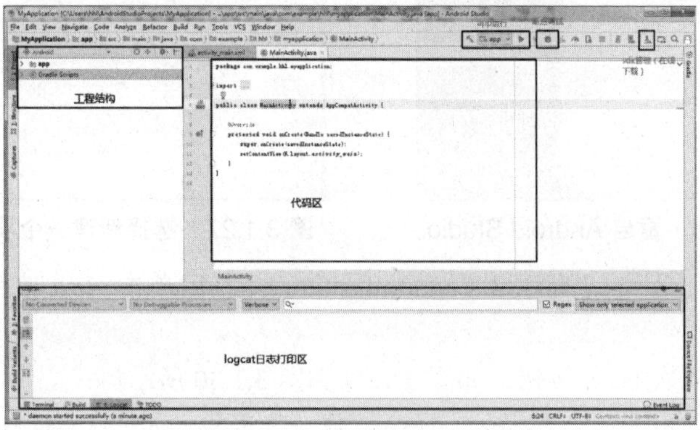

图 3.1.32　加载完成进入主界面

（10）检查配置：进入 File → Project Structure，如图 3.1.33 所示，图 3.1.34 为正确配置示例。

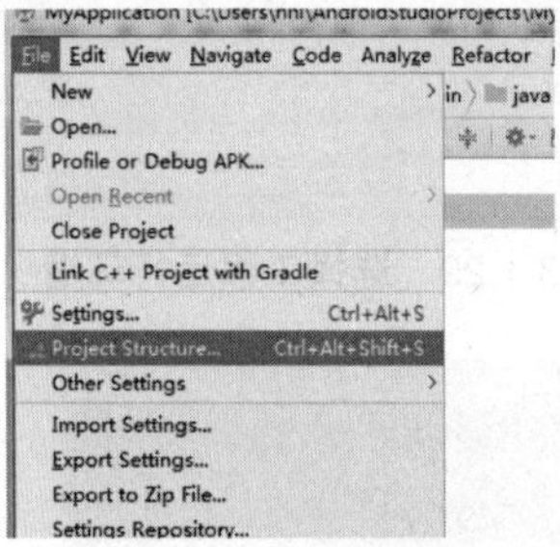

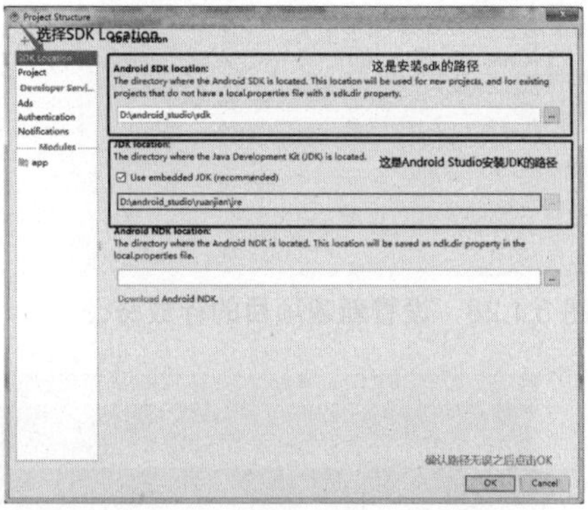

图 3.1.33　检查配置选项

图 3.1.34　项目正确配置示例

（11）运行（可以先不用写代码，直接运行），如图 3.1.35 所示。

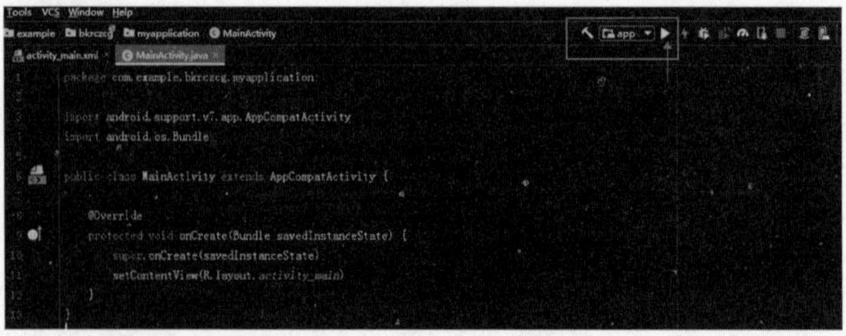

图 3.1.35　运行默认工程代码

（12）选择模拟器或者真机，这里用的是真机，如图 3.1.36 所示。

（13）运行结果如图 3.1.37 所示。

图 3.1.36　选择真机运行

图 3.1.37　运行结果

学习笔记

3. Android Studio 操作

1）面板操作

前面只用到工具栏（见图 3.1.38）上的一个运行工具，那么还有什么其他功能呢？

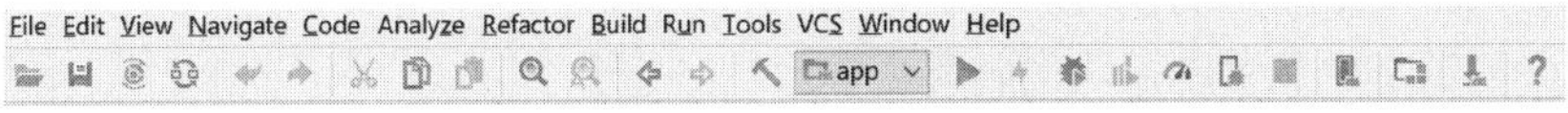

File Edit View Navigate Code Analyze Refactor Build Run Tools VCS Window Help

图 3.1.38　软件工具栏

（1）菜单选项卡：

① File：主要包括创建项目、module、文件、导入导出项目，以及保存等操作、进入设置界面等，这里还有个 Power save mode 电源模式，如果开启时，它会把一些辅助功能关闭掉，这就好比手机的省电模式，不要开启，不熟悉 AS 开启了会出问题，比如代码错误提示可能就没了。

② Edit：主要包括复制、粘贴、查找等。

③ View：主要是我们常用的一些窗口视图，如果关闭了某些窗口而找不到了，可以到 View 去找，主要包括 ToolWindow 及其他常用窗口。

④ Navigate：主要是 File class 类查找功能，如【Ctrl+Shift+R】全局搜索等功能。

⑤ Code：主要是设置代码自动补全等。

⑥ Analyz：Android Studio 自带的代码检查功能，它继承了很多检查工具的优点，所以检查的很全，也很杂。想要看懂检查出什么结果还是需要一定的专业知识基础的。

⑦ Refactor：主要包括 move 移动、重命名等功能。

⑧ Build：构建项目，构建单个 moudle 、clean 项目。build apk 构建一个没有签名的 APK，Build Generate Singed Apk 构建一个有签名的 APK ，和 Ecplise 一样如果有现成的签名文件，可以直接导入使用，如果没有可以创建一个。.jks

和 .keystore 都是 app 签名文件，使用没区别。

⑨ Run：主要包括运行 app 或者 Debug 运行 app。

⑩ Tools：常用下载工具管理。

⑪ VCS：版本控制包含了 git github svn vcs 等导入导出项目到版本控制服务器。

⑫ Help：版本更新，查看 AS 工具日志。

（2）在菜单选项卡下面，有经常使用的快捷工具栏，一共有三块区域：

文件查看操作区域，如图 3.1.39 所示。同 Office 办公软件一样，Android Studio 也提供管理代码文件的工具。

运行和调试区域，如图 3.1.40 所示。这块区域主要是负责 app 运行和调试任务，下面是具体的介绍：

图 3.1.39　文件查看操作区域 　　　　　图 3.1.40　运行调试区域

① 编译②中显示的模块。

② 当前项目的模块列表。

③ 编译并运行②中显示的模块。

④ 不编译重新运行当前启动的 App。

⑤ 调试②中显示的模块。

⑥ 测试②中显示的模块代码覆盖率。

⑦ 启动 Android 系统 CPU 和 GPU 性能分析。

⑧ 快速调试安卓运行的进程。

⑨ 停止运行②中显示的模块。

项目管理区域，如图 3.1.41 所示。这个区域主要是和 Android 设备以及虚拟机相关的操作，下面是具体的介绍：

① 同步工程的 Gradle 文件，一般在 Gradle 配置被修改的时候需要同步一下。

② 虚拟设备管理。

③ Android SDK 管理。

④ Android 设备监控。

⑤ Genymontion 模拟器（需要装 Genymontion 插件）。

图 3.1.41　项目管理区域

（3）最顶层的选项卡和工具栏了解完毕，接下来了解 Android Studio 中比较常用的功能面板。从最底部的 Android 面板开始：

Android 面板，如图 3.1.42 所示，该面板的功能类似于 Eclipse 中的 Logcat，但是比其多了一些常用功能，例如截图、查看系统信息等。下面是具体的介绍：

① Terminal：DOS 命令，把这个集成进来了。

② Android Monitor：安卓的监控包括 logcat 输出、cpu、gpu、内存等检测，使用这个控制台的时候可以选择监控某个设备、某个项目或者是指定条件的 log（可配置）。

③ Messages：主要显示 Gradle Build Gradle Sync 构建或者同步时的日志信息。

图 3.1.42 Android 面板

Project 面板，如图 3.1.43 所示，该面板主要是用于浏览项目文件。

① 展示项目中文件的组织方式，默认是以 Android 方式展示的，可选择 Project、Packages、Scratches、ProjectFiles、Problems 等展示方式。平时用的最多的就 Android 和 Project 两种。

② 定位当前打开文件在工程目录中的位置。

③ 关闭工程目录中所有的展开项。

④ 额外的一些系统配置，点开后是一个弹出菜单。

Preview 面板，如图 3.1.44 所示，当查看布局文件或者 drawable 的 Xml 文件时，右侧会有 Preview 选项，用于预览效果。

图 3.1.43 Project 面板

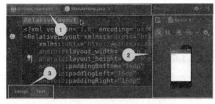

图 3.1.44 Preview 面板

① 已打开的文件的 Tab 页（在 Tab 页上按下【Cmd】键单击，会出现一个弹出菜单）。

② UI 布局预览区域。

③ 布局编辑模式切换，熟练后经常通过 Text 来编辑布局，刚接触的可以试试 Design 编辑布局，编辑后再切换到 Text 模式，对于学习 Android 布局设计很有帮助。

2）Android Studio 工程目录结构

Android Studio 工程目录结构如图 3.1.45 所示。展开的项目很多，只用看重点标出的：

① gradle 编译系统，版本由 wrapper 指定。

② Android Studio IDE 所需要的文件。

③ 应用相关文件的存放目录。

④ 编译后产生的相关文件，项目中添加的任何资源文件都会在该目录下生成一个对应的资源 id。

⑤ 存放相关依赖库。

⑥ 代码存放目录。

⑦ 资源文件存放目录（包括布局、图像、样式等）。

⑧ 应用程序的基本信息清单，描述哪些个组件是存在的。

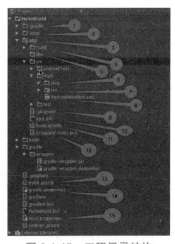

图 3.1.45 工程目录结构

⑨ git 版本管理忽略文件，标记出哪些文件不用进入 git 库中。

⑩ Android Studio 的工程文件。

⑪ 模块的 gradle 相关配置。

⑫ 代码混淆规则配置。

⑬ 工程的 gradle 相关配置。

⑭ gradle 相关的全局属性设置。

⑮ 本地属性设置（key 设置，android sdk 位置等属性）。

4. DDMS 调试

DDMS（Dalvik Debug Monitor Service），是 Android 开发环境中的 Dalvik 虚拟机调试监控服务，可为测试设备截屏，针对特定的进程查看正在运行的线程以及堆信息、文件浏览器、广播状态信息，以及模拟电话呼叫、接收 SMS、虚拟地理坐标等。在集成开发环境中，有 DDMS 控制台窗口。

1）DDMS 的使用

单击图片上的按钮打开 SDKManager，如图 3.1.46。找到对应的 SDK 地址，如图 3.1.47 所示，复制，然后进入 SDK 目录。

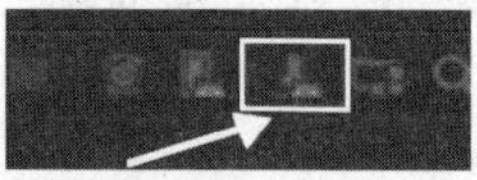

图 3.1.46　打开 SDKManager

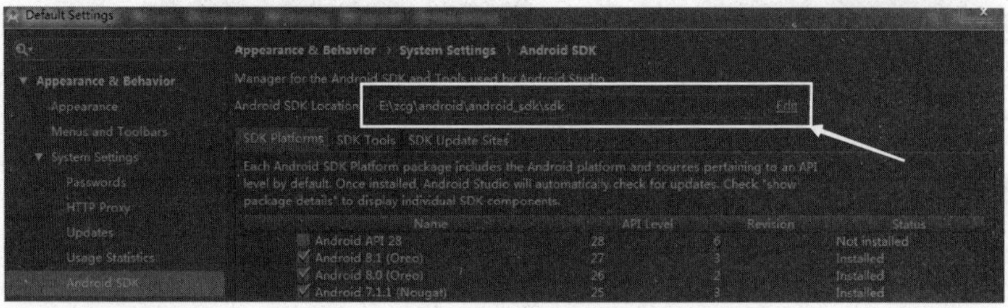

图 3.1.47　获取 SDK 地址

sdk 目录下有一个 tools 文件夹，里面存放了大量 Android 开发、调试的工具，打开 tools 文件夹，如图 3.1.48 所示。双击 monitor.bat，如图 3.1.49 所示。

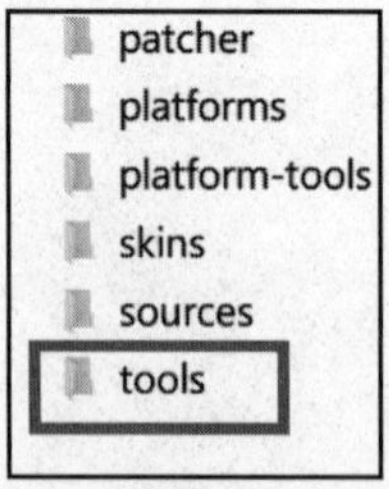

图 3.1.48　找到 SDK 工具文件夹

图 3.1.49　启动 DDMS

DDMS 连上手机或模拟器后的界面，如图 3.1.50 所示。

2）DDMS 功能概述

（1）查看线程信息。展开左侧设备节点，选择进程，单击更新线程信息图标，右侧选择 Threads 标签，如图 3.1.51 所示。

注意：如果没有运行或调试程序，这些图标是不可用的。

（2）查看堆栈信息。展开左侧设备节点，选择进程。再单击更新堆栈信息图标，右侧选择 Heap 标签。单击 Cause GC 按钮，如图 3.1.52 所示。

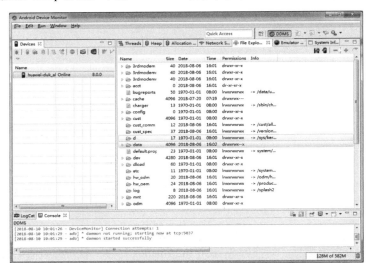

图 3.1.50　使用 DDMS

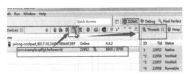

图 3.1.51　查看线程信息

图 3.1.52　查看堆栈信息

（3）查看网络使用情况。切换到 Network Statistics 标签，单击 Start 按钮就可以监控网络使用情况，如图 3.1.53 所示。

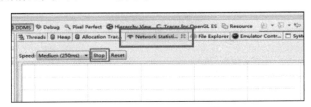

图 3.1.53　查看网络使用情况

（4）文件浏览。切换到 File Explorer 标签，如图 3.1.54 所示，就可以浏览文件、上传、下载或删除文件了，当然，这是有相应的权限限制的。

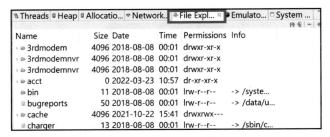

图 3.1.54　查看文件

（5）仿真器控制。切换到 Emulator Control 标签，就可以模拟电话呼叫、接收

学习笔记

SMS、虚拟地理坐标等，如图 3.1.55 所示。

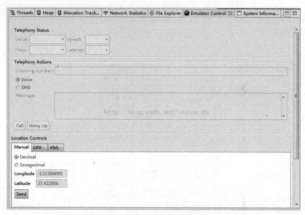

图 3.1.55　仿真器控制

（6）查看系统信息。切换到 System Informatica 标签，就可以查看 CPU 使用情况和内存使用情况，图 3.1.56 为 CPU 使用情况，图 3.1.57 为内存使用情况。

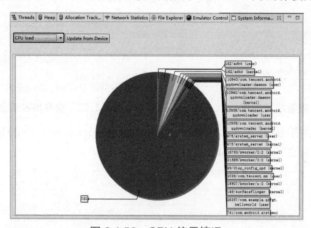

图 3.1.56　CPU 使用情况

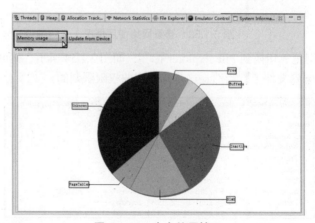

图 3.1.57　内存使用情况

（7）查看日志信息。切换到 Logcat 标签，就可以查看程序的 log 信息了。也可以在左侧添加或选择一个特定的过虑器，来查看希望看到的特定信息，如图 3.1.58 所示。

图 3.1.58　查看日志信息

（8）屏幕截图。通过 Device → Screen Capture 启动截图，如图 3.1.59 所示。单击 Done 就可以截图，如图 3.1.60 所示。

图 3.1.59　启动屏幕截图

图 3.1.60　屏幕截图工具

注意：该窗口不能放大缩小。

以上便是 DDMS 常用功能，而在 Android Studio 3.1 以后，DDMS 和 Systrace 、Hierarchy Viewer 都 不 用 了。 由 Android Profile 替 代 DDMS 和 Systrace，Layout Inspector 替代 Hierarchy Viewer。详情可以去 Android Studio 官网查阅使用文档。

5. Log 调试

Android 应用开发中经常通过 Logcat 来调试 Android 程序，在用 LogCat 来调试程序之前，先了解一下 LogCat。它是通过 Android.util.Log 类的静态方法来查找错误和打印系统日志信息的，是一个进行日志输出的 API，在 Android 程序中可以随时为一个对象插入一个 Log ，然后再观察 LogCat 的输出是不是正确。Android.util. Log 常用的方法有五个，如表 3.1.2 所示。

表 3.1.2　Log 调试几种方法

Log 类方法	级　别	作　用	颜　色
v(tag,message)	Verbose	显示全部信息	黑色
d(tag,message)	Debug	显示调试信息	蓝色
i(tag,message)	Info	显示一般信息	绿色
w(tag,message)	Warning	显示警告信息	橙色
e(tag,message)	Error	显示错误信息	红色

1）Log 过滤器

图 3.1.61 是 LogCat 自带的过滤器：

（1）Show only selected application：只显示当前选中程序的日志。

（2）Firebase：谷歌提供的一个分析工具。

（3）No Filters：相当于没有过滤器。

（4）Edit Filter Configuration：添加过滤器，可以自定义。

如果想要添加自定义过滤器，单击"Edit Filter Configuration"，会弹出一个过滤器的配置界面，给过滤器起名 test，并且让它对名为 MainActivity 的 Tag 进行过滤，单击 OK，添加成功，如图 3.1.62 所示。

例如，在 Hello world 工程中 MainActivity 中加入如下代码：

```
public class MainActivity extends AppCompatActivity {
    private final String TAG ="onCreate";
    @Override
    protected void onCreate(Bundle savedInstanceState) {
        super.onCreate(savedInstanceState);
        setContentView(R.layout.activity_main);
        Log.e(TAG ,"ERROR");
    }
}
```

然后将程序重新下载在手机上运行，就会看到在 Android monitor 中会打印出图 3.1.63 所示信息，可以看到只输出了一条 log，这就是过滤器的功能。

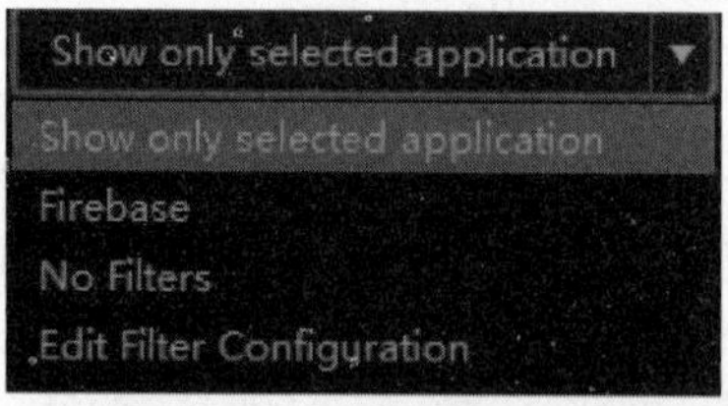

图 3.1.61　LogCat 过滤器

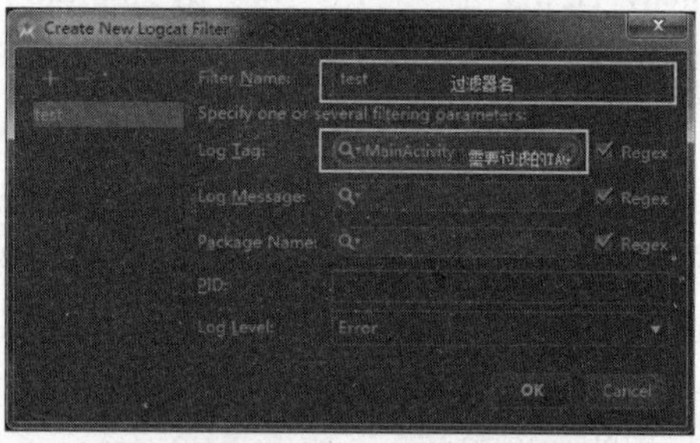

图 3.1.62　自定义过滤器

图 3.1.63　过滤结果

2）Debug 调试

Android Studio 中的 debug 调试可以帮助高效精准定位问题、发现问题，并解决问题。一般来说有两种办法调试一个 Debug 的 apk；其一是下好断点，然后用 Debug 模式编译安装这个 app；其二是 attach proces。

一般都是单击绿色小昆虫进入调试模式进行调试，其实，还可以有另外一种方法，如面板截图，有两个小昆虫图标，如图 3.1.64 所示，两者调试方法如表 3.1.3 所示。

表 3.1.3 Debug 两种调试方法

图 标	英 文 名 称	名 称
	debugger	调试模式开启运行
	AttachdebuggertoAndroidProgress	为已经运行的 Android 进程添加调试模式

断点基本上就是用行断点（Java Line Breakpoint）。但 Android Studio 提供的不仅仅是这个断点。打开 Run → View Breakpoints，单击"+"可以看到图 3.1.65 所示界面。断点的具体分类见表 3.1.4。

图 3.1.64 Debug 调试工具栏

图 3.1.65 Debug 断点调试

表 3.1.4 断点分类

英 文 名 称	名 称
JavaLineBreakpoint	行断点
JavaMethodBreakpoint	方法断点
JavaFieldBreakpoint	字段断点
JavaExceptionBreakpoint	异常断点（官方的异常）
ExceptionBreakpoint	条件断点（支持自己定义的异常）

（1）字段断点。在全局变量定义处左侧单击添加，如图 3.1.66 所示。定义的全局变量被多处使用，当不确定被何处修改的时候，对要观察的变量添加 Java Field Exception。这样只要该变量的值被修改，都会自动断点到发生修改的代码行。

（2）方法断点。在全局变量定义处左侧单击添加，如图 3.1.67 所示。要具体观察一个方法的时候，就是需要 Java Method Breakpoint，当代码执行到该方法断点处的时候，如果想进入方法，直接 Step Over（【F6】键）。想直接跳到方法结束看返回值，直接 Resume Program（【F8】键），跳到下一个断点，会自动断到方法结尾处。仅仅一个方法断点而已，就能做到这么多，非常方便。

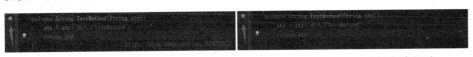

图 3.1.66 添加字段断点

图 3.1.67 Debug 方法断点调试

（3）异常断点。在 ViewBreakpoints 单击"+"→ Java Exception Breakpoints，如图 3.1.68 所示。出现异常但是不知道在代码的哪个地方抛出的时候，就是用它的时候。添加某异常的断点之后，只要出现该异常，会自动定位到出错代码处。

学习笔记

（4）条件断点。在断点上右击，就会出现添加条件的对话框，如图 3.1.69 所示。一般用在很多数据中专门观测某一类数据，条件断点表现的尤为出色。

图 3.1.68　添加异常断点　　　　　图 3.1.69　添加条件断点

注意：

① 任何种类的断点都可以添加条件，不要被上面的截图误导，以为只有行断点可以添加断点。

② 添加条件（Condition）的时候，要保证条件的返回值是 boolean 值，例如"i =36"一定要写为"i==36"。

③ 添加条件要保证条件中的变量到断点处已经被定义，否则条件表达式是不成立的。（避免该问题的方法：当发现条件中的变量颜色变成红色时，一定要检查一下，变红色肯定是这个变量不存在。）

任务1　搭建
Android 开发环境
评价表

思考练习

动手实践：在自己机器上，根据操作系统、环境安装 Android Studio 开发环境，并试着创建工程，利用一段应用程序进行调试。

任务 2　设计 Android UI 界面

任务描述

在了解 Android UI 设计的几种常用布局方式的基础上，分别采用相对布局、帧布局、网格布局方式实现所要的示例效果，详见后面实例效果图要求。

相关知识

课程视频

任务2　设计
Android UI 界面

1. UI 简介

UI（user interface）译为用户界面，是 Android 开发者直接与用户打交道的桥梁。UI 由两方面构成：

（1）界面的整体布局（layout），如图 3.2.1 所示。

（2）组成可视界面的各个组件（Component），如图 3.2.2 所示。接下来，就从 Android 的几个常用控件开始介绍。

2. 常用布局

一个丰富的界面是由很多控件组成的，需要借助布局来实现。Android 中四种最基本的布局，分别是 LinearLayout、RelativeLayout、FrameLayout、GridLayout。

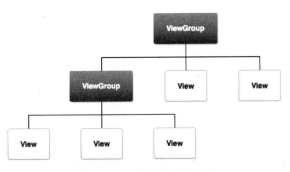

图 3.2.1   布局结构示意图

图 3.2.2   查看布局边界

1）线性布局（LinearLayout）

线性布局是在开发中最常用到的布局方式之一，它提供了控件水平或者垂直排列的模型，即容器里的组件一个挨着一个水平或垂直排列。线性布局不会换行：当组件一个挨着一个排列到头之后，剩下的组件将不会被显示出来。线性布局中几个重要的属性如表 3.2.1 所示。

表 3.2.1   线性布局的重要属性

属 性 名 称	相 关 方 法	描　　述
android:columnWidth	setColumnWidth(int)	指定每列的固定宽度
android:gravity	setGravity(int)	指定每个单元格内的重力
android:horizontalSpacing	setHorizontalSpacing(int)	定义列之间的默认水平间距
android:numColumns	setNumColumns(int)	定义要显示的列数
android:stretchMode	setStretchMode(int)	定义列应如何拉伸以填充可用空白区域（如果有）
android:verticalSpacing	setVerticalSpacing(int)	setVerticalSpacing(int)

先看一个示例，代码如下：

```
<LinearLayout
    xmlns:android="http://schemas.android.com/apk/res/android"
    android:layout_width="match_parent"
    android:layout_height="match_parent"
    android:orientation="vertical" >
    <LinearLayout
        android:layout_width="match_parent"
        android:layout_height="0dp"
        android:layout_weight="1"
        android:orientation="vertical" >
        <LinearLayout
            android:layout_width="match_parent"
            android:layout_height="0dp"
```

```
                    android:layout_weight="2"
                    android:background="#0000FF" >
                </LinearLayout>
                <LinearLayout
                    android:layout_width="match_parent"
                    android:layout_height="0dp"
                    android:layout_weight="2"
                    android:background="#00FF00" >
                </LinearLayout>
            </LinearLayout>
            <LinearLayout
                android:layout_width="match_parent"
                android:layout_height="0dp"
                android:layout_weight="1" >
                <LinearLayout
                    android:layout_width="0dp"
                    android:layout_height="match_parent"
                    android:layout_weight="1"
                    android:background="#FFD700" >
                </LinearLayout>
                <LinearLayout
                    android:layout_width="0dp"
                    android:layout_height="match_parent"
                    android:layout_weight="2"
                    android:background="#CD5C5C" >
                </LinearLayout>
                <LinearLayout
                    android:layout_width="0dp"
                    android:layout_height="match_parent"
                    android:layout_weight="6"
                    android:background="#808000" >
                </LinearLayout>
            </LinearLayout>
        </LinearLayout>
    </LinearLayout>
```

　　上面布局采用了垂直方向的线性布局，宽度和高度占满整个屏幕（match_parent）。在此垂直的线性布局文件中有两个子线性布局，宽度为 match_parent，高度为 0，但占剩余空间比例为 1:1，即高度占整个屏幕的一半。同样的道理，如果想要两个布局的宽度各占屏幕的一半，只需将宽度改为 0，高度改为 match_parent。这两个线性布局的上面的方向属性为 vertical，其中包含两个子线性布局，按等比例分配它的空间，如图 3.2.3 中蓝色和绿色的效果；下面的方向属性未定义，按默认水平方向排列，其中含有三个子线性布局，高度都是占满它的高度空间，宽度都为 0，比例参数比 1:2:6，即第一个布局占它的宽度的 1/9，第二个和第三个占

2/9 和 6/9，如图 3.2.3 中剩余颜色的效果。

　　接下来再看看它的几个关键属性的用法。

　　对齐方式分两种：一种是组件内对齐，另一种是组件间对齐。

　　（1）组件内对齐。android:gravity，设置布局管理器内组件的对齐方式，该属性值可设为 top（顶部对齐）、bottom（底部对齐）、left（左对齐）、right（右对齐）、center_vertical（垂直方向居中）、center_horizontal（水平方向居中）、center（垂直与水平方向都居中）。也可同时指定多种对齐方式的组合，中间用"|"连接，如代码设置对齐方式为 left|center_vertical，表示出现在屏幕左边且垂直居中，竖线前后不能有空格。

图 3.2.3　运行结果

　　（2）组件间对齐。android:layout_gravity，设置自身相对于父元素布局的对齐方式。RelativeLayout、TableLayout 中也有使用，FrameLayout 、AbsoluteLayout 则没有这个属性。也就是说，android:gravity 是用于父控件的属性，而 android:layout_gravity 是用于子控件的属性。

　　新建一个 activity_main2.xml，具体代码如下：

```
<LinearLayout xmlns:android="http://schemas.android.com/apk/
res/android"
    android:gravity="center_horizontal"
    android:orientation="vertical"
    android:layout_width="match_parent"
    android:layout_height="match_parent">

    <Button
        android:text="button1"
        android:layout_width="wrap_content"
        android:layout_height="wrap_content" />

    <Button
        android:text="button2"
        android:layout_gravity="left"
        android:layout_width="wrap_content"
        android:layout_height="wrap_content" />

    <Button
        android:text="button3"
        android:layout_gravity="right"
        android:layout_width="wrap_content"
        android:layout_height="wrap_content" />
```

学习笔记

```
<Button
    android:text="button4"
    android:layout_gravity="bottom"
    android:layout_width="wrap_content"
    android:layout_height="wrap_content" />
</LinearLayout>
```

上面先布局声明 gravity:center ，因此，默认添加的第一个 button 为水平居中显示。第二个和第三个 button 设置了它们的 layout_gravity 属性，因此，居左和居右显示。最后一个 button ，设置它的对齐属性为底部对齐，但是可以看到属性没有生效，这是因为 LinearLayout 布局为垂直布局，那么所有有关水平的布局全部失效。

（3）边距属性。为了更加准确地控制组件里面内容的位置，可以使用一系列的 Padding 属性来控制。在使用 Padding 属性之前，先介绍一下 Padding 和 Marigin 之间的区别，然后通过实际的效果看看属性之间的差异。

图 3.2.4 所示是一个类似盒子的模型，我们将通过下面的模型来讲解 Padding 和 Marigin 之间的区别。从图中可以看出，在 Container（父控件）里面有一个子控件，假设是一个 TextView 控件。其中 Margin 是子控件与父控件之间的间隔大小。Border 是子控件的边框，它是子控件和父控件的边界。Padding 是指子控件中的内容（Content Area）与子控件 Border 的间隔大小。

Android 有一系列的 margin 属性，下面看看 android:layout_marginLeft 属性，为了有一个对比的效果，先将 marginLeft 设为 0 dp，再将其设为 50 dp，如图 3.2.5 所示。

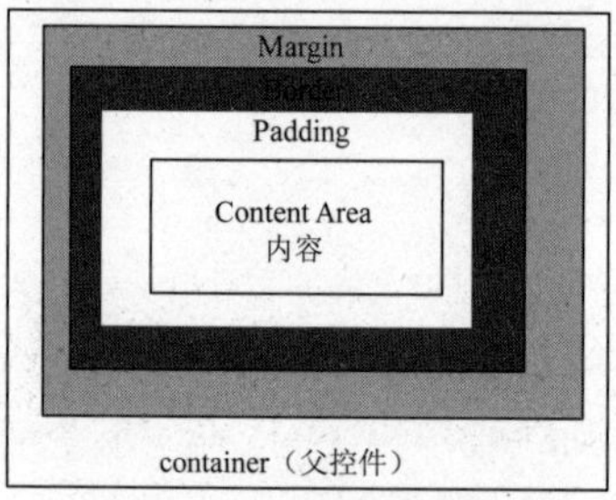

图 3.2.4　边距属性示意图

图 3.2.5　边距属性示例

android:layout_marginLeft="0dp"　　android:layout_marginLeft="50dp"

从图 3.2.5 可以看出，左图 TextView 控件跟其父控件的是没有左间隔的，而右图明显的有一块间隔（见右图圈圈部分）。margin 和 padding 还有很多属性，但原理都差不多，这里只以 marginLeft 做示例。

2）相对布局（RelativeLayout）

和线性布局一样，Relaive Layout 也是用得比较多的一个布局之一，是以某个兄弟组件或者父容器作为参照来决定（兄弟组件是在同一个布局里面的组件，如果是布局里一个组件参照另一个布局里的组件，会出错）。合理地利用好 LinearLayout 的 weight 权重属性和 RelativeLayout ，可以解决屏幕分辨率不同的自适应问题。选取参照有两种方式：根据父容器定位或根据兄弟组件定位。

（1）根据父容器定位。在研究父容器定位前，首先看看相对布局常用的一些属性，属性很多，但都不难理解，就是给控件在容器内定义一个绝对位置。

- layout_alignParentLeft：左对齐。
- layout_alignParentRight：右对齐。
- layout_alignParentTop：顶部对齐。
- layout_alignParentBottom：底部对齐。
- layout_centerHorizontal：水平居中。
- layout_centerVertical：垂直居中。
- layout_centerInParent：中间位置。

下面修改 activity_main.xml 代码：

```xml
<RelativeLayout xmlns:android="http://schemas.android.com/apk/res/android"
    android:layout_width="match_parent"
    android:layout_height="match_parent">
    <Button
        android:layout_width="wrap_content"
        android:layout_height="wrap_content"
        android:layout_alignParentLeft="true"
        android:text=" 组件 1" />
    <Button
        android:layout_width="wrap_content"
        android:layout_height="wrap_content"
        android:layout_alignParentRight="true"
        android:text=" 组件 2" />
    <Button
        android:layout_width="wrap_content"
        android:layout_height="wrap_content"
        android:layout_centerInParent="true"
        android:text=" 组件 3" />
    <Button
        android:layout_width="wrap_content"
        android:layout_height="wrap_content"
        android:layout_alignParentBottom="true"
        android:text=" 组件 4" />
    <Button
        android:layout_width="wrap_content"
        android:layout_height="wrap_content"
        android:layout_alignParentRight="true"
        android:layout_alignParentBottom="true"
        android:text=" 组件 5" />
</RelativeLayout>
```

可以看出，生成了 5 个控件，分别在容器的左上角、右上角、中间、左下角

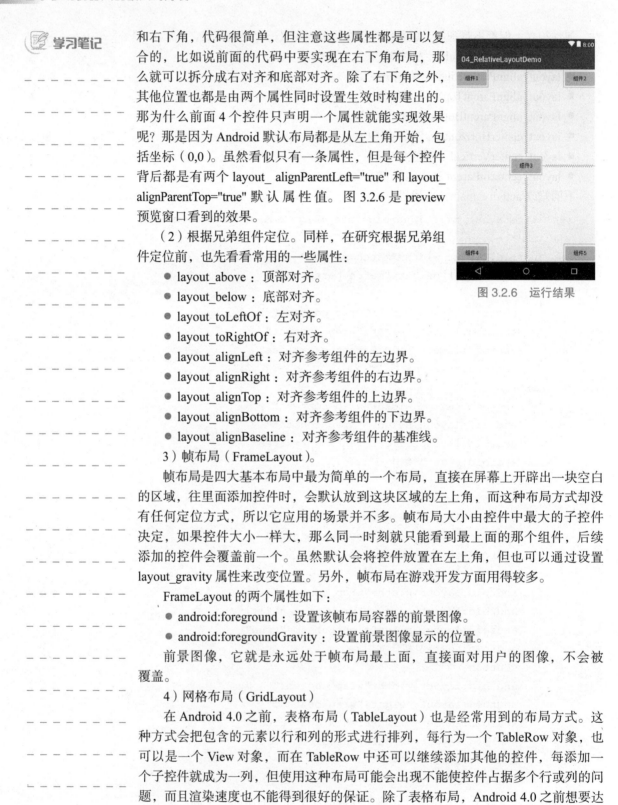

学习笔记

和右下角，代码很简单，但注意这些属性都是可以复合的，比如说前面的代码中要实现在右下角布局，那么就可以拆分成右对齐和底部对齐。除了右下角之外，其他位置也都是由两个属性同时设置生效时构建出的。那为什么前面 4 个控件只声明一个属性就能实现效果呢？那是因为 Android 默认布局都是从左上角开始，包括坐标（0,0）。虽然看似只有一条属性，但是每个控件背后都是有两个 layout_ alignParentLeft="true" 和 layout_ alignParentTop="true" 默认属性值。图 3.2.6 是 preview 预览窗口看到的效果。

（2）根据兄弟组件定位。同样，在研究根据兄弟组件定位前，也先看看常用的一些属性：

- layout_above：顶部对齐。
- layout_below：底部对齐。
- layout_toLeftOf：左对齐。
- layout_toRightOf：右对齐。
- layout_alignLeft：对齐参考组件的左边界。
- layout_alignRight：对齐参考组件的右边界。
- layout_alignTop：对齐参考组件的上边界。
- layout_alignBottom：对齐参考组件的下边界。
- layout_alignBaseline：对齐参考组件的基准线。

图 3.2.6　运行结果

3）帧布局（FrameLayout）。

帧布局是四大基本布局中最为简单的一个布局，直接在屏幕上开辟出一块空白的区域，往里面添加控件时，会默认放到这块区域的左上角，而这种布局方式却没有任何定位方式，所以它应用的场景并不多。帧布局大小由控件中最大的子控件决定，如果控件大小一样大，那么同一时刻就只能看到最上面的那个组件，后续添加的控件会覆盖前一个。虽然默认会将控件放置在左上角，但也可以通过设置 layout_gravity 属性来改变位置。另外，帧布局在游戏开发方面用得较多。

FrameLayout 的两个属性如下：

- android:foreground：设置该帧布局容器的前景图像。
- android:foregroundGravity：设置前景图像显示的位置。

前景图像，它就是永远处于帧布局最上面，直接面对用户的图像，不会被覆盖。

4）网格布局（GridLayout）

在 Android 4.0 之前，表格布局（TableLayout）也是经常用到的布局方式。这种方式会把包含的元素以行和列的形式进行排列，每行为一个 TableRow 对象，也可以是一个 View 对象，而在 TableRow 中还可以继续添加其他的控件，每添加一个子控件就成为一列，但使用这种布局可能会出现不能使控件占据多个行或列的问题，而且渲染速度也不能得到很好的保证。除了表格布局，Android 4.0 之前想要达

学习笔记

到表格布局效果，还可以考虑使用 LinearLayout 布局，但存在以下问题：

- 不能同时在 X、Y 轴方向上进行控件的对齐。
- 当多层布局嵌套时会有性能问题。
- 不能稳定地支持一些支持自由编辑布局的工具。

因此，Android 4.0 以上版本出现的 GridLayout 布局就解决了以上问题。GridLayout 布局使用虚细线将布局划分为行、列和单元格，也支持一个控件在行、列上都有交错排列。而 GridLayout 使用的其实是跟 LinearLayout 类似的 API，只不过是修改了一下相关的标签而已，所以对于开发者来说，掌握 GridLayout 还是很容易的事情。

GridLayout 与 TableLayout 比较如图 3.2.7 所示，左图是 GridLayout，右图是 TableLayout。

列的宽度可以收缩，以使表格能够适应父容器的大小。列可以拉伸，以填满表格中空白的空间。列可以被隐藏。

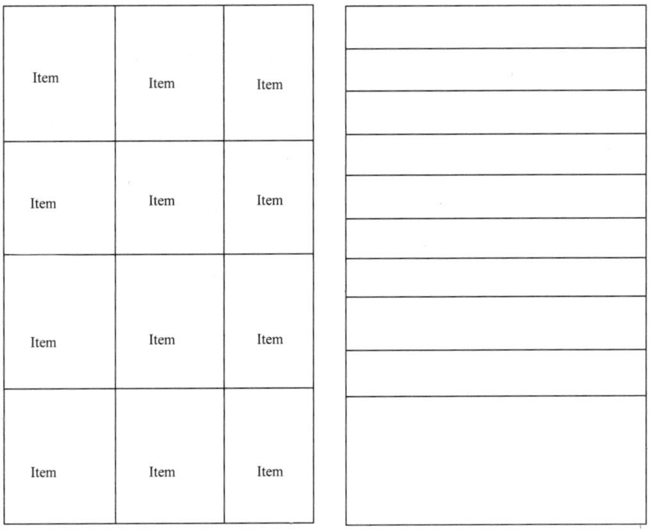

图 3.2.7　GridLayout 和 TableLayout 对比图

GridLayout 的特点：可固定显示在第几行，也可固定显示在第几列，前面几列没控件的话就空着。可跨多行，也可跨多列。GridLayout 的布局跟前三个不太一样，有几个重要属性要重点掌握，如表 3.2.2 所示。

表 3.2.2　网格布局 API

属 性 名 称	相 关 方 法	描　述
android:columnWidth	setColumnWidth(int)	指定每列的固定宽度
android:gravity	setGravity(int)	指定每个单元格内的重力
android:horizontalSpacing	setHorizontalSpacing(int)	定义列之间的默认水平间距
android:numColumns	setNumColumns(int)	定义要显示的列数

续表

属 性 名 称	相 关 方 法	描　述
android:stretchMode	setStretchMode(int)	定义列应如何拉伸以填充可用空白区域（如果有）
android:verticalSpacing	setVerticalSpacing(int)	定义垂直间距

📝 学习笔记

实操视频

设计Android UI
界面

📋 任务实施

1. 相对布局实现示例效果

根据兄弟组件实现图 3.2.8 相对布局效果，这里修改 activity_main 代码如下：

```
<RelativeLayout xmlns:android="http://schemas.android.com/apk/
res/android"
    xmlns:tools="http://schemas.android.com/tools"
    android:id="@+id/RelativeLayout 1"
    android:layout_width="match_parent"
    android:layout_height="match_parent">

    <!-- 这个是在容器中央的 -->
    <ImageView
        android:id="@+id/img1"
        android:layout_width="80dp"
        android:layout_height="80dp"
        android:layout_centerInParent="true"
        android:src="@mipmap/ic_launcher" />

    <!-- 在中间图片的左边 -->
    <ImageView
        android:id="@+id/img2"
        android:layout_width="80dp"
        android:layout_height="80dp"
        android:layout_centerVertical="true"
        android:layout_toLeftOf="@id/img1"
        android:src="@mipmap/ic_launcher" />

    <!-- 在中间图片的右边 -->
    <ImageView
        android:id="@+id/img3"
        android:layout_width="80dp"
        android:layout_height="80dp"
        android:layout_centerVertical="true"
        android:layout_toRightOf="@id/img1"
        android:src="@mipmap/ic_launcher" />
```

```
<!-- 在中间图片的上面 -->
<ImageView
    android:id="@+id/img4"
    android:layout_width="80dp"
    android:layout_height="80dp"
    android:layout_above="@id/img1"
    android:layout_centerHorizontal="true"
    android:src="@mipmap/ic_launcher" />

<!-- 在中间图片的下面 -->
<ImageView
    android:id="@+id/img5"
    android:layout_width="80dp"
    android:layout_height="80dp"
    android:layout_below="@+id/img1"
    android:layout_centerHorizontal="true"
    android:src="@mipmap/ic_launcher" />
</RelativeLayout>
```

这个代码稍复杂一点，做一个方向键的布局。首先定义第一个控件在正中央，然后其余 4 个控件出现在第一个控件的上下左右四个方向。注意，当一个控件去引用另一个控件时，被引用的控件一定要排在前面，不然会出现 id 找不到的情况。点开 preview，预览窗口看到的效果如图 3.2.8 所示。

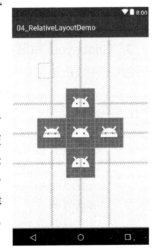

RelativeLayout 中还有另外一组相对于控件进行定位的属性，android: layout alignLeft 表示让一个控件的左边缘和另一个控件的左边缘对齐，android : layout alignRight 表示让一个控件的右边缘和另一个控件的右边缘对齐。此外，还有 android : layout alignTop 和 android: layout alignBottom，原理都差不多。RelativeLayout 属性虽然多，但都有规律可循。

图 3.2.8 运行结果

2. 帧布局实现示例效果

采用帧布局实现图 3.2.9 示例效果。很显然，放置三个 TextView，分别设置不同的大小与背景色，依次覆盖，接着右下角的是前景图像，通过 android:foreground="@drawable/logo" 设置前景图像的图片，通过 android:foregroundGravity ="right|bottom" 设置前景图像位置在右下角。

```
<FrameLayout xmlns:android="http://schemas.android.com/apk/
res/android"
    xmlns:tools="http://schemas.android.com/tools"
```

学习笔记

```
              android:id="@+id/FrameLayout 1"
              android:layout_width="match_parent"
              android:layout_height="match_parent"
              tools:context=".MainActivity"
              android:foreground="@drawable/bkrckj_logo"
              android:foregroundGravity="right|bottom">
          <TextView
              android:layout_width="200dp"
              android:layout_height="200dp"
              android:background="#FF6143" />
          <TextView
              android:layout_width="150dp"
              android:layout_height="150dp"
              android:background="#7BFE00" />
          <TextView
              android:layout_width="100dp"
              android:layout_height="100dp"
              android:background="#FFFF00" />
      </FrameLayout>
```

图 3.2.9　运行结果

可以看到，按钮和图片都是位于布局左上角。最早添加的被之后添加的
TextView 覆盖。当然，除了排序以外，也可以通过设置前景背景来改变这个覆盖关
系，设置为前景背景之后，图片就会永远显示在最上层，也可以改变前景背景位置。

3. GridLayout 布局实现图像缩略图网格

根据前述 GridLayout 布局特点，下面是布局代码参考：

```
  <GridLayout xmlns:android="http://schemas.android.com/apk/res/
android"
      android:layout_width="match_parent"
      android:layout_height="match_parent"
      android:background="#fff"
      android:columnCount="3"
      android:layout_rowSpan="3"
      android:orientation="horizontal">

  <Button
      android:layout_marginTop="18dp"
      android:drawableTop="@drawable/audio"
      style="@style/GridSystemButtonTheme"
      android:text=" 音频 " />

  ...

  <Button
```

```
                android:drawableTop="@drawable/timer"
                style="@style/GridSystemButtonTheme"
                android:text=" 时钟 " />
    </GridLayout>
```

因为样式都一样，所以这里建立统一样式 style="@style/GridSystemButtonTheme"：

```
    <style name="GridSystemButtonTheme">
        <item name="android:layout_rowWeight" tools:targetApi= lollipop">
1</item>
        <item name="android:layout_columnWeight" tools:targetApi="lollipop">
1</item>
        <item name="android:layout_rowSpan"> 1</item>
        <item name="android:layout_columnSpan"> 1</item>
        <item name="android:layout_gravity">fill</item>
        <item name="android:gravity">center_horizontal</item>
        <item name="android:textColor">#121212</item>
        <item name="android:textSize"> 18sp</item>
        <item name="android:drawablePadding">5dp</item>
        <item name="android:background">@drawable/text_click_selector
</item>
        <item name="android:padding">20dp</item>
    </style>
```

通过上述代码就实现了要求的效果，类似早期 Android 界面风格（见图 3.2.10）。代码没有难度，只有一点需要注意，GridView 有些属性更新的比较晚，所以在选择开发版本上要慎重，如上面的 layout_rowWeight 和 columnWeight 这两个属性，是 Android 5.1 版本以后才更新的，所以 5.1 之前版本的效果图就很可能不是这样的。

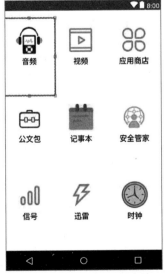

图 3.2.10　运行结果

学习笔记

任务2 设计
Android UI 界面
评价表

课程视频

任务3 使用
Android 常用控件

思考练习

1.Android 常用布局方式有哪几种？

2. 单帧布局的特点是什么？

3. 线性布局有哪两种不同的方向属性？

4. 在表单布局中，如何设置列，是隐藏还是可拉伸？

任务 3 **使用 Android 常用控件**

任务描述

在熟悉 Android 常用控件及其属性的基础上，实现文本框、编辑框、按钮应用或者综合。

相关知识

1. 文本框

在 Android 中，文本框使用 TextView 表示，用于在屏幕上显示文本。Android 中的文本框组件可以显示单行文本，也可以显示多行文本，还可以显示带图像的文本。

在 Android 中，可以使用两种方法向屏幕中添加文本框：一种是通过在 XML 布局文件中使用 <TextView> 标记添加；另一种是在 Java 文件中通过 new 关键字创建。

通过 <TextView> 标记在 XML 布局文件中添加文本框，其基本的语法格式如下：

```
<TextView
    属性列表
>
</TextView>
```

TextView 支持的常用 XML 属性如下所示：

● android:autoLink：用于指定是否将指定格式的文本转换为可单击的超链接形式，其属性值有 none、web、email、phone、map 和 all。

● android:drawableBottom：用于在文本框内文本的底端绘制指定图像，该图像可以是放在 res → drawable 文件夹下的图片，通过 "@drawable/ 文件名（不包括文件的扩展名）" 设置。

● android:drawableLeft：用于在文本框内文本的左侧绘制指定图像，该图像可以是放在 res → drawable 文件夹下的图片，通过 "@drawable/ 文件名（不包括文件的扩展名）" 设置。

● android:drawableRight：用于在文本框内文本的右侧绘制指定图像。

● android:drawableTop：用于在文本框内文本的顶端绘制指定图像。

● android:gravity：用于设置文本框内文本的对齐方式。

- android:hint：用于设置当文本框中文本内容为空时，默认显示的提示文本。
- android:inputType：用于指定当前文本框显示内容的文本类型。
- android:singleLine：用于指定该文本框是否为单行模式。
- android:text：用于指定该文本中显示的文本内容。
- android:textColor：用于设置文本框内文本的颜色。
- android:textSize：用于设置文本框内文本的字体大小。
- android:width：用于指定文本的宽度，以像素为单位。
- android:height：用于指定文本的高度，以像素为单位。

2. 编辑框

在 Android 中，编辑框使用 EditText 表示，用于在屏幕上显示文本输入框。Android 中的编辑框组件可以输入单行文本，也可以输入多行文本，还可以输入指定格式的文本（如密码、电话号码、E-mail 地址等）。

通过 <EditText> 标记在 XML 布局文件中添加编辑框，其基本的语法格式如下：

```
<EditText
    属性列表
>
</EditText>
```

由于 EditText 类是 TextView 类的子类，所以 TextView 类的属性同样适用于 EditText 组件。需要特别注意的是，在 EditText 组件中，android:inputType 属性可以帮助输入框显示合适的类型。例如，要添加一个密码框，可以将 android:inputType 属性设置为 textPassword。

在屏幕中添加编辑框后，还需要获取编辑框中输入的内容，这可以通过编辑框组件提供的 getText() 方法实现。使用该方法时，先要获取编辑框组件，然后再调用 getText() 方法。例如，要获取布局文件中添加的 id 属性为 login 的编辑框的内容，可以通过以下代码实现。

```
EditText login=(EditText)findViewById(R.id.login);
String loginText=login.getText().toString();
```

3. 按钮

在 Android 中，普通按钮其基本的语法格式如下：

```
<Button
android:text=" 显示文本 "
android:id="@+id/button1"
android:layout_width="wrap_content"
android:layout_height="wrap_content">
</Button>
```

在屏幕上添加按钮后，还需要为按钮添加单击事件监听器，才能让按钮发挥其特有的用途。Android 中提供了两种为按钮添加单击事件监听器的方法。

一种是在 Java 代码中完成，例如，在 Activity 的 onCreate() 方法中完成。具体代码如下：

学习笔记

学习笔记

```
import android.view.View.OnClickListener;
Import android.widget.Button;

// 通过 ID 获取布局文件中添加的按钮
Button login=(Button)findViewById(R.id.login);
// 为按钮添加单击事件监听器
login.setOnClickListener(new OnClickListener(){
    @Override
    public void onClick(View v){
        // 编写要执行的动作代码
    }
});
```

另一种是在 Activity 中编写一个包含 View 类型参数的方法，并且将要触发的动作代码放在该方法中，然后在布局文件中通过 android:onClick 属性指定对应的方法名实现。例如，在 Activity 中编写一个名为 myClick() 的方法，关键代码如下：

```
public void myClick(View view){
    // 编写要执行的动作代码
}
```

那么就可以在布局文件中通过 android:onClick="myClick" 语句为按钮添加单击事件监听器。

在 Android 中，图片按钮与普通按钮的使用方法是基本相同的，只不过图片按钮使用 <ImageButton> 标记定义，并且可以为其指定 android:src 属性，用于设置要显示的图片。在布局文件中添加图像按钮的基本语法格式如下：

```
<ImageButton
android:id="@+id/imageButton1"
android:src="@drawable/ 图片文件名称 "
android:background="#000"
android:layout_width="wrap_content"
android:layout_height="wrap_content">
</ImageButton>
```

同普通按钮一样，也需要为图片按钮添加单击事件监听器，具体添加方法同普通按钮一样，这里不再赘述。

任务实施

1. 设计一个文本框

为本框中的 E-mail 地址添加超链接，显示带图像的文本，显示不同颜色的单行文本和多行文本。

（1）修改新建项目的 res → layout 文件夹下的布局文件。删除默认内容，添加一个线性布局管理器，并为默认添加的 TextView 组件设置高度，对其中的 E-mail

格式的文本设置超链接，具体代码如下：

```xml
<?xml version="1.0" encoding="utf-8"?>
<LinearLayout
    xmlns:android="http://schemas.android.com/apk/res/android"
    android:orientation="vertical"
    android:layout_width="match_parent"
    android:layout_height="match_parent">

    <TextView
        android:layout_width="match_parent"
        android:layout_height="match_parent"
        android:text="bkrcl015@163.com"
        android:autoLink="email"
        android:height="50px "/>
</LinearLayout>
```

（2）在默认添加的 TextView 组件后面添加一个 TextView 组件，设置该组件显示带图像的文本，具体代码如下：

```xml
<TextView
        android:layout_width="wrap_content"
        android:layout_height="wrap_content"
        android:text=" 带图像的 TextView"
        android:drawableTop="@drawable/ic_launcher"
/>
```

（3）显示多行文本（默认的），显示单行文本。

```xml
<TextView
    android:textColor="#0F0"
    android:textSize="20px"
    android:text=" 多行文本：在很久很久以前，有一位老人他带给我们一个苹果 "
    android:layout_width="300px"
    android:layout_width="wrap_content"
    android:layout_height="wrap_content"/>

<TextView
    android:textColor="#F00"
    android:textSize="20px"
    android:text=" 单行文本：在很久很久以前，有一位老人他带给我们一个苹果 "
    android:width="300px"
    android:singleLine="true"
    android:layout_width="wrap_content"
    android:layout_height="wrap_content"/>
```

在模拟器上运行以后，结果如图 3.3.1 所示。

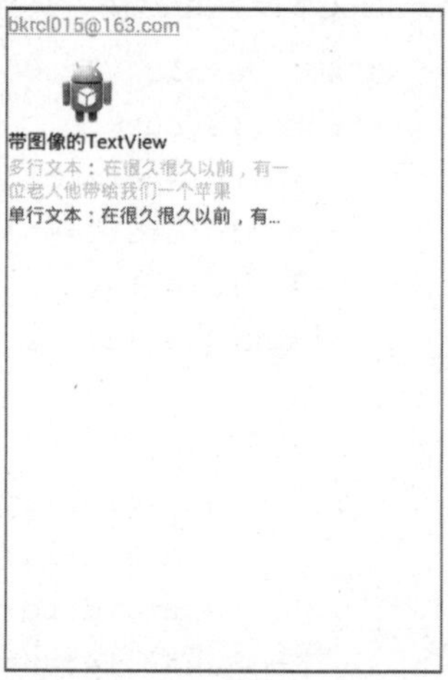

2. 设计一个编辑框

这里以会员注册界面为例来设计编辑框。

（1）修改新建项目的 res → layout 文件夹下的布局文件。删除默认内容，添加表格布局管理器。在该布局管理器中添加 4 个 TableRow 表格行，并为该表格布局管理器设置背景。具体代码如下：

图 3.3.1　文本框实现

```xml
<TableLayout
    xmlns:android="http://schemas.
android.com/apk/res/android"
    android:id="@+id/layout"
    android:layout_width="match_
parent"
    android:layout_height="match_
parent"
    android:background="#FF000000"
    >

    <!-- 第一个表格行 -->
    <TableRow
        android:id="@+id/tableRow1"
        android:layout_width="wrap_content"
        android:layout_height="wrap_content"
        >

    </TableRow>
    <!-- 第二个表格行 -->
    <TableRow
        android:id="@+id/tableRow2"
        android:layout_width="wrap_content"
        android:layout_height="wrap_content"
        >

    </TableRow>
    <!-- 第三个表格行 -->
    <TableRow
        android:id="@+id/tableRow3"
        android:layout_width="wrap_content"
        android:layout_height="wrap_content"
        >

    </TableRow>
```

```
<!-- 第四个表格行 -->
<TableRow
    android:id="@+id/tableRow4"
    android:layout_width="wrap_content"
    android:layout_height="wrap_content"
    >
</TableRow>
</TableLayout>
```

（2）在表格第一行，添加一个用于显示提示信息的文本框和一个输入会员昵称的单行编辑框，并为该单行编辑框设置提示文本。具体代码如下：

```
<TextView
    android:layout_width="wrap_content"
    android:layout_height="wrap_content"
    android:text=" 会员昵称 "
    android:height="50px"/>


<EditText
    android:id="@+id/nickname"
    android:hint=" 请输入会员昵称 "
    android:layout_width="300px"
    android:layout_height="wrap_content"
    android:inputType="textPersonName"
    android:singleLine="true"/>
```

（3）在表格的第二行，添加用于显示提示信息的文本框和一个输入密码的密码框。具体代码如下：

```
<TextView
    android:layout_width="wrap_content"
    android:layout_height="wrap_content"
    android:text=" 输入密码 "
    android:height="50px"/>


<EditText
    android:id="@+id/pwd"
    android:layout_width="300px"
    android:inputType="textPassword"
    android:layout_height="wrap_content"/>
```

（4）在表格的第三行，添加一个确认密码框。具体代码如下：

```
<TextView
    android:layout_width="wrap_content"
    android:layout_height="wrap_content"
    android:text=" 确认密码 "
```

```
                    android:height="50px"/>
        <EditText
            android:id="@+id/queren"
            android:layout_width="300px"
            android:layout_height="wrap_content"
            android:inputType="textPassword"/>
```

（5）在表格的第四行，添加用于显示提示信息的文本框和一个输入 E-mail 地址的编辑框。具体代码如下：

```
        <TextView
            android:layout_width="wrap_content"
            android:layout_height="wrap_content"
            android:text="E-mail"
            android:height="50px"/>
        <EditText
                android:id="@+id/email"
                android:layout_width="300px"
                android:layout_height="wrap_content"
                android:inputType="textEmailAddress"/>
```

（6）添加一个水平线性布局管理器，并在该布局管理器中添加两个按钮。具体代码如下：

```
        <LinearLayout
                android:layout_width="wrap_content"
                android:layout_height="wrap_content"
                android:orientation="horizontal">

            <Button
                android:text=" 注册 "
                android:layout_width="wrap_content"
                android:layout_height="wrap_content"
                android:id="@+id/button1"/>

            <Button
                android:text=" 重置 "
                android:layout_width="wrap_content"
                android:layout_height="wrap_content"
                android:id="@+id/button2"/>
        </LinearLayout>
```

（7）在主活动 onCreate() 方法中，为"注册"按钮添加单击事件监听器，用于在用户单击"注册"按钮后查看日志，查看输入的内容。具体代码如下：

```
public class MainActivity extends Activity {
```

```
@Override
protected void onCreate(Bundle savedInstanceState) {
    super.onCreate(savedInstanceState);
    setContentView(R.layout.activity_main);
    Button button1 = (Button) findViewById(R.id.button1);
    button1.setOnClickListener(new OnClickListener() {
        @Override
        public void onClick(View v) {
            // 获取会员昵称编辑框组件
            EditText nicknameET=(EditText) findViewById(R.id.nickname);
            // 获取输入的会员昵称
            String nickname=nicknameET.getText().toString();
            // 获取密码编辑框组件
            EditText pwdET=(EditText) findViewById(R.id.pwd);
            // 获取输入的密码
            String pwd=pwdET.getText(). toString();
            // 获取 E-mail 编辑框组件
            EditText emailET=(EditText)
findViewById(R.id.email);
            // 获取输入 E-mail 的地址
            String email=emailET.getText().
toString();
        }
    });
}
}
```

在模拟器上运行以后，结果显示如图 3.3.2 所示。

3. 设计一个功能按钮

图 3.3.2　编辑框实现

实现添加普通按钮和图片按钮，并为其设置单击事件监听器。

（1）修改新建项目下的布局文件，删除布局文件中的默认内容，添加水平线性布局管理器，在该布局管理器中添加一个普通按钮（id 属性为 login）和一个图片按钮，并为图片按钮设置 android:src 属性、android:background 属性和 android:onClick 属性。具体代码如下：

```
<?xml version="1.0" encoding="utf-8"?>
<LinearLayout xmlns:android="http://schemas.android.com/apk/
res/android"
    android:layout_width="wrap_content"
    android:layout_height="wrap_content"
    android:orientation="horizontal" >

    <Button
```

```xml
            android:id="@+id/login"
            android:layout_width="wrap_content"
            android:layout_height="wrap_content"
            android:text="登录" />

        <ImageButton
            android:id="@+id/login1"
            android:layout_width="wrap_content"
            android:layout_height="wrap_content"
            android:background="#000"
            android:onClick="myClick"
            android:src="@drawable/ic_launcher" />
    </LinearLayout>
```

（2）在主活动 MainActivity 的 onCreate() 方法中，应用以下代码为普通按钮添加单击事件监听器。点击按钮，会弹出消息提示。具体代码如下：

```java
// 通过 ID 获取布局文件中添加的按钮
Button login=(Button) findViewById(R.id.login);
// 为按钮添加单击事件监听器
login.setOnClickListener(new OnClickListener() {

    @Override
    public void onClick(View v) {
        Toast toast=Toast.makeText(MainActivity.this, "您单击了普通按钮", Toast.LENGTH_SHORT);
        // 显示提示信息
        toast.show();
    }
});
```

（3）在 MainActivity 类中编写一个方法 myClick，用于指定要触发的动作代码。具体代码如下：

```java
public void myClick(View view){
    Toast toast=Toast.makeText
(MainActivity.this, "您点击了图片按钮",
Toast.LENGTH_SHORT);
    // 显示提示信息
    toast.show();
}
```

在模拟器上运行以后，结果显示如图 3.3.3 所示。

任务3 使用 Android 常用控件 评价表

图 3.3.3 按钮功能实现

1.Android 系统提供了与用户进行交互的文本框信息，其名称为＿＿＿＿＿＿。

2. 设置 TextView 中文本的字体颜色有两种方式，分别为＿＿＿＿＿＿和＿＿＿＿＿＿。

3. 如何设置按钮的事件监听？

4. 简述 RadioButton 与 RadioGroup 的关系。

任务 4　识别颜色

任务描述

在了解 Android 系统上颜色值的存储方式以及颜色识别接口的基础上，编写一个实现颜色识别的应用 App。

相关知识

1. 颜色值的存储

在 Android 中，一张位图的颜色值的存储方式是通过 Bitmap.Config 这一常量进行配置的。Bitmap.Config 有以下几个常量：

- public static final Bitmap.Config ALPHA_8。
- public static final Bitmap.Config ARGB_4444。
- public static final Bitmap.Config ARGB_8888。
- public static final Bitmap.Config RGB_565。

其中，ARGB 通常指的是一种色彩模式，里面 A 代表 Alpha，R 代表 Red，G 代表 Green，B 代表 Blue。RGB 即为三原色。每个原色都存储着所表示颜色的信息值。ALPHA_8 就 Alpha 由 8 位组成。ARGB_4444 就是由 4 个 4 位组成，即 16 位。ARGB_8888 就是由 4 个 8 位组成，即 32 位。RGB_565 就是 R 为 5 位，G 为 6 位，B 为 5 位，共 16 位。由此可见，不同的存储方式即代表了不同的位图。

- ALPHA_8 代表 8 位 Alpha 位图。
- ARGB_4444 代表 16 位 ARGB 位图。
- ARGB_8888 代表 32 位 ARGB 位图。
- RGB_565 代表 16 位 RGB 位图。

在 Android 中，位图位数越高代表其可以存储的颜色信息越多，还原的图像也就越逼真。在 Android 中，默认的颜色存储方法为 ARGB_8888。

2. 颜色识别接口

在 Android 中，对一张位图 Bitmap 提供了 getPixel(int x,int y) 方法，返回指定位置的像素颜色值。其中，x、y 为待返回像素的 x 与 y 坐标值。通过此方法可以得到指定坐标的 RGB 颜色值。其中 x 与 y 的范围值需要注意，不要越界。

任务实施

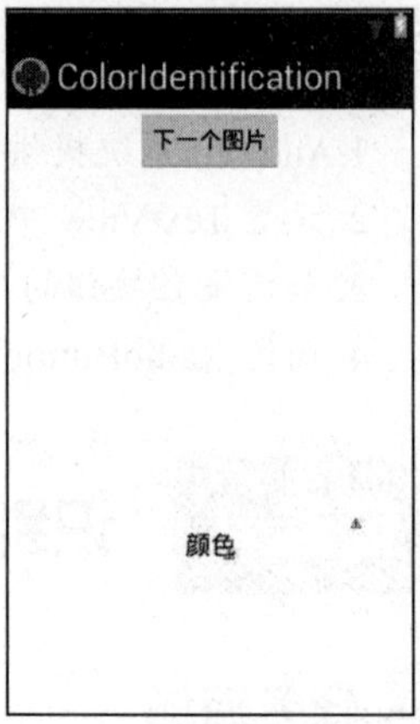

1. UI 设计

有了上面的基础，就可以开发一个简单的颜色识别案例。图 3.4.1 所示为 Android 智能移动终端的颜色识别应用程序 UI 界面。

关于 UI 界面的具体代码如下所示，在此不对 UI 布局代码做详细讲解：

图 3.4.1　颜色级别应用界面

```
<RelativeLayout xmlns:android="http://
schemas. android.com/apk/res/android"
    xmlns:tools="http://schemas.android.
com/tools"
    android:layout_width="match_parent"
    android:layout_height="match_parent" >

    <Button
        android:id="@+id/button"
        android:layout_width="wrap_content"
        android:layout_height="wrap_content"
        android:layout_centerHorizontal="true"
        android:text="@string/picture" />

    <ImageView
        android:id="@+id/imageView"
        android:layout_width="240dp"
        android:layout_height="180dp"
        android:layout_centerHorizontal="true"
        android:layout_centerVertical="true"
        />

    <TextView
        android:id="@+id/textView"
        android:layout_width="wrap_content"
        android:layout_height="wrap_content"
        android:textSize="20dp"
        android:layout_below="@+id/imageView"
        android:layout_centerHorizontal="true"
        android:text="@string/colors"
        />
</RelativeLayout>
```

2．颜色识别功能实现

完成了上述的布局效果界面后，让我们看看在 Activity 中如何实现布局功能代码的实现。以下为 Android 智能移动端颜色识别功能实现的完成代码，具体如下所示：

```java
package com.bkrcl.coloridentification;
import java.io.ByteArrayOutputStream;
import android.app.Activity;
import android.graphics.Bitmap;
import android.graphics.Bitmap.Config;
import android.graphics.BitmapFactory;
import android.os.Bundle;
import android.os.Message;
import android.util.Log;
import android.view.Menu;
import android.view.View;
import android.view.View.OnClickListener;
import android.widget.Button;
import android.widget.ImageView;
import android.widget.TextView;

public class MainActivity extends Activity {
    private ImageView imageView;
    private Button button;
    private TextView textView;
    private int i=0;
    private int[] bitmaps={R.drawable.red,R.drawable.green,R.
drawable.blue};
    @Override
    public void onCreate(Bundle savedInstanceState) {
        super.onCreate(savedInstanceState);
        setContentView(R.layout.activity_main);
        imageView=(ImageView) findViewById(R.id.imageView);
        textView=(TextView) findViewById(R.id.textView);
        button=(Button) findViewById(R.id.button);
        button.setOnClickListener(new OnClickListener() {

            @Override
            public void onClick(View arg0) {
                Bitmap bitmap=BitmapFactory.decodeResource(getResources(),
bitmaps[i]);
                i++;
```

学习笔记

```
                    if(i==bitmaps.length){
                    i=0;
                    }
                    imageView.setImageBitmap(bitmap);
                    int width=bitmap.getWidth();
                    int height=bitmap.getHeight();
                    int redNum=0,blueNum=0,greenNum=0;
                    for(int i=0;i<width;i++){
                        for(int j=0;j<height;j++){
                            int pixel=bitmap.getPixel(i, j);
                            int r=(pixel>>16)&0xff;
                            int g=(pixel>>8)&0xff;
                            int b=pixel&0xff;
                            if(r>g&r>b){
                                redNum++;
                            }
                            else if(g>r&g>b){
                                greenNum++;
                            }
                            else if(b>r&b>g){
                                blueNum++;
                            }
                        }
                    }
                    if(redNum>greenNum&redNum>blueNum){
                        textView.setText("红色");
                    }
                    else if(greenNum>redNum&greenNum>blueNum){
                        textView.setText("绿色");
                    }
                    else if(blueNum>redNum&blueNum>greenNum){
                        textView.setText("蓝色");
                    }
                }
            });
        }
    }
```

任务4 识别颜色
评价表

其中核心思想是得到 Bitmap 图片上所有坐标的 RGB 像素值，重新解析得到 RGB 值中的红、绿和蓝色值，比较三基色中哪种颜色权重较大，即为哪种颜色。

思考练习

动手实践：在 Android 上实现一个自己想要的颜色识别应用程序。

任务 5　识别 NFC

任务描述

在了解 NFC 技术及应用 API 的基础上，编写一个 Android 上实现 NFC 功能的应用 App。

相关知识

1. NFC 技术简介

近距离无线通信技术（Near Filed Communication，NFC）是由飞利浦公司和索尼公司共同开发的一种非接触式识别和互联网技术，可以在移动设备、消费类电子产品、PC 和智能设备间进行近距离无线通信。NFC 工作频率为 13.56 MHz，通信距离一般为 4 cm 或更短，传输速率可为 106 kbit/s、212 kbit/s、424 kbit/s，甚至可提高到 848 kbit/s。

NFC 通信总是由一个发起者（initiator）和一个接收者（target）组成。通常 initiator 主动发送电磁场（RF），可以为接收者（passive target）提供电源。正是由于接收者可以使用发起者提供的电源，因此 target 可以以非常简单的形式存在，比如标签（Tags）、卡等，成本极低。NFC 也支持点到点（peer to peer）的通信，此时参与通信的双方都有电源支持。在 Android NFC 应用中，Android 手机通常作为通信中的发起者，也就是作为 NFC 的读写器。Android 手机也可模拟作为 NFC 通信的接收者，且从 Android 2.3.3 起也支持 P2P 通信。

（1）NFC 终端有以下 3 种工作模式：

● 主动模式：NFC 终端作为一个读卡器，主动发出自己的射频场去识别和读写别的 NFC 设备。

● 被动模式：NFC 终端可以模拟成一个智能卡被读写，它只在其他设备发出的射频场中被动响应。

● 双向模式：双方都主动发出射频场来建立点对点的通信。

（2）NFC 技术的应用可分以下 5 类：

● 接触通过（touch and go）：如门禁管理、车票和门票等，用户将存储着票证或门控密码的设备靠近读卡器即可，也可用于物流管理。

● 接触支付（touch and pay）：如非接触式移动支付，用户将设备靠近嵌有 NFC 模块的 POS 机可进行支付，并确认交易。

● 接触连接（touch and connect）：如把两个 NFC 设备相连接进行点对点数据传输，例如在手机和笔记本电脑间音乐、图片互传和交换通信录等。

● 接触浏览（touch and explore）：用户可将 NFC 手机靠近接头有 NFC 功能的

课程视频

任务5　识别 NFC

智能共用电话或海报，来浏览交通信息等。

● 下载接触（load and touch）：用户可通过 GPRS 网络接收或下载信息，用于支付或门禁等功能。

在不久的将来，通过手机和 NFC 技术的结合，用户仅仅通过手机就可以实现以下应用：在街边海报上和杂志上下载演唱会时间地点和节目表；在公园里玩互动的定向越野游戏；在车站实时刷新公交车的到站时间；在办公室发送短信控制家政服务员进出住宅的时间；在学校全面代替现有学生证和学生卡；在遍布市区的智能公用电话亭查询地图、公交线路、餐饮购物等信息；在加油站、超市、银行任何有 POS 机的地方支付款项，并用手机收取电子发票等。

2．NFC API 简介

Android 对 NFC 的支持主要在 android.nfc 包中，包括的主要类如下：

● NfcAdapter。它代表了设备上的 NFC 硬件。NFC 的应用场景有很多，但 Android 2.3 API 只提供了电子标签（tags）阅读器的功能，因此 NfcAdapter 可理解为电子标签扫描器。

● NdefMessage。它代表了一个 NDEF 数据信息。NDEF（NFC Data Exchange Format）是设备与标签间传输数据的标准格式。应用程序可以从 ACTION_TAG_DISCOVERED 意图中获取这些 NdefMessage，NdefMessage 中封装了 NdefRecord，每个 NdefMessage 中可以包含多个 NdefRecord，通过类 NdefMessage 的 getRecords() 方法可以查询到消息的所有 NdefRecord。

● NdefRecord。它是双方传输信息的真正载体。

Android NFC 基本工作流程如下：

（1）通过 android.nfc.NfcAdapter.getDefaultAdapter() 取得手机的 objNfcAdapter。

（2）通过 objNfcAdapter.isEnabled() 查询该手机是否支持 NFC。

（3）如果手机支持 NFC，手机内置的 NFC 扫描器（相当于 NFCAdapter）扫描到电子标签后，就会向应用程序发送 ACTION_TAG_DISCOVERED 的 Intent，Intent 的 extras 架构中会包含 NDEF。

（4）如果接收到 ACTION_TAG_DISCOVERED，就提取 NdefMessage，并在此基础上提取 NdefRecord。

在使用 NFC API 的时候，应用必须在 AndroidManifest.xml 中声明获取使用权限，方式如下：

```
<use-permission android:name="android.permission.NFC">
```

最小的 SDK 版本应设置为 10，方式如下：

```
<uses-sdk android:minSdkVersion="10">
```

此外，如果开发者的程序要放到 Android Market，可以申请过滤，那些不支持 NFC 的用户就看不到这个发布的程序。声明如下：

```
<uses-feature
    android:name="android.hardware.nfc"
    android:required="true"
/>
```

任务实施

1. UI 设计

图 3.5.1 所示为 NFC 演示案例 UI 界面。

以下为 NFC UI 界面程序源码，在这里不对 UI 界面源码做详解。

图 3.5.1   NFC 应用 UI 界面

```xml
<?xml version="1.0" encoding="utf-8"?>
<LinearLayout xmlns:android="http://
schemas. android.com/apk/res/android"
    android:layout_width="fill_parent"
    android:layout_height="fill_parent"
    android:orientation="vertical" >
    <ScrollView
        android:id="@+id/scrollView"
        android:layout_width="fill_parent"
        android:layout_height="match_parent"
        android:layout_weight="1"
        android:background="@android:drawable/ edit_text" >

        <TextView
            android:id="@+id/promt"
            android:layout_width="fill_parent"
            android:layout_height="fill_parent"
            android:scrollbars="vertical"
            android:singleLine="false" />
    </ScrollView>

    <Button
        android:id="@+id/read_btn"
        android:layout_width="fill_parent"
        android:layout_height="wrap_content"
        android:text="read" />

    <Button
        android:id="@+id/write_btn"
        android:layout_width="fill_parent"
        android:layout_height="wrap_content"
        android:text="write" />

    <Button
        android:id="@+id/delete_btn"
        android:layout_width="fill_parent"
```

学习笔记

```
            android:layout_height="wrap_content"
            android:text="delete" />

    </LinearLayout>
```

2. NFC 功能实现

（1）在进行 Android NFC 开发时，要在项目中的 res 文件夹下添加一个 xml 文件夹，创建 nfc_tech_filter.xml 文件。该文件源码如下：

```xml
<resources xmlns:xliff="urn:oasis:names:tc:xliff:document:1.2">
    <!-- 读 NFC 卡的类型 -->
    <tech-list>
        <tech>android.nfc.tech.MifareUltralight</tech>
        <tech>android.nfc.tech.Ndef</tech>
        <tech>android.nfc.tech.NfcA</tech>
    </tech-list>
    <tech-list>
        <tech>android.nfc.tech.MifareClassic</tech>
        <tech>android.nfc.tech.Ndef</tech>
        <tech>android.nfc.tech.NfcA</tech>
    </tech-list>
</resources>
```

（2）修改 AndroidManifest.xml 文件，修改后源码如下：

```xml
<?xml version="1.0" encoding="utf-8"?>
<manifest xmlns:android="http://schemas.android.com/apk/res/android"
    package="com.r8c.nfc_demo"
    android:versionCode="1"
    android:versionName="1.0" >

    <uses-sdk
        android:minSdkVersion="15"
        android:targetSdkVersion="17" />
<!-- NFC 权限声明 -->
    <uses-permission android:name="android.permission.NFC" />

    <uses-feature
        android:name="android.hardware.nfc"
        android:required="true" />

    <application
        android:allowBackup="true"
        android:icon="@drawable/ic_launcher"
```

实操视频

检测与识别RFID

```xml
            android:label="@string/app_name"
            android:theme="@style/AppTheme" >
            <!-- 第一个 Activity 注册 -->
            <activity
                android:name="com.r8c.nfc_demo.NfcDemoActivity"
                android:configChanges="orientation|keyboardHidden|screenSize"
                android:label="@string/app_name" >
                <intent-filter>
                    <action android:name="android.intent.action.MAIN" />
                    <category android:name="android.intent.category.LAUNCHER" />
                </intent-filter>
                <!-- TECH_DISCOVERED 类型的 nfc -->
                <intent-filter>
                    <action android:name="android.nfc.action.TECH_DISCOVERED" />
                </intent-filter>
                <!-- 后设资源　调用自己建立的文件夹 xml 中的文件 -->
                <meta-data
                    android:name="android.nfc.action.TECH_DISCOVERED"
                    android:resource="@xml/nfc_tech_filter" />
            </activity>
        </application>

</manifest>
```

（3）编写主要业务逻辑，修改后源码如下：

```java
package com.r8c.nfc_demo;

import java.io.IOException;
import java.io.UnsupportedEncodingException;
import java.nio.charset.Charset;

import android.media.AudioManager;
import android.media.MediaPlayer;
import android.media.RingtoneManager;
import android.net.Uri;
import android.nfc.FormatException;
import android.nfc.NdefMessage;
import android.nfc.NdefRecord;
import android.nfc.NfcAdapter;
import android.nfc.Tag;
import android.nfc.tech.MifareUltralight;
import android.nfc.tech.Ndef;
import android.nfc.tech.NfcA;
```

学习笔记

```
import android.os.Bundle;
import android.app.Activity;
import android.app.PendingIntent;
import android.content.Context;
import android.content.Intent;
import android.content.IntentFilter;
import android.graphics.Color;
import android.util.Log;
import android.view.Menu;
import android.view.View;
import android.view.View.OnClickListener;
import android.widget.Button;
import android.widget.TextView;
import android.widget.Toast;

public class NfcDemoActivity extends Activity {
    //NFC 适配器声明
    private NfcAdapter nfcAdapter=null;
    // 接收 nfc 回馈消息的 Intent 声明
    private Intent nfcIntent=null;
    // 传达意图声明
    private PendingIntent pi=null;
    // 滤掉组件无法响应和处理的 Intent
    private IntentFilter tagDetected=null;
    // 文本控件的声明
    private TextView promt=null;
    // 是否支持 NFC 功能的标签
    private boolean isNFC_support=false;
    // 读、写、删按钮控件的声明
    private Button readBtn, writeBtn, deleteBtn;
    @Override
    protected void onCreate(Bundle savedInstanceState) {
        super.onCreate(savedInstanceState);
        setContentView(R.layout.activity_nfc_demo);
        // 控件的绑定
        promt=(TextView) findViewById(R.id.promt);
        readBtn=(Button) findViewById(R.id.read_btn);
        writeBtn=(Button) findViewById(R.id.write_btn);
        deleteBtn=(Button) findViewById(R.id.delete_btn);
        // 给文本控件赋值初始文本
        promt.setText(" 等待 RFID 标签 ");
        // 监听读、写、删按钮控件
```

```
        readBtn.setOnClickListener(new MyOnClick());
        writeBtn.setOnClickListener(new MyOnClick());
        deleteBtn.setOnClickListener(new MyOnClick());
        // 初始化设备支持 NFC 功能
        isNFC_support=true;
        // 得到默认 NFC 适配器
        nfcAdapter=NfcAdapter.getDefaultAdapter(getApplicationContext());
        // 提示信息定义
        String metaInfo="";
        // 判定设备是否支持 NFC 或启动 NFC
        if(nfcAdapter==null) {
        metaInfo=" 设备不支持 NFC！";
        Toast.makeText(this, metaInfo, Toast.LENGTH_SHORT).show();
        isNFC_support=false;
        }
        if(!nfcAdapter.isEnabled()) {
        metaInfo=" 请在系统设置中先启用 NFC 功能！";
        Toast.makeText(this, metaInfo, Toast.LENGTH_SHORT).show();
        isNFC_support=false;
        }
        if(isNFC_support == true) {
        this.init_NFC();
        } else {
        promt.setTextColor(Color.RED);
        promt.setText(metaInfo);
        }
    }
// 读、写、删按钮点击触发后实现相应功能
    private class MyOnClick implements OnClickListener {
        @Override
        public void onClick(View v) {
            // 点击读按钮后
            if(v.getId()==R.id.read_btn) {
                try {
                    String content=read(tagFromIntent);
                    if(content!=null&&!content.equals("")) {
                        promt.setText(promt.getText() + "nfc 标
签内容:\n" + content + "\n");
                    } else {
                        promt.setText(promt.getText()+ "nfc标签
内容: \n" + " 内容为空 \n");
                    }
```

```
                                } catch(IOException e) {
                                    promt.setText(promt.getText()+ "错误:" + e.
getMessage()+ "\n");
                                    Log.e("myonclick", "读取nfc异常", e);
                                } catch (FormatException e) {
                                    promt.setText(promt.getText()+ "错误:" + e.
getMessage()+ "\n");
                                    Log.e("myonclick", "读取nfc异常", e);
                                }
                                // 点击写后写入
                            } else if(v.getId()==R.id.write_btn) {
                                try {
                                    write(tagFromIntent);
                                } catch (IOException e) {
                                    promt.setText(promt.getText()+ "错误:" + e.
getMessage()+ "\n");
                                    Log.e("myonclick", "写nfc异常", e);
                                } catch (FormatException e) {
                                    promt.setText(promt.getText()+ "错误:" + e.
getMessage()+ "\n");
                                    Log.e("myonclick", "写nfc异常", e);
                                }
                            } else if(v.getId()==R.id.delete_btn) {
                                try {
                                    delete(tagFromIntent);
                                } catch (IOException e) {
                                    promt.setText(promt.getText()+ "错误:" + e.
getMessage()+ "\n");
                                    Log.e("myonclick", "删除nfc异常", e);
                                } catch (FormatException e) {
                                    promt.setText(promt.getText()+ "错误:" + e.
getMessage()+ "\n");
                                    Log.e("myonclick", "删除nfc异常", e);
                                }
                            }
                        }
                    }
        @Override
        public boolean onCreateOptionsMenu(Menu menu) {
            getMenuInflater().inflate(R.menu.nfc_demo, menu);
            return true;
        }
```

```java
// 字符序列转换为十六进制字符串
private String bytesToHexString(byte[] src) {
    return bytesToHexString(src, true);
}
private String bytesToHexString(byte[] src, boolean isPrefix) {
    StringBuilder stringBuilder=new StringBuilder();
    if(isPrefix==true) {
        stringBuilder.append("0x");
    }
    if(src==null||src.length<=0) {
        return null;
    }
    char[] buffer=new char[2];
    for(int i=0; i<src.length; i++) {
        buffer[0]= Character.toUpperCase(Character.forDigit(
                (src[i]>>>4)&0x0F, 16));
         buffer[1]=Character.toUpperCase(Character.forDigit(src
[i]&0x0F,16));
        System.out.println(buffer);
        stringBuilder.append(buffer);
    }
    return stringBuilder.toString();
}
@Override
protected void onPause() {
    super.onPause();
    if(isNFC_support==true) {
        stopNFC_Listener();
    }
    if(isNFC_support==false)
        return;
}
@Override
protected void onResume() {
    super.onResume();
    if(isNFC_support==false)
        return;
    startNFC_Listener();
    if(NfcAdapter.ACTION_TECH_DISCOVERED.equals(this.getIntent()
            .getAction())) {
        // 处理该 intent
        processIntent(this.getIntent());
```

学习笔记

```
            }
        }
    private Tag tagFromIntent;
    /**
     * 从intent解析NDEF消息并打印到TextView
     */
    public void processIntent(Intent intent) {
        if (isNFC_support==false)
        return;
        // 取出封装在 intent 中的 TAG
         tagFromIntent=intent.getParcelableExtra(NfcAdapter.EXTRA_TAG);
         promt.setTextColor(Color.BLUE);
         String metaInfo="";
         metaInfo += "卡片ID:" + bytesToHexString(tagFromIntent.
getId())+ "\n";
        Toast.makeText(this,"找到卡片", Toast.LENGTH_SHORT).show();
        // 技术列表
        String prefix="android.nfc.tech.";
        String[] techList=tagFromIntent.getTechList();
        // 非接触式读卡器 / 轻量级信息
        String CardType="";
        for (int i=0; i<techList.length; i++) {
            if(techList[i].equals(NfcA.class.getName())) {
                // 读取 TAG
                NfcA mfc=NfcA.get(tagFromIntent);
                try {
                    if("".equals(CardType))
                        CardType="MifareClassic卡片类型 \n 不支持NDEF
消息 \n";
                } catch (Exception e) {
                    e.printStackTrace();
                }
            } else if(techList[i].equals(MifareUltralight.
class.getName())) {
                MifareUltralight mifareUlTag=MifareUltralight
                    .get(tagFromIntent);
                String lightType="";
                // 类型信息
                switch (mifareUlTag.getType()) {
                case MifareUltralight.TYPE_ULTRALIGHT:
                    lightType = "Ultralight";
                    break;
                case MifareUltralight.TYPE_ULTRALIGHT_C:
```

```
                    lightType = "Ultralight C";
                        break;
                }
                CardType=lightType + "卡片类型 \n";
                Ndef ndef=Ndef.get(tagFromIntent);
                CardType += "最大数据尺寸:"+ ndef.getMaxSize()+ "\n";
            }
        }
        metaInfo += CardType;
        promt.setText(metaInfo);
    }
    @Override
    protected void onNewIntent(Intent intent) {
        super.onNewIntent(intent);
        if(NfcAdapter.ACTION_TAG_DISCOVERED.equals(intent.getAction())) {
            processIntent(intent);
        }
    }
    // 读取方法
    private String read(Tag tag) throws IOException, FormatException {
        if(tag!=null) {
        // 获取一个 Ndef 实例
            Ndef ndef = Ndef.get(tag);
            // 使能 I/O
            ndef.connect();
            NdefMessage message = ndef.getNdefMessage();
            // 写入信息
            byte[] data=message.toByteArray();
            String str=new String(data, Charset.forName("UTF-8"));
            Log.e("adsfas", new String(data, Charset.forName("UTF-8")));
            // 关闭连接
            ndef.close();
            return str;
        } else {
            Toast.makeText(NfcDemoActivity.this, "设备与nfc卡连
接断开,请重新连接...",
                    Toast.LENGTH_SHORT).show();
        }
        return null;
    }
    // 写入方法
    private void write(Tag tag) throws IOException, FormatException {
        if(tag!= null) {
```

学习笔记

学习笔记

```
                NdefRecord[] records = { createRecord() };
                NdefMessage message = new NdefMessage(records);
                // 获取一个 Ndef 实例
                Ndef ndef = Ndef.get(tag);
                // 使能 I/O
                ndef.connect();
                // 写入信息
                ndef.writeNdefMessage(message);
                // 关闭连接
                ndef.close();
                promt.setText(promt.getText()+ "写入数据成功！ " + "\n");
            } else {
                Toast.makeText(NfcDemoActivity.this, "设备与nfc卡连接断开，
请重新连接...",
                        Toast.LENGTH_SHORT).show();
            }
        }
        // 删除方法
        private void delete(Tag tag) throws IOException, FormatException {
            if(tag!=null) {
                NdefRecord[] records={ new NdefRecord(NdefRecord.TNF_
MIME_MEDIA, new byte[] {}, new byte[] {}, new byte[] {}) };
                NdefMessage message = new NdefMessage(records);
                // 获取一个 Ndef 实例
                Ndef ndef = Ndef.get(tag);
                // 使能 I/O
                ndef.connect();
                // 写入信息
                ndef.writeNdefMessage(message);
                // 关闭连接
                ndef.close();
                promt.setText(promt.getText()+ "删除数据成功！ " + "\n");
            } else {
                Toast.makeText(NfcDemoActivity.this, "设备与nfc卡连接
断开，请重新连接...",
                        Toast.LENGTH_SHORT).show();
            }
        }
        private NdefRecord createRecord() throws UnsupportedEncodingException {
            String msg = "BEGIN:VCARD\n" + "VERSION:2.1\n" + " + "END:VCARD";
            byte[] textBytes=msg.getBytes();
            NdefRecord textRecord=new NdefRecord(NdefRecord.TNF_MIME_
MEDIA,"text/x-vCard".getBytes(), new byte[] {}, textBytes);
```

```
        return textRecord;
    }
    private MediaPlayer ring() throws Exception, IOException {
    // 在此处写代码
        Uri alert=RingtoneManager.getDefaultUri(RingtoneManager.
TYPE_NOTIFICATION);
        MediaPlayer player = new MediaPlayer();
        player.setDataSource(this, alert);
        final AudioManager audioManager=(AudioManager) getSystemService
(Context.AUDIO_SERVICE);
        if (audioManager.getStreamVolume(AudioManager.STREAM_
NOTIFICATION)!=0) {
            player.setAudioStreamType(AudioManager.STREAM_NOTIFICATION);
            player.setLooping(false);
            player.prepare();
            player.start();
        }
        return player;
    }
    private void startNFC_Listener() {
        nfcAdapter.enableForegroundDispatch(this, pi,
            new IntentFilter[] { tagDetected }, null);
    }
    private void stopNFC_Listener() {
        nfcAdapter.disableForegroundDispatch(this);
    }
    private void init_NFC() {
        nfcIntent=new Intent(getApplicationContext(),
NfcDemoActivity.class).addFlags(Intent.FLAG_ACTIVITY_SINGLE_TOP);
        pi=PendingIntent.getActivity(this, 0, new Intent(this,
getClass()).addFlags(Intent.FLAG_ACTIVITY_SINGLE_TOP), 0);
        tagDetected=new IntentFilter(NfcAdapter.ACTION_TAG_DISCOVERED);
        tagDetected.addCategory(Intent.CATEGORY_DEFAULT);
    }
}
```

思考练习

　　动手实践：结合自己的一些想法，编写实现 Android 智能移动终端上的 NFC
应用程序。

任务5　识别 NFC
评价表

学习笔记

课程视频

任务6 识别
二维码

任务6　识别二维码

📖 任务描述

本任务在认识二维码的基础上，利用 core.jar 包解析类 QRCodeReader 提供的解析方法实现对二维码的解析。

🖥 相关知识

1. 二维码简介

二维码又称二维条码，常见的二维码为 QR Code，QR 全称 Quick Response，是一个近几年来移动设备上流行的一种编码方式，它比传统的 Bar Code 条形码能存储更多的信息，也能表示更多的数据类型。

二维条码/二维码（2-dimensional bar code）是用某种特定的几何图形按一定规律在平面（二维方向上）分布的、黑白相间的、记录数据符号信息的图形；在代码编制上巧妙地利用构成计算机内部逻辑基础的"0""1"比特流的概念，使用若干个与二进制相对应的几何形体来表示文字数值信息，通过图像输入设备或光电扫描设备自动识读以实现信息自动处理。它具有条码技术的一些共性：每种码制有其特定的字符集，每个字符占有一定的宽度，具有一定的校验功能等。同时还具有对不同行的信息自动识别功能及处理图形旋转变化点。

二维条码主要功能如下：

- 信息获取（名片、地图、Wi-Fi 密码、资料）。
- 网站跳转（跳转到微博、手机网站、网站）。
- 广告推送（用户扫码，直接浏览商家推送的视频、音频广告）。
- 手机电商（用户扫码、手机直接购物下单）。
- 防伪溯源（用户扫码即可查看生产地，同时后台可以获取最终消费地）。
- 优惠促销（用户扫码，下载电子优惠券，抽奖）。
- 会员管理（用户手机上获取电子会员信息、VIP 服务）。
- 手机支付（扫描商品二维码，通过银行或第三方支付提供的手机端通道完成支付）。
- 账号登录（扫描二维码进行各个网站或软件的登录）。

根据原理，二维条码/二维码可以分为堆叠式/行排式二维条码和矩阵式二维条码。堆叠式/行排式二维条码形态上是由多行短截的一维条码堆叠而成；矩阵式二维条码以矩阵的形式组成，在矩阵相应元素位置上用"点"表示二进制"1"，用"空"表示二进制"0"，"点"和"空"的排列组成代码。根据业务形态不同可分为被读类和主读类两大类。

中国对二维码技术的研究开始于 1993 年。中国物品编码中心对几种常用的二维码 PDF417、QRCCode、Data Matrix、Maxi Code、Code 49、Code 16K、Code One

的技术规范进行了翻译和跟踪研究。随着中国市场经济的不断完善和信息技术的迅速发展，国内对二维码这一新技术的需求与日俱增。中国物品编码中心在原国家质量技术监督局和国家有关部门的大力支持下，对二维码技术的研究不断深入。在消化国外相关技术资料的基础上，制定了两个二维码的国家标准：二维码网格矩阵码（SJ/T 11349—2006）和二维码紧密矩阵码（SJ/T 11350—2006），从而大大促进了中国具有自主知识产权技术的二维码的研发。

2. 二维码 API 简介

使用 Zxing 开源库解析二维码时，首先要导入 core.jar 包。导入完成以后，在项目中添加文件 RGBLuminanceSource.java。该文件帮助用户调节二维码图片像素的亮度，转换为计算亮度较好的颜色。其中的代码如下：

```java
import java.io.FileNotFoundException;
import android.graphics.Bitmap;
import android.graphics.BitmapFactory;
import com.google.zxing.LuminanceSource;

public class RGBLuminanceSource extends LuminanceSource {
    private final byte[] luminances;
    // 类的重构
    public RGBLuminanceSource(Bitmap bitmap) {
        super(bitmap.getWidth(), bitmap.getHeight());
        // 得到图片的宽高
        int width=bitmap.getWidth();
        int height=bitmap.getHeight();
        // 得到图片的像素
        int[] pixels=new int[width * height];
        //
        bitmap.getPixels(pixels, 0, width, 0, 0, width, height);
        luminances=new byte[width * height];
        // 得到图片每点像素颜色
        for(int y=0; y<height; y++) {
            int offset=y*width;
            for(int x=0; x<width; x++) {
                int pixel=pixels[offset+x];
                int r=(pixel>>16)&0xff;
                int g=(pixel>>8)&0xff;
                int b=pixel & 0xff;
                // 已经是灰度图像，所以可选择任何通道
                if(r=g&&g=b) {
                    luminances[offset+x]=(byte) r;
                }
                else {
```

```
                                luminances[offset+x]=(byte)((r+g+g+b)>>2);
                            }
                        }
                    }
                }

// 类的重构
public RGBLuminanceSource(String path) throws FileNotFoundException {
    this(loadBitmap(path));
}
private static Bitmap loadBitmap(String path) throws FileNotFoundException {
    Bitmap bitmap=BitmapFactory.decodeFile(path);
    if(bitmap==null) {
        throw new FileNotFoundException("Couldn't open " + path);
    }
    return bitmap;
}
@Override
public byte[] getMatrix() {
    return luminances;
}

@Override
public byte[] getRow(int arg0, byte[] arg1) {
    if (arg0<0||arg0>=getHeight()) {
        throw new IllegalArgumentException(
                "Requested row is outside the image: " + arg0);
    }
    int width=getWidth();
    if (arg1==null||arg1.length<width) {
        arg1=new byte[width];
    }
    System.arraycopy(luminances, arg0*width, arg1, 0, width);
    return arg1;
}
}
```

为检测和解码图像中的 QR 码，解析以下 QRCodeReader 类实现类的两个方法：
decode(BinaryBitmap image): Result-QRCodeReader
decode(BinaryBitmap arg0, Map<DecodeHintType,?>arg1): Result-QRCodeReader
第一个方法中需要一个参数 BinaryBitmap，字面理解为二进制字节图片，这就需要接着看 com.google.zxing 包中的 BinaryBitmap 类。

```
BinaryBitmap(Binarizer binarizer)-com.google.zxing.BinaryBitmap
```

这也需要一个参数，按照上面的思路实例化 Binarizer 类时，发现只能处理黑色图片，要求较高。查看其开放的接口类，发现 HybridBinarizer 类混合二进制类可以满足需求，得到最终需要的参数 BinaryBitmap。

第二个方法中需要两个参数，第一个参数获取方法同第一种。第二个参数为 Map 类。其中 Map 含有两个参数，第一个为 DecodeHintType，即解析的类型，根据 Android 中参数键值对存在原则确定；第二个参数为对应的解析结果类型，定义为 String 字符。实例化类 Map<DecodeHintType, String> hints = new HashMap<DecodeHintType, String>()，为实例化的 Map 类 hints 赋值 hints. put(DecodeHintType.CHARACTER_SET, "utf-8");。

最后，看到解析结果为 Result。Result 类中提供了 toString0:String-Result 方法，可以直接得到 String 字符结果，满足需要。至此，核心解析结束。

任务实施

1. Android UI 设计

在前述基础上开发一个简单的二维码识别程序，图 3.6.1 所示为二维码识别 UI 界面。

上述界面布局较简单，仅应用了 TextView、EditText、Button 和 ImageView 四个控件，不再详细叙述，直接查看程序源码。

图 3.6.1　二维码演示案例 UI 界面

```
<LinearLayout xmlns:android="http://schemas.android.com/apk/res/android"
    android:layout_width="fill_parent"
    android:layout_height="fill_parent"
    android:orientation="vertical" >
    <LinearLayout
        android:layout_width="match_parent"
        android:layout_height="wrap_content" >

        <TextView
            android:id="@+id/textView1"
            android:layout_width="wrap_content"
            ndroid:layout_height="wrap_content"
            android:text="@string/result" />

        <EditText
            android:id="@+id/editText1"
            android:layout_width="match_parent"
            ndroid:layout_height="wrap_content" >

            <requestFocus />
        </EditText>
```

```xml
        </LinearLayout>

        <Button
            android:id="@+id/button1"
            android:layout_width="match_parent"
            android:layout_height="wrap_content"
            android:text="@string/button" />

        <ImageView
            android:id="@+id/imageView"
            android:layout_width="match_parent"
            android:layout_height="wrap_content"
            android:layout_gravity="center"
            android:src="@drawable/ic_action_search" />

    </LinearLayout>
```

实操视频

识别二维码

2. Android 二维码识别

（1）在进行二维码开发时，要在项目中的 libs 文件夹下添加 core.jar 包，解析二维码的工具包。

（2）MainActivity 类中编写的布局功能代码如下：

```java
public class MainActivity extends Activity {
    // 声明控件
    private Button button;
    private EditText xian;
    private ImageView imageView;
    // 调用系统资源
    private int [] bitmaps={R.drawable.bai,R.drawable.blue,R.drawable.red};
    //int 数组是指数
    private int i=0;
    @Override
    public void onCreate(Bundle savedInstanceState) {
        super.onCreate(savedInstanceState);
        setContentView(R.layout.activity_main);
        // 绑定控件
        button=(Button) findViewById(R.id.button1);
        xian=(EditText) findViewById(R.id.editText1);
        imageView=(ImageView) findViewById(R.id.imageView);
        // 监听 button
        button.setOnClickListener(new OnClickListener() {

            @Override
            public void onClick(View arg0) {
```

```
// 解析转换类型 UTF-8
Map<DecodeHintType, String> hints=new HashMap<DecodeHint
Type, String>();
hints.put(DecodeHintType.CHARACTER_SET, "utf-8");
// 转换系统图片资源为 Bitmap 型
Bitmap mBmp=BitmapFactory.decodeResource(getResources(),
bitmaps[i]);
// 为 ImageView 设置图片
imageView.setImageBitmap(mBmp);
// 数组下标后移
i++;
// 防止下标越界
if(i==bitmaps.length){
    i=0;
}
// 调用谷歌提供的解析方法
RGBLuminanceSource source=new RGBLuminanceSource(mBmp);
// 图片资源转换为二进制图片类型
BinaryBitmap bitmap1=new BinaryBitmap(new Hybrid
Binarizer(source));
// 解析
QRCodeReader reader=new QRCodeReader();
Result result;
try {
    result=reader.decode(bitmap1, hints);
    //result=reader.decode(bitmap1);
    Log.e("结果: ", result.toString());
    if(result.toString() != null) {
        // 得到解析后的文字显示
        xian.setText(result.toString());
    }
} catch (com.google.zxing.NotFoundException e) {
    // 自动生成的捕获块
    e.printStackTrace();
} catch(ChecksumException e) {
    // 自动生成的捕获块
    e.printStackTrace();
} catch (FormatException e) {
    // 自动生成的捕获块
    e.printStackTrace();
    }
        }
    });
    }
```

任务6 识别二维
码评价表

课程视频

任务7 实现
Android 网络编程

学习笔记

上述功能代码的核心即为二维码解析过程，在其中提前加载了 3 种二维码图片，单击"解析"按钮，图片循环跳转并解析二维码中包含的内容。

思考练习

动手实践：根据本任务介绍的开发过程，应用 com.google.zxing.multi.qrcode 包中提供的 QRCodeMultiReader 类实现解析二维码的开发。

任务 7　实现 Android 网络编程

任务描述

在熟悉 Android 网络通信相关协议的基础上，完成 TCP 通信和 UDP 通信的客户端和服务端的程序开发，实现通信任务。

相关知识

1. 网络协议

1）网络协议的概念

网络协议指的是计算机网络中互相通信的对等实体之间交换信息时所必须遵守的规则的集合。对等实体通常是指计算机网络体系结构中处于相同层次的信息单元。一般系统网络协议包括以下几部分：通信环境，传输服务，词汇表，信息的编码格式，时序、规则和过程。1969 年，美国国防部建立最早的网络——阿帕计算机网络时，发布了一组计算机通信协议的军用标准，它包括了五个协议，习惯上以其中的 TCP 和 IP 两个协议作为这组协议的通称。

TCP/IP 是因特网的正式网络协议，是一组在许多独立主机系统之间提供互联功能的协议，规范因特网上所有计算机互联时的传输、解释、执行、互操作，解决计算机系统的互联、互通、操作性，是被公认的网络通信协议的国际工业标准。TCP/IP 是分组交换协议，信息被分成多个分组在网上传输，到达接收方后再把这些分组重新组合成原来的信息。除 TCP/IP 外，常用的网络协议还有 PPP、SLIP 等。

2）组成要素

网络协议是由三个要素组成：

● 语义。语义是解释控制信息每个部分的意义。它规定了需要发出何种控制信息，以及完成的动作与做出什么样的响应。

● 语法。语法是用户数据与控制信息的结构与格式，以及数据出现的顺序。

● 时序。时序是对事件发生顺序的详细说明（也可称为"同步"）。

人们形象地把这三个要素描述为：语义表示要做什么，语法表示要怎么做，时序表示做的顺序。

3）工作方式

网络上的计算机之间又是如何交换信息的呢？就像我们说话用某种语言一样，

在网络上的各台计算机之间也有一种语言，这就是网络协议，不同的计算机之间必须使用相同的网络协议才能进行通信。

网络协议是网络上所有设备（网络服务器、计算机及交换机、路由器、防火墙等）之间通信规则的集合，它规定了通信时信息必须采用的格式和这些格式的意义。大多数网络都采用分层的体系结构，每一层都建立在它的下层之上，向它的上一层提供一定的服务，而把如何实现这一服务的细节对上一层加以屏蔽。一台设备上的第 n 层与另一台设备上的第 n 层进行通信的规则就是第 n 层协议。在网络的各层中存在着许多协议，接收方和发送方同层的协议必须一致，否则一方将无法识别另一方发出的信息。网络协议使网络上各种设备能够相互交换信息。常见的协议有 TCP/IP 协议、IPX/SPX 协议、NetBEUI 协议等。

当然，网络协议也有很多种，具体选择哪一种协议则要看情况而定。Internet 上的计算机使用的是 TCP/IP 协议。ARPANET 成功的主要原因是因为它使用了 TCP/IP 标准网络协议，TCP/IP（Transmission Control Protocol/Internet Protocol）——传输控制协议 / 因特网协议，是 Internet 采用的一种标准网络协议。它是由 ARPA 于 1977 年到 1979 年推出的一种网络体系结构和协议规范。随着 Internet 网的发展，TCP/IP 也得到进一步研究开发和推广应用，成为 Internet 网的"通用语言"。

4）层次结构

由于网络节点之间联系的复杂性，在制定协议时，通常把复杂成分分解成一些简单成分，然后再将它们复合起来。最常用的复合技术就是层次方式，网络协议的层次结构如下：

- 结构中的每一层都规定有明确的服务及接口标准。
- 把用户的应用程序作为最高层。
- 除了最高层外，中间的每一层都向上一层提供服务，同时又是下一层的用户。
- 把物理通信线路作为最低层，它使用从最高层传送来的参数，是提供服务的基础。

5）层次划分

为了使不同计算机厂家生产的计算机能够相互通信，以便在更大的范围内建立计算机网络，国际标准化组织（ISO）在 1978 年提出了"开放系统互联参考模型"，即著名的 OSI/RM 模型（Open System Interconnection/Reference Model）。它将计算机网络体系结构的通信协议划分为七层，自下而上依次为物理层（Physics Layer）、数据链路层（Data Link Layer）、网络层（Network Layer）、传输层（Transport Layer）、会话层（Session Layer）、表示层（Presentation Layer）、应用层（Application Layer）。

| 应用层 |
| 表示层 |
| 会话层 |
| 传输层 |
| 网络层 |
| 数据链路层 |
| 物理层 |

其中第四层完成数据传送服务，上面三层面向用户。对于每一层，至少制定两项标准：服务定义和协议规范。前者给出了该层所提供的服务的准确定义，后者详细描述了该协议的动作和各种有关规程，以保证服务的提供。

6）常用协议

TCP/IP 的历史应当追溯到 Internet 的前身——ARPAnet 时代。为了实现不同网络之间的互连，美国国防部于 1977 年到 1979 年间制定了 TCP/IP 体系结构和协议。TCP/IP 是由一组具有专业用途的多个子协议组合而成的，这些子协议包括 TCP、IP、UDP、ARP、ICMP 等。TCP/IP 凭借其实现成本低、在多平台间通信安全可靠以及可路由性等优势迅速发展，并成为 Internet 中的标准协议。在 20 世纪 90 年代，TCP/IP 已经成为局域网中的首选协议，在当时的操作系统（如 Windows7、Windows XP、Windows Server2003 等）中，已经将 TCP/IP 作为其默认安装的通信协议。

NetBEUI 或 NetBios 增强用户接口是 NetBIOS 协议的增强版本，曾被许多操作系统采用，例如 Windows for Workgroup、Win 9x 系列、Windows NT 等。NetBEUI 协议在许多情形下很有用，是 Windows 98 之前的操作系统的默认协议。NetBEUI 协议是一种短小精悍、通信效率高的广播型协议，安装后不需要进行设置，特别适合在"网络邻居"传送数据。所以建议除了 TCP/IP 协议之外，小型局域网的计算机也可以安上 NetBEUI 协议。另外还有一点要注意，如果一台只装了 TCP/IP 协议的 Windows 98 机器要想加入到 WINNT 域，也必须安装 NetBEUI 协议。

IPX/SPX 协议是 Novell 开发的专用于 NetWare 网络中的协议，但是也非常常用——大部分可以联机的游戏都支持 IPX/SPX 协议。虽然这些游戏通过 TCP/IP 协议也能联机，但显然还是通过 IPX/SPX 协议更省事，因为根本不需要任何设置。除此之外，IPX/SPX 协议在非局域网络中的用途似乎并不是很大。如果确定不在局域网中联机玩游戏，那么这个协议可有可无。

7）划分

● 物理层：以太网、调制解调器、电力线通信（PLC）、SONET/SDH、G.709、光导纤维、同轴电缆、双绞线等。

● 数据链路层：Wi-Fi（IEEE 802.11）、WiMAX（IEEE 802.16）、ATM、DTM、令牌环、以太网、FDDI、帧中继、GPRS、EVDO、HSPA、HDLC、PPP、L2TP、PPTP、ISDN、STP、CSMA/CD 等。

● 网络层协议：IP（IPv4、IPv6）、ICMP、ICMPv6、IGMP、IS-IS、IPsec、ARP、RARP、RIP 等。

● 传输层协议：TCP、UDP、TLS、DCCP、SCTP、RSVP、OSPF 等。

● 应用层协议：DHCP、DNS、FTP、Gopher、HTTP、IMAP4、IRC、NNTP、XMPP、POP3、SIP、SMTP、SNMP、SSH、TELNET、RPC、RTCP、RTP、RTSP、SDP、SOAP、GTP、STUN、NTP、SSDP、BGP 等。

2. TCP/IP 协议和 UDP 协议

1）TCP/IP 模型

TCP/IP 分层模型分为 4 层。OSI/RM 模型与 TCP/IP 模型参考层次如图 3.7.1 所示。

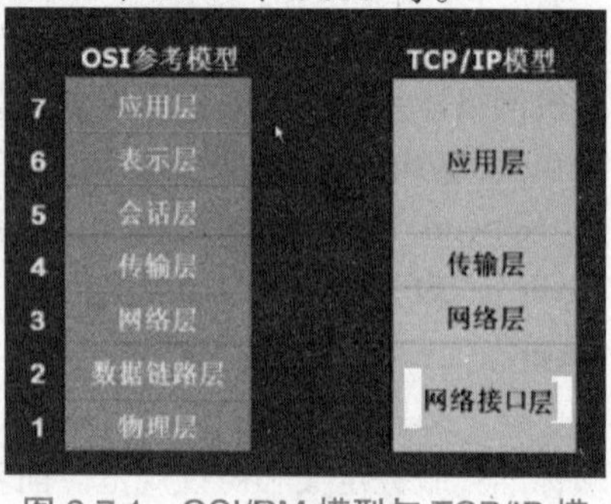

图 3.7.1　OSI/RM 模型与 TCP/IP 模型参考层次

● 应用层：应用层是大多数与网络相关的程序为了通过网络与其他程序通信所使用的层。在应用层中，数据以应用内部使用的格式进行传送，然后被编码成标准协议的格式。例如，万维网使用的 HTTP 协议、文件传输使用的 FTP 协议、接收电子邮件使用的 POP3 和 IMAP 协议、发送邮件使用的 SMTP 协议，以及远程登录使用的 SSH 和 Telnet 等。用户通常是与应用层进行交互。

● 传输层：传输层响应来自应用层的服务请求，并向网络层发出服务请求。传输层提供两台主机之间同名的数据传输，通常用于端到端连接、流量控制或错误恢复。这一层的两个最重要的协议是 TCP（Transmission Control Protocol，传输控制协议）和 UDP（User Datagram Protocol，用户数据报协议）。

● 网络层：提供端到端的数据包交付。换言之，它负责数据包从源发送到目的地，任务包括网络路由、差错控制和 IP 编址等。这一层包括的重要协议有 IP、ICMP 和 IPSec。

● 网络接口层：是 TCP/IP 参考模型的最低层，负责通过网络发送和接收 IP 数据报；允许主机连入网络时使用多种现成的与流行的技术，如以太网、令牌网、帧中继、ATM、X.25、DDN、SDH、WDM 等。

2）TCP/IP 和 UDP 协议

一个应用层应用一般都会使用到两个传输层协议之一：面向连接的 TCP 传输控制协议和面向无连接的 UDP 用户数据报协议。下面分析 TCP/IP 协议栈中常用的 IP、TCP 和 UDP 协议。

（1）IP 协议。

网际协议（Internet Protocol，IP）是用于报文交换网络的一种面向数据的协议。IP 是在 TCP/IP 协议中网络层的主要协议，任务是根据源主机和目的主机的地址传送数据。为达到此目的，IP 定义了寻址方法和数据报的封装结构。第一个架构的主要版本，现在称为 IPv4，仍然是最主要的互联网协议，如图 3.7.2 所示。当前世界各地正在积极部署 IPv6。

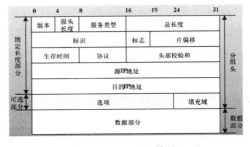

图 3.7.2　IPv4 协议

下面对 IPv4 协议包的结构进行介绍，包含多个数据域。各个数据域的含义如下：

● 4 位版本：表示目前的协议版本号，数值是 4 表示版本为 4，因现在主要使用的还是版本为 4 的 IP 协议，所以 IP 有时也称 IPv4。

● 4 位首部长度：头部的长度，它的单位是 32 位（4 字节），数值为 5 表示 IP 头部长度为 20 字节。

● 8 位服务类型（TOS）：这个 8 位字段由 3 位的优先权子字段（现在已经被忽略）、4 位的 TOS 子字段以及 1 位保留字段（现在为 0）构成。4 位的 TOS 子字段包含最小延迟、最大吞吐量、最高可靠性以及最小费用，对应为 1 时指出上层协议对处理当前数据报所期望的服务质量。如果都为 0，则表示是一般服务。

学习笔记

● 16 位总长度（字节数）：总长度字段是指整个 IP 数据报的长度，以字节为单位。如数值为 0030，换算成十进制为 48 字节，48 字节 =20 字节的 IP 头 +28 字节的 TCP 头。这个数据报只是传送的控制信息，还没有传送真正的数据，所以总长度就是报头的长度。

● 16 位标识：标识字段唯一标识主机发送的每一份数据报。

● 3 位标志：该字段用于标记该报文是否分片，以及后面是否还有分片。

● 13 位片偏移：指当前分片在元数据报中相对于用户数据字段的偏移量，即在原数据报中的相对位置。

● 8 位生存时间：生存时间（Time To Live，TTL）字段设置了数据报可以经过的最多路由器数目。它指定了数据报的生存时间。TTL 的初始值由源主机设置，一旦经过一个处理它的路由器，它的值就减去 1。可根据 TTL 值判断服务器是什么系统和经过的路由器。例如，TTL 的十六进制初始值为 80H，换算成十进制为 128，Windows 操作系统的 TTL 初始值一般为 80H，UNIX 操作系统的 TTL 初始值为 FFH。

● 8 位协议：表示协议类型，6 表示传输层 TCP 协议。

● 16 位首部校验和：当收到一份 IP 数据报后，同样对首部中的每个 16 位进行二进制反码的求和。由于接收方在计算过程中包含了发送方存在首部中的校验和，因此，如果首部在传输过程中没有发生任何差错，那么接收方计算的结果应该为全 1。如果结果不是全 1，即校验和错误，那么 IP 就丢弃收到的数据报，但是不生成差错报文，而是由上层发现丢失的数据报并进行重传。

● 32 位源 IP 地址和 32 位目的 IP 地址：这是 IPv4 协议中核心的部分。32 位的 IP 地址由一个网络 IP 和一个主机 ID 组成。源地址是指发送数据的源主机的 IP 地址，目的地址是指接收数据的目的主机的 IP 地址。

● 选项：长度不定，如果没有选项就表示这个字节的域等于 0。

● 数据：该 IPv4 协议包负载的数据。

（2）TCP 协议。

传输控制协议（Transmission Control Protocol，TCP）是一种面向连接的、可靠的、基于字节流的传输层通信协议。

在 Internet 协议族中，传输层是位于网络层之上、应用层之下的中间层。不同主机的应用层之间经常需要可靠的、像管道一样的连接，但是网络层不提供这样的流机制，其只能提供不可靠的包交换，所以传输层应运而生。

应用层向传输层发送用于网间传输的、用 8 位字节表示的数据流，然后 TCP 协议把数据流分成适当长度的报文段（通常受该计算机连接的网络的数据链路层的最大传送单元 MTU 的限制）。之后 TCP 协议把结果包传给网络层，由它来通过网络将包传送给接收端实体的传输层。TCP 为了保证不发生丢包，给每个包一个序号，该序号也保证了传送到接收端实体的包能按序接收。接收端实体为已成功收到的包发回一个相应的确认（ACK）；如果发送端实体在合理的往返时延（RTT）内未收到确认，那么对应的数据包（假设丢失了）将会被重传。TCP 协议用一个校验和函数来检验数据是否有错误，在发送和接收时都要计算校验和。

TCP 协议头最小长度为 20 个字节，其协议包结构如图 3.7.3 所示。各个字段的含义如下：

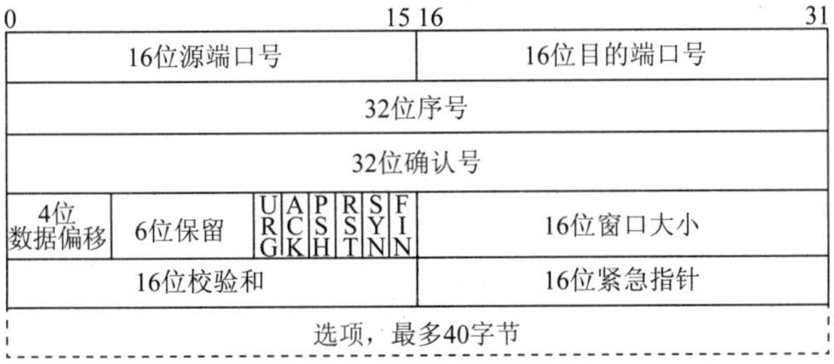

图 3.7.3　TCP 协议包结构

● 16 位源端口号：源端口号是指发送数据的源主机的端口号，16 位的源端口中包含初始化通信的端口。源端口和源 IP 地址的作用是标识报文的返回地址。

● 16 位目的端口号：目的端口号是指接收数据的目的主机的端口号，16 位的目的端口域定义传输的目的地。这个端口指明报文接收计算机上的应用程序地址端口。

● 32 位序号：TCP 是面向字节流的，在一个 TCP 连接中传送的字节流中的每一个字节都按顺序标号。整个要传送的字节流的起始序号必须在连接建立时设置。首部中的序号字段值则是指本报段所发送的数据的第一个字节的序号。

● 32 位确认序号：期望收到对方下一个报文段的第一个数据字节的序号，若确认号为 N，则表明序号为 N-1 为止的所有数据都已正确收到。

● 4 位数据偏移：指出 TCP 报文段的数据起始处距离 TCP 报文段的起始处有多远，整个字段实际上指明了 TCP 报文段的首部长度。

● 保留（6 位）：为了将来定义新的用途而保留的位，目前应置为 0。

● URG、ACK、PSH、RST、SYN、FIN：6 位标志域，依次对应为紧急标志、确认标志、推送标志、复位标志、同步标志、终止标志。

● 16 位窗口大小：指的是发送本报文段的一方的接收窗口，以便告诉对方，从本报文段首部中的确认号算起接收方目前允许对方发送的数据量。因为接收方的数据缓存空间有限，该窗口值可作为接收方让发送方设置其发送窗口的依据。

● 16 位校验和：源机器基于数据内容计算一个数值，目的机器根据接收到的数据内容也要计算出一个数值，这个数值要与源机器数值完全一样，从而证明数据的有效性。校验和字段校验的范围包括首部和数据两部分，这是一个强制性的字段，由发送端计算和存储，并由接收端进行验证。

● 16 位紧急指针：在 URG 标志为 1 时其才有效，指出了本报文段中的紧急数据的字节数。

● 选项：长度可变，最长可达 40 字节。当没有使用选项时，TCP 首部长度是 20 字节。

在上述字段中，6 位标志域中各标志的功能如下：

● URG：紧急标志。该位为 1 表示该位有效。

● ACK：确认表示。该位被置位时表示确认序号栏有效。大多数情况下该标志位是置位的。

● PSH：推送标志。该位被置位时，接收端不将该数据进行队列处理，而是尽可能快地将数据转由应用处理。在处理 Telnet 或 rlogin 等交互模式的连接时，该标志位总是置位的。

● RST：复位标志。该位被置位时表示复位相应的 TCP 连接。

● SYN：同步标志。同步标志在连接建立时用来同步序号。当 SYN=1 而 ACK=0 时，表明这是一个连接请求报文段。对方若同意建立连接，则应在响应的报文段中使 SYN=1 和 ACK=1，即 SYN 置位时表示这是一个连接请求或者连接接收报文。

● FIN：结束标志，用来释放一个连接。

（3）UDP 协议。

用户数据报协议（UDP）是 TCP/IP 模型中一种面向无连接的传输层协议，提供面向事务的简单不可靠信息传送服务。UDP 协议基本上是 IP 协议与上层协议的接口。UDP 协议使用于端口分别运行在同一台设备上的多个应用程序中。

与 TCP 不同，UDP 并不提供对 IP 协议的可靠机制、流控制及错误恢复功能等，在数据传输之前不需要建立连接。由于 UDP 比较简单，UDP 头包含很少的字节，所以比 TCP 负载消耗少。

UDP 适用于不需要 TCP 可靠机制的情形，如当高层协议或应用程序提供错误和流控制功能的时候。UDP 服务于很多知名应用层协议，包括网络文件系统、简单网络管理协议、域名系统及简单文件传输系统。

UDP 数据报格式包含的字段如下所示：

● 源端口：16 位，源端口是可选字段。当使用时，它表示发送程序的端口，同时它还被认为是没有其他信息的情况下需要被寻址的答复端口。如果不使用，设置其值为 0 即可。

● 目的端口：16 位。目的端口在特殊互联网目标地址的情况下具有意义。

● 长度：16 位。UDP 用户数据报的总长度。

● 校验和：16 位。用于校验 UDP 数据报的 UDP 首部和 UDP 数据。

● 数据：包含上层数据信息。

3. Socket 基础

前面介绍到 TCP 和 UDP 报文里面除了数据本身，还包含了包的目的地址和端口、包的源地址和端口，以及其他各种附加的校验信息。这些包的长度是有限的，传输的时候需要将其分解为多个包，在到达传输的目的地址后再组合还原。如包有丢失或者破坏需要重传时，则乱序发送的包在到达时需要重新排序。处理这些过程是一项繁杂的工作，需要大量可靠的代码来完成。为了使程序员不必费心于上述这些底层具体细节，人们通过 Socket 对网络纠错、包大小、包重传等进行了封装。

Socket 通常称为"套接字"。Socket 字面上的中文意思为"插座"。一台服务器可能会提供很多服务，每种服务对应一个 Socket（也可以这么说，每个 Socket 就是一个插座，客户若是需要哪种服务，就将插头插到相应的插座上面），而客户的"插头"也是一个 Socket。Socket 是应用层与 TCP/IP 协议族通信的中间软件抽象层，它是一组接口。Socket 把复杂的 TCP/IP 协议族隐藏在 Socket 接口后面，对用户来说，一组简单的接口就是全部，让 Socket 去组织数据，以符合指定的协议。Socket 用于描述 IP 地址和端口，是一个通信链的句柄，应用程序通常通过套接字向网络发出请求或者应答网络请求。

1）Socket 的基本操作

Socket 基本操作包括：

- 连接远程机器。
- 发送数据。
- 接收数据。
- 关闭连接。
- 绑定端口。
- 监听到达数据。

2）在绑定的端口上接收来自远程机器的连接

服务器要和客户端通信，两者都要实例化一个 Socket。服务器和客户端的 Socket 是不一样的，客户端可以实现连接远程机器、发送数据、接收数据、关闭连接等，服务器还需要实现绑定端口、监听到达的数据、接收来自远程机器的连接。Android 在包 java.net 里面提供了两个类：ServerSocket 和 Socket，前者用于实例化服务器的 Socket，后者用于实例化客户端的 Socket。在连接成功时，应用程序两端都会产生一个 Socket 实例，操作这个实例，完成客户端到服务器所需的会话。

3）构造客户端 Socket

接下来分析一些重要的 Socket 编程软件接口。首先是如何构造一个 Socket，常用的构造客户端 Socket 的方法有以下几种：

- Socket()：创建一个新的未连接的 Socket。
- Socket(Proxy proxy)：使用指定的代理类型创建一个新的未连接的 Socket。
- Socket(String dstName,int dstPort)：使用指定的目标服务器的 IP 地址和目标服务器的端口号创建一个新的 Socket。
- Socket(String dstName,int dstPort,InetAddress localAddress, int localPort)：使用指定的目标主机、目标端口、本地地址和本地端口创建一个新的 Socket。
- Socket(InetAddress dstAddress,int dstPort)：使用指定的本地地址和本地端口创建一个新的 Socket。
- Socket(InetAddress address,int port,InetAddress address,int port)：使用指定的目标主机、目标端口、本地地址和本地端口创建一个新的 Socket。

其中，proxy 为代理服务器地址，dstAddress 为目标服务器 IP 地址，dstPort 为目标服务器的端口号（因为服务器的每种服务都会绑定在一个端口上面），dstName 为目标服务器的主机名。Socket 构造函数代码举例如下所示：

```
// 第一个参数是目标服务器的 IP 地址，8080 是目标服务器的端口号
Socket client=new Socket("192.168.1.23",8080);
// 实例化一个 Proxy，以该 Proxy 为参数，创建一个新的 Socket
Socket sock=new Socket(new Proxy(Proxy.Type.SOCKS, new Inet
SocketAddress("test.domain.org",8080);
```

学习笔记

注意：一般 0 ～ 1023 端口位系统保留端口号，如果使用自定义端口号，那么端口号应大于 1023。

4）构造服务器端 ServerSocket

构造服务器端 ServerSocket 的方法有以下几种：

● ServerSocket()：构造一个新的未绑定的 ServerSocket。

● ServerSocket(int port)：构造一个新的 ServerSocket 实例并绑定到指定端口。如果 port 参数为 0，端口将由操作系统自动分配，此时进入队列的数目将被设置为 50。

● ServerSocket(int port, int backlog)：构造一个新的 ServerSocket 实例并绑定到指定端口，并且指定进入队列的数目。如果 port 参数为 0，端口将由操作系统自动分配。

● ServerSocket(int port,int backlog,InetAddress localAddress)：构造一个新的 ServerSocket 实例并绑定到指定端口和指定的地址。如果 localAddress 参数为 null，则可以使用任意地址，如果 port 参数为 0，端口将由操作系统自动分配。

比如 ServerSocket 的构建方法，代码如下所示：

```
//8080 表示服务器要监听的端口号
ServerSocket socketserver=new ServerSocket(8080);
```

构造完 ServerSocket 之后，需要调用 ServerSocket.accept() 方法来等待客户端的请求（因为 Socket 都是绑定在端口上面的，所以知道是哪个客户端请求的）。Accept() 方法会返回请求这个服务的客户端 Socket 实例，然后通过返回的这个 Socket 实例的方法操作传输过来的信息。当 Socket 对象操作完毕之后，使用 close() 方法将其关闭。

Socket 一般有两种类型：TCP 套接字和 UDP 套接字。TCP 和 UDP 在传输过程中的具体实现方法不同。两者都是接收传输协议数据包并将其内容向前传送到应用层。TCP 把消息分解成数据包并在接收端以正确的顺序把它们重新装配起来，TCP 还处理对遗失数据包的重传请求，位于上层的应用层要处理的事情就少多了。UDP 不提供装配和重传请求这些功能，它只是向前传送消息包。位于上层的应用层必须确保消息是完整的，并且是以正确的顺序装配的。

任务实施

1. TCP/IP 通信

TCP 建立连接之后，通信双方都同时可以进行数据的传输；在保证可靠性上，采用超时重传和携带确认机制；在流量控制上，采用滑动窗口协议。协议中规定：对于窗口内未经确认的分组需要重传；在拥塞控制上，采用慢启动算法。TCP 原理如图 3.7.4 所示。

实操视频

实现Android 网络编程

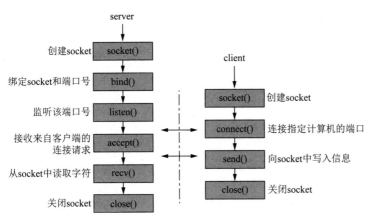

图 3.7.4　TCP 通信原理示意图

1）TCP 服务器端工作的主要步骤

步骤 1：调用 ServerSocket(int port) 创建一个 ServerSocket，并绑定到指定端口上。

步骤 2：调用 accept() 监听连接请求，如果客户端请求连接，则接收连接，返回通信套接字。

步骤 3：调用 Socket 类的 getOutputStream() 和 getInputStream() 获取输出流和输入流，开始网络数据的发送和接收。

步骤 4：关闭通信套接字。

示例代码如下所示：

```
// 创建一个 ServerSocket 对象
ServerSocket serverSocket=null;
try{
    //TCP_SERVER_PORT 为指定的绑定端口，为 int 类型
    serverSocket=new ServerSocket (TCP_SERVER_PORT);
    // 监听连接请求
    Socket socket=serverSocket.accept();
    // 写入读 Buffer 中
    BufferedReader in=new BufferedReader(new
    // 获取输入流
    InputStreamReader(socket.getInputStream()));
    // 放到写 Buffer 中
    BufferedWriter out=new BufferedWriter(new
    // 获取输出流
    OutputStreamWriter(socket.getOutputStream()));
    // 读取接收信息，转换为字符串
    String incomingMsg=in.readLine()+System.getProperty("line.
separator");
    // 生成发送字符串
    String outgoingMsg="goodbye from port "+TCP_SERVER_PORT+System.
```

```
getProperty("line.separator");
            // 将发送字符串写入上面定义的 BufferedWrite 中
            out.write(outgoingMsg);
            // 刷新, 发送
            out.flush();
            // 关闭
            socket.close();
        }catch(InterruptedIOException e){
            // 超时错误
            e.printStackTrace();
        }catch(IOException e){
            //IO 异常
            e.printStackTrace();
        }finally{
            // 判断是否初始化 ServerSocket 对象,如果初始化则关闭
            //serverSocket
            if(serverSocket!=null){
                try{
                    serverSocket.close();
            }catch(IOException e){
                e.printStackTrace();
            }
        }
    }
```

2）TCP 客户端工作的主要步骤

步骤 1：调用 Socket() 创建一个流套接字，并连接到服务器端。

步骤 2：调用 Socket 类的 getOutputStream() 和 getInputStream() 方法获取输出流和输入流，开始网络数据的发送和接收。

步骤 3：关闭通信套接字。

编写 TCP 客户端代码如下所示：

```
try{
    // 初始化 Socket,TCP_SERVER_PORT 为指定的端口,int 类型
    Socket socket=new Socket("localhost",TCP_SERVER_PORT);
    // 获取输入流
    BufferedReader in=new
BufferedReader(new InputStreamReader(socket.getInputStream()));
    // 生成输出流
    BufferedWriter out=new
BufferedWriter(new OutputStreamWriter(socket.getOutputStream()));
    // 生成输出内容
    String outMsg="TCP connecting to "+TCP_SERVER_PORT+System.
getProperty("line.separator");
```

```
        // 写入
        out.writer(outMsg);
        // 刷新，发送
        out.flush();
        // 获取输入流
        String inMsg=
        in.readLine()+System.getProperty("line.separator");
        // 关闭连接
        socket.close();
    }catch( UnknowHostException e){
        e.printStackTrace();
    }catch(IOException e){
        e.printStackTrace();
    }
```

无论是编写 ServerSocket 还是 Socket，都需要在 AndroidManifest 文件中添加以下权限：

```
<uses-permission android:name ="android.permission.INTERNET">
```

2. UDP 通信实现

UDP 有不提供数据报分组、组装和不能对数据包排序的缺点，也就是说，当报文发送之后，是无法得知其是否安全完整到达的。UDP 用来支持那些需要在计算机之间传输数据的网络应用，包括网络视频会议系统在内的众多的客户端 / 服务器模式的网络应用都需要使用 UDP 协议。UDP 协议的主要作用是将网络数据流压缩成数据报的形式。一个典型的数据报就是一个二进制的传输单位。

1）UDP 服务器端工作的主要步骤

步骤 1：调用 DatagramSocket(int port) 创建一个数据报套接字，并绑定到指定端口上。

步骤 2：调用 DatagramPacket(byte[] buf,int length) 建立一个字节数组以接收 UDP 包。

步骤 3：调用 DatagramSocket 类的 receive() 接收 UDP 包。

步骤 4：关闭数据报套接字。

示例代码如下所示：

```
    // 接收的字节大小，客户端发送的数据不能超过 MAX_UDP_DATAGRAM_LEN
    Byte[] lMsg=new byte[MAX_UDP_DATAGRAM_LEN];
    // 实例化一个 DatagramPacket 类
    DatagramPacket dp=new DatagramPacket(lMsg,lMsg.length);
    // 新建一个 DatagramSocket 类
    DatagramSocket ds=null;
    try{
        //UDP 服务器监听的端口
        ds=new DatagramSocket(UDP_SERVER_PORT);
```

```
            // 准备接收数据
            ds. Receive(dp);
        }catch(SocketException e){
            e.printStackTrace();
        }catch( IOException e ){
            e.printStackTrace();
        }finally{
    // 如果ds对象不为空，则关闭ds对象
    if( ds!=null){
        ds.close();
    }
    }
```

2）UDP 客户端工作的主要步骤

步骤 1：调用 DatagramSocket() 创建一个数据报套接字。

步骤 2：调用 DatagramPacket(byte[] buf,int offset,int length,InetAddress address, int port) 建立要发送的 UDP 包。

步骤 3：调用 DatagramSocket 类的 send() 发送 UDP 包。

步骤 4：关闭数据报套接字。

示例代码如下所示：

```
        // 定义需要发送的信息
        String udpMsg="hello world from UDP client"+UDP_SERVER_PORT;
        // 新建一个 DatagramSocket 对象
        DatagramSocket ds=null;
        try{
            // 初始化 DatagramSocket 对象
            ds=new DatagramSocket();
            // 初始化 InetAddress 对象
            InetAddress serverAddr=InetAddress.getByName("127.0.0.1");
            DatagramPacket dp;
            // 初始化 DatagramPacket 对象
            dp=new Datagram
            Packet(udpMsg.getBytes(),udpMsg.length(),serverAddr,UDP_
SERVER_PORT);
            // 发送
            ds.send(dp);
        }catch( SocketException e){
            e.printStackTrace();
        }catch(UnknowHostException e){
            e.printStackTrace();
        }catch(IOException e){
            e.printStackTrace();
        }catch(Exception e){
```

```
        e.printStackTrace();
    }finally{
        // 如果 DatagramSocket 已经实例化，则需要将其关闭
        if(ds!=null){
            ds.close();
        }
    }
```

思考练习

动手实践：结合本任务关于 TCP/IP、UDP 通信的实现步骤，编写以 TCP 为通信协议的配套客户端和服务端，完成通信测试。

任务7　实现
Android 网络编程
评价表

课程视频

任务8　实现
Android无线
监控

任务 8　实现 Android 无线监控

任务描述

利用嵌入式智能小车的云台摄像头，实现 Android 手机上无线监控功能。

相关知识

1. 无线监控

无线监控（Wireless Monitoring）是指利用无线电波来传输视频、声音、数据等信号的监控系统。无线监控技术已经在现代化小区、交通、运输、水利、航运、治安、消防等领域得到了广泛的应用。

嵌入式智能车型机器人上使用的云台摄像头，属于基于 Web 服务器摄像的简化版。基于 Web 服务器摄像是结合传统摄像机与网络技术产生的新一代摄像机，通过网络协议 HTTP、TCP/IP、UDP、SMTP、PPPoE、Dynamic　DNS、DNS Client、SNTP、BOOTP、DHCP、SNMP，只要将摄像机插在网线上（无须计算机），即可将影像通过网络传至地球另一端。在地球上任何一个角落，只要能上网，登录后台，输入账号和密码，就可以实现监控。

2012 年 Google 率先在发布会上发布此产品。Google 工作者从飞机跳伞进入发布会场期间，传输画面清晰、真实。传输速率在 320×240 分辨率下高达 30 FPS。

2. HTTP 和 UDP 网络协议

这里的云台摄像头主要应用 UDP 和 HTTP 网络协议。应用 UDP 网络协议实现获取当前摄像头 IP 地址的功能，其中服务器端口为 8600，发送命令 0x44,0x48,0x01,0x01。返回值为 DH..192.168.22.102..255.255.255.0...192.168.22.254.. 8.8.8.8… 类型。需要自己截取需要的 IP。

应用 HTTP 网络协议实现摄像头当前图片的获取和云台的控制。其中，获取当前图片的 URL 路径为 "http://"+IP+": 81/snapshot.cgi?loginuse=admin&loginp

as=888888"；控制云台移动的 URL 路径为 "http://"+IP+"：81/decoder_control.cgi?login
use=admin&loginpas=888888&" +"command="+command+"&onestep="+onestep+""。

两个路径中都含有 IP 参数，所以在程序中首先应用 UDP 得到摄像头 IP 地址。
在云台控制的路径中含有两个参数 command 和 onestep。查看摄像头说明文档得到
其参数值。Onestep=0 指明云台操作为单步最大操作，其中 1、2……指明云台操作
为 1 步、2 步……Command 的操作命令如表 3.8.1 所示。

表 3.8.1　Command 的操作命令

命令字	说明	命令字	说明
0	上	29	左右停
1	上停	30	设置预置位 1
2	下	31	通用预置位 1
3	下停	60	设置预置位 16
4	左	61	通用预置位 16
5	左停	90	左上
6	右	91	右下
7	右停	92	左下
25	居中	93	右下
26	上下	94	IO 输出高
27	下下停	95	IO 输出低
28	左右	255	测试电动机

任务实施

1. Android UI 设计

图 3.8.1 所示为无线监控演示案例 UI 界面，
布局相对简单，仅应用了 Button 和 ImageView
两个控件，且都是应用的线性布局，此处不再
详细叙述，可以直接查看程序源码。

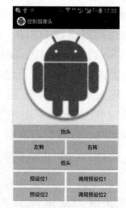

图 3.8.1　无线监控演示案例 UI 界面

```
<LinearLayout xmlns:android="http://
schemas.android.com/apk/res/android"
    android:layout_width="fill_parent"
    android:layout_height="fill_parent"
    android:orientation="vertical" >

<FrameLayout
    android:layout_width="match_parent"
```

```xml
        android:layout_height="match_parent"
        android:layout_weight="2" >

        <ImageView
            android:id="@+id/imageView"
            android:layout_width="match_parent"
            ndroid:layout_height="match_parent"
            android:src="@drawable/ic_launcher"/>
    </FrameLayout>

    <LinearLayout
        android:layout_width="match_parent"
        android:layout_height="match_parent"
        android:layout_weight="4" >

        <Button
            android:id="@+id/up"
            android:layout_width="match_parent"
            android:layout_height="match_parent"
            android:text="@string/up" />
    </LinearLayout>

    <LinearLayout
        android:layout_width="match_parent"
        android:layout_height="match_parent"
        android:layout_weight="4" >

        <Button
            android:id="@+id/left"
            android:layout_width="match_parent"
            android:layout_height="match_parent"
            android:layout_weight="1"
            android:text="@string/left" />

        <Button
            android:id="@+id/right"
            android:layout_width="match_parent"
            android:layout_height="match_parent"
            android:layout_weight="1"
            android:text="@string/right" />
    </LinearLayout>
```

```xml
<LinearLayout
    android:layout_width="match_parent"
    android:layout_height="match_parent"
    android:layout_weight="4" >

    <Button
        android:id="@+id/down"
        android:layout_width="match_parent"
        android:layout_height="match_parent"
        android:layout_weight="1"
        android:text="@string/down" />
</LinearLayout>

<LinearLayout
    android:layout_width="match_parent"
    android:layout_height="match_parent"
    android:layout_weight="4" >

    <Button
        android:id="@+id/set1"
        android:layout_width="match_parent"
        android:layout_height="match_parent"
        android:layout_weight="1"
        android:text="@string/set1" />

    <Button
        android:id="@+id/call1"
        android:layout_width="match_parent"
        android:layout_height="match_parent"
        android:layout_weight="1"
        android:text="@string/call1" />
</LinearLayout>

<LinearLayout
    android:layout_width="match_parent"
    android:layout_height="match_parent"
    android:layout_weight="4" >

    <Button
        android:id="@+id/set2"
        android:layout_width="match_parent"
        android:layout_height="match_parent"
```

```
            android:layout_weight="1"
            android:text="@string/set2" />

        <Button
            android:id="@+id/call2"
            android:layout_width="match_parent"
            android:layout_height="match_parent"
            android:layout_weight="1"
            android:text="@string/call2" />
    </LinearLayout>
</LinearLayout>
```

2. Android 功能实现

（1）在进行无线监控时，首先在 AndroidManifest.xml 文件中添加上网权限：

```
<uses-permission android:name="android.permission.INTERNET"/>
```

（2）编写 UDP 工具类，实现摄像头 IP 地址的搜索，功能代码如下所示：

```java
public class UDPClient {
    private String IP=null;
    private String TAG="UDPClient";
    private final int PORT=3565;
    private final int SERVER_PORT=8600;
    private byte[] mbyte={ 0x44, 0x48, 0x01, 0x01 };
    private DatagramSocket dSocket=null;
    private byte[] msg=new byte[1024];

    /**
    * 发送信息到服务器
    */
    public String send() {
        InetAddress local = null;
        try {
            local=InetAddress.getByName("255,255,255,255");
            Log.e(TAG, "已找到服务器，连接中 ...");
        } catch (UnknownHostException e) {
            Log.e(TAG, "未找到服务器 .");
            e.printStackTrace();
        }
        try {
            If(dSocket!=null) {
                dSocket.close();
                dSocket=null;
            }
```

实操视频

实现Android 无线
监控

```
                              // 注意此处要先在配置文件里设置权限，否则会抛出权限不足的异常
                              dSocket=new DatagramSocket(PORT);
                              Log.e(TAG," 正在连接服务器 ...");
                     } catch (SocketException e) {
                              e.printStackTrace();
                              Log.e(TAG," 服务器连接失败 .");
                     }

              DatagramPacket sendPacket=new DatagramPacket(mbyte, 4, local
                     SERVER_PORT);
              DatagramPacket recPacket=new DatagramPacket(msg, msg.length);
              try {
                     dSocket.send(sendPacket);
                     dSocket.receive(recPacket);
                     String text=new String(msg, 0, recPacket.getLength());
                     // Log.d("Udp tutorial","msg:" + text.substring(0,
2).equals("DH"));
                          if(text.substring(0, 2).equals("DH"))
                              getIP(text);
                          Log.e("IP值 ", IP);
                          dSocket.close();
                          Log.e(TAG, " 消息发送成功 !");
                     } catch (IOException e) {
                          e.printStackTrace();
                          Log.e(TAG, " 消息发送失败 .");
                     }
              return IP;
       }

       private void getIP(String text) {
              try {
                     byte[] ipbyte=text.getBytes("UTF-8");
                     for(int i=4; i<22; i++) {
                          if(ipbyte[i]!=0) {
                              if(ipbyte[i]==46)
                                   IP+=".";
                              else
                                   IP+=(ipbyte[i]-48);
                          } else
                              break;
                     }
```

```
        } catch(UnsupportedEncodingException e) {
            // 自动生成的捕获块
            e.printStackTrace();
        }
    }
}
```

（3）在 Activity 类中编写的布局功能代码，即图片获取和云台控制。功能代码如下：

```
public class HttpControlActivity extends Activity {
    private ImageView image=null;
    private Button up=null;
    private Button down=null;
    private Button left=null;
    private Button right=null;
    private Button set1=null;
    private Button set2=null;
    private Button call1=null;
    private Button call2=null;
    private myOnclick e=null;
    // 更新 UI 中的图片
    private Handler phtoHandler=new Handler(){
        public void handleMessage(android.os.Message msg) {
            if(msg.what==100)
            image.setImageBitmap(bitmap);
        };
    };
    //Activity 的创建周期
    @Override
    public void onCreate(Bundle savedInstanceState) {
        super.onCreate(savedInstanceState);
        setContentView(R.layout.activity_http_control);
        init();
        search();
        getThread.start();
    }
    // 控件的绑定和监听方法
    private void init(){
        image=(ImageView) findViewById(R.id.imageView);
        up=(Button) findViewById(R.id.up);
        down=(Button) findViewById(R.id.down);
        left=(Button) findViewById(R.id.left);
        right=(Button) findViewById(R.id.right);
```

学习笔记

```java
        set1=(Button) findViewById(R.id.set1);
        set2=(Button) findViewById(R.id.set2);
        call1=(Button) findViewById(R.id.call1);
        call2=(Button) findViewById(R.id.call2);
        e=new myOnclick();
        image.setOnClickListener(e);
        up.setOnClickListener(e);
        down.setOnClickListener(e);
        left.setOnClickListener(e);
        right.setOnClickListener(e);
        set1.setOnClickListener(e);
        set2.setOnClickListener(e);
        call1.setOnClickListener(e);
        call2.setOnClickListener(e);
    }
    // 监听类
    private int command=0;
    private int onestep=0;
    private class myOnclick implements OnClickListener{

        public void onClick(View v) {
            // 在此处写代码
            switch (v.getId()) {
            case R.id.up:
                command=0;
                onestep=1;
                break;
            case R.id.down:
                command=2;
                onestep=1;
                break;
            case R.id.left:
                command=4;
                onestep=1;
                break;
            case R.id.right:
                command=6;
                onestep=1;
                break;
            case R.id.call1:
                command=33;
                onestep=0;
```

```
                break;
            case R.id.set1:
                command=32;
                onestep=0;
                break;
            case R.id.set2:
                command=34;
                onestep=0;
                break;
            case R.id.call2:
                command=35;
                onestep=0;
                break;
            default:
                break;
        }
        // 控制摄像头
        httpUrl2="http://"+IP+"/decoder_control.cgi?loginuse
=admin&loginpas=888888&" +"command="+command+"&onestep="+onestep+"";
        get_flag=true;
    }
}
// 控制云台命令发送
private boolean get_flag=false;
private Thread getThread=new Thread(new Runnable() {

    public void run() {
        // 在此处写代码
        while(true){
            if(get_flag){
                getHttp();
                get_flag=false;
            }
        }
    }
});
// 搜索摄像头 IP 和开启图片获取
private int SEARCH_TIME=3000;
private ProgressDialog progressDialog=null;
private String IP=null;
private UDPClient udpClient=null;
private void search(){
```

```java
        progressDialog=new ProgressDialog(this);
        progressDialog.setProgressStyle(ProgressDialog.STYLE_SPINNER);
        progressDialog.setMessage(getString(R.string.search));
        progressDialog.show();
        myThread.start();
        myHandler.sendEmptyMessageDelayed(10,SEARCH_TIME);
    }
    // 图片的实时获取
    private String httpUrl1=null;
    private String httpUrl2=null;
    private boolean flag=false;
    private Handler myHandler=new Handler(){
        public void handleMessage(android.os.Message msg) {
            if(msg.what==10)
            // 得到摄像头图片
            httpUrl1="http://"+IP+"/snapshot.cgi?loginuse=admin&loginpas=888888";
            flag=true;
            phThread.start();
            progressDialog.dismiss();
            };
    };
    // 摄像头 IP 搜索线程
    private Thread myThread=new Thread(new Runnable() {

        public void run() {
        // 在此处写代码
        while(true){
            udpClient=new UDPClient();
            IP=udpClient.send();
            if(!IP.equals("")&&IP!=null)
                break;
            else{
                try {
                    Thread.sleep(500);
                } catch (InterruptedException e) {
                    // 自动生成的捕获块
                    e.printStackTrace();
                }
            }
        }
        IP=IP+":81";
    }
```

```
        });
        // 图片实时申请线程
        private Thread phThread=new Thread(new Runnable() {

            public void run() {
                // 在此处写代码
                while(flag){
                    httpForImage();
                    phtoHandler.sendEmptyMessage(100);
                }
            }
        });
        // 图片申请HTTP通信方法
        private Bitmap bitmap=null;
        private void httpForImage() {
            URL imageUrl=null;
            try {
                imageUrl=new URL(httpUrl1);
            } catch (MalformedURLException e) {
                e.printStackTrace();
            }
            if(imageUrl!=null) {
                try {
                    HttpURLConnection httpURLConnection=(HttpURL
Connection) imageUrl.openConnection();
                    httpURLConnection.setDoInput(true);
                    httpURLConnection.connect();
                    InputStream in=httpURLConnection.getInputStream();
                    bitmap=BitmapFactory.decodeStream(in);
                    in.close();
                    httpURLConnection.disconnect();
                } catch (IOException e) {
                    e.printStackTrace();
                }
            }
        }
        // 云台控制HTTP通信方法
        private void getHttp() {
            URL getUrl=null;
            try {
            getUrl=new URL(httpUrl2);
            } catch (MalformedURLException e) {
```

```
                    //TODO Auto-generated catch block
                    e.printStackTrace();
                }
                try {
                HttpURLConnection urlConnection=(HttpURLConnection) getUrl.
openConnection();
                    urlConnection.connect();
                    @SuppressWarnings("unused")
                    InputStream in=urlConnection.getInputStream();
                    urlConnection.disconnect();
                } catch (IOException e) {
                    e.printStackTrace();
                }
            }
```

上述功能代码的核心即为通过 HTTP 网络协议与同一局域网中摄像头通信的操作。需要注意的是，在 Android 4.0 以后，访问网络的操作需要单独开启子线程，不能在主线程中访问。在子线程中不能对 UI 做更新，需要应用 Handler 中间类实现对 UI 的更新。

思考练习

动手实践：编写无线监控代替手机摄像头的功能代码，实现动态扫描二维码。

任务8 实现
Android 无线监控
评价表

课程视频

任务9 实现
Android 控制小车
基本功能

任务 9　实现 Android 控制小车基础功能

任务描述

根据嵌入式智能小车硬件平台，利用 Wi-Fi 方式，开发 Android 的 Wi-Fi 和 Socket 通信，实现小车电机驱动、循迹驱动，红外发射驱动，控制嵌入式智能小车实现功能。

相关知识

前面介绍了 Android 基本网络技术通信协议的 Socket 套接字的 TCP 协议和 STM32 的串口通信案例，那么如何实现 Android 手机无线控制嵌入式智能车型机器人呢？

1. Wi-Fi 基础

Wi-Fi（Wireless Fidelity）又称 802.11b 标准，是 IEEE 定义的无线网络通信的工业标准。该技术使用的是 2.4 GHz 附近的频段。

（1）Wi-Fi 主要特性如下：

● 速度快，最高带宽为 11 Mbit/s。

● 可靠性高，在信号较弱或有干扰的情况下，带宽可自动调整为 5.5 Mbit/s、2 Mbit/s 或 1 Mbit/s，有效地保障了网络的稳定性和可靠性。

● 距离较远，在开放性区域，通信距离可达 305 m，在封闭性区域，通信距离为 100 m 左右。

● 方便与现有的有线以太网络整合，组网的成本更低。

（2）在 Android 中，Wi-Fi 模块自下向上可以分为 5 层：硬件驱动程序、wpa_supplicant、JNI、Wi-Fi API、Wi-Fi Settings 应用程序。

wpa_supplication 是一个开源库，是 Android 为实现 Wi-Fi 功能的基础。它从上层接到命令后，通过 Socket 与硬件驱动进行通信，操作硬件完成需要的操作。

JNI 实现了 Java 代码与其他代码的交互，使得在 Java 虚拟机中运行的 Java 代码能够与其他语言编写的应用程序和库进行交互。在 Android 中，JNI 可以让 Java 程序调用 C 程序。

Wi-Fi API 使引用程序可以使用 Wi-Fi 功能。

Wi-Fi Settings 应用程序是 Android 中自带的一个应用程序，选择手机的 Settings → Wireless&networks → Wi-Fi，可以手动打开或关闭 Wi-Fi 功能。Wi-Fi 功能打开后，它会自动搜索周围的无线网络，并以列表的形式显示，供用户选择。默认会连接用户上一次成功连接的无线网络。

嵌入式车型机器人与 Android 移动终端通过 Wi-Fi 连接，连接成功后，需要在 Android 应用程序中对 Wi-Fi 进行管理，获得远端设备 IP 地址，以供建立 Socket 通信时使用。

（3）在 Android 中，主要使用 wifiManager 类管理 Wi-Fi 连接。其中定义了如下所述的一些常用方法：

● getConfiguredNetWorks()：该方法用于客户端获取网络连接的状态。

● getConnectionInfo()：该方法用于获取当前连接的信息。

● getDhcpInfo()：该方法用于获取 DHCP 的信息。

● getScanResulats()：该方法用于获取扫描测试的结果。

● getWifiState()：该方法用于获取一个 Wi-Fi 接入点是否有效。

● isWifiEnabled()：该方法用于判断一个 Wi-Fi 连接是否有效。

● pingSupplicant()：该方法用于查看客户后台程序是否有响应请求。

● ressociate()：该方法用于重连到接入点，即使已经连接上了。

● reconnect()：该方法用于在没有 Wi-Fi 连接的情况下重新连接。

● removeNetwork(int netId)：该方法用于移除某一个特定网络。

● saveConfiguration()：该方法用于保留一个配置信息。

● setWifiEnabled(boolean enabled)：该方法用于让一个连接生效或失效。

● startScan()：该方法用于开始扫描。

● updateNetwork(WifiConfiguration config)：该方法用于更新一个网络连接的信息。

需要指出的是，Wi-Fi 网卡的状态是由一系列整型常量来表示的。

● WIFI_STATE_DISABLED：Wi-Fi 网卡不可用，用整型常量 1 表示。

- WIFI_STATE_DISABLING：Wi-Fi 网卡正在关闭，用整型常量 0 表示。
- WIFI_STATE_ENABLED：Wi-Fi 网卡可用，用整型常量 3 表示。
- WIFI_STATE_UNKNOW：未知网卡状态，用整型常量 4 表示。

此外，wifiManager 还提供了一个子类 wifiManagerLock。wifiManagerLock 的作用如下：在普通的状态下，如果 Wi-Fi 的状态处于闲置，那么网络将会暂时中断；如果把当前的网络状态锁上，那么 Wi-Fi 连通将会保持在一定状态，在结束锁定之后，才会恢复常态。

2. Wi-Fi 转串口通信

嵌入式车型机器人与 Android 智能移动终端是通过核心板上的 Wi-Fi 模块进行连接的。图 3.9.1 所示为 Wi-Fi 转串口模块电路原理图。

从 Wi-Fi 转串口模块电路原理图中可以看出，Wi-Fi 与 STM32 之间是通过串口进行通信的。其中，Wi-Fi 转串口模块的 UART_TX 与 STM32 的 GPIOA10 连接，UART_RX 与 STM32 的 GPIOA9 连接。串口通信详细介绍可参考前述相关介绍或查阅相关资料。

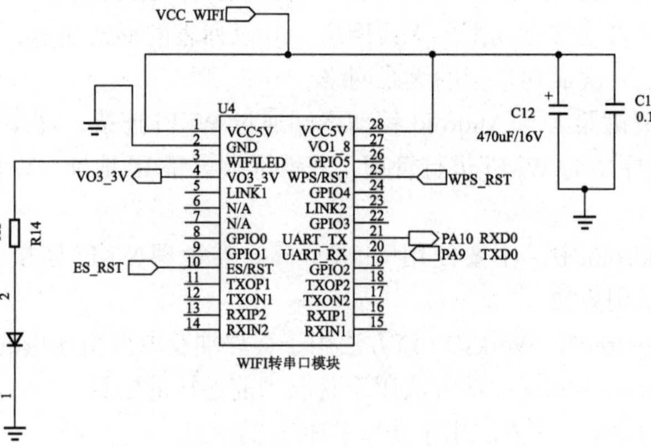

图 3.9.1　Wi-Fi 转串口模块电路原理图

3. 准备电机驱动

如果想要嵌入式智能车型机器人行进，那么就要编写电动机驱动。嵌入式车型机器人电动机的驱动芯片是 L298N，该芯片内部是 H 桥电路，可以控制嵌入式车型机器人电动机的正反转。嵌入式车型机器人的 PWM 驱动是控制转向的必要条件，同时还可通过 PWM 控制小车的速度。硬件资源连接请参考前述核心板与驱动板连接。

建立项目工程后，需要将 sys 文件夹、uart 文件夹、delay 文件夹导入项目中。

下面通过代码具体讲解电动机驱动程序是怎么编写的。

（1）在 HARDWARE 文件夹下创建文件夹 DJQD，在 DJQD 文件夹下创建文件 djqd.h。该接口文件的具体代码如下：

```
#ifndef _ _DJQD_H
#define _ _DJQD_H
#include "sys.h"
```

```
// 电动机驱动端口定义
#define LEFT111 PEout(9)                      //PE9
#define RIGHT112 PEout(10)                    //PE10
#define LEFT112 PEout(11)                     //PE11
#define RIGHT111 PEout(12)                    //PE12
#define LEFT_PWM_Value  TIM1->CCR1
#define RIGHT_PWM_Value TIM1->CCR3
// 停车
#define STOP LEFT_PWM_Value=35530;RIGHT_PWM_Value=35530;LEFT111
=0;LEFT112=0;RIGHT
112=0;RIGHT111=0;
void DJ_Init(void);                           // 电动机初始化
void PWM_Init(u32 frequency,u16 psc);         //PWM 初始化
void Control(int L_Spend,int R_Spend);        // 电动机速度控制
#endif
```

（2）在 DJQD 文件夹下创建文件 djqd.c。具体代码如下：

```
#include <stm32f10x_lib.h>
#include "djqd.h"


/************************************************************
** 函数名：DJ_Init
** 函数描述：电动机初始化              返回值：无
*************************************************************/
void DJ_Init(void)
{
    GPIOE->CRH&=0XFF000000;
    GPIOE->CRH|=0X00333333;    //PE8/PE9/PE10/PE11/PE12/PE13 推挽输出
    GPIOE->ODR|=0X0000;
    LEFT111=1;
    LEFT112=1;
    RIGHT112=1;
    RIGHT111=1;
}


/************************************************************
** 函数名：PWM_Init
** 函数描述：PWM 初始化                返回值：无
** 输入参数：
**                      frequency  -  自动重装值
**                      psc        -  时钟预分频数
*************************************************************/
```

学习笔记

```
void PWM_Init(u32 frequency,u16 psc)
{
    u32 OCLK=72000000;
    // 此部分需手动修改 IO 口设置
    RCC->APB2ENR|=1<<11;        //TIM1 时钟使能
    GPIOE->CRH&=0XFF0FFFF0;     //PE8、PE13 输出
    GPIOE->CRH|=0X00B0000B;     // 复用功能输出
    AFIO->MAPR&=0XFFFFFF3F;     // 清除 MAPR 的 [7:6]
    AFIO->MAPR|=1<<7;           // 完全重映像 ,TIM1_CH1N->PE8
    AFIO->MAPR|=1<<6;           // 完全重映像 ,TIM1_CH3->PE13
    TIM1->ARR=OCLK/frequency;   // 设定计数器自动重装值
    TIM1->PSC=psc;              // 预分频器不分频
    TIM1->CCMR2|=6<<4;          //CH3 PWM2 模式
    TIM1->CCMR2|=1<<3;          //CH2 预装载使能
    TIM1->CCMR1|=6<<4;          //CH1 PWM2 模式
    TIM1->CCMR1|=1<<3;          //CH1 预装载使能
    TIM1->CR1|=1<<7;            //ARPE 使能自动重装载预装载允许位
    TIM1->CR1|=1<<4;            // 向下计数模式
    TIM1->CCER|=3<<8;           //OC3  输出使能
    TIM1->CCER|=3<<2;           //OC1N  输出使能
    TIM1->EGR  |=1<<0;  // 初始化所有的寄存器
    TIM1->CR1|=1<<0;            // 使能定时器 1
}
/**************************************************************
** 函数名: Control
** 函数描述: 电动机控制                    返回值: 无
** 输入参数:
**          L_Spend  - 电动机左轮速度
**          R_Spend  - 电动机右轮速度
**************************************************************/
void Control(int L_Spend,int R_Spend)
{
    STOP
    // 限制速度参数
    if(L_Spend>=0)
    {
        if(L_Spend>100)
            L_Spend=100;
        if(L_Spend<5)
            L_Spend=5;
        LEFT111=0;
        LEFT112=1;
```

```
            // 左轮正转计算公式
            LEFT_PWM_Value=L_Spend*600;
    }
    else
    {
            // 限制速度参数
            if(L_Spend<-80)
                L_Spend=-80;
            if(L_Spend>-5)
                L_Spend=-5;
            LEFT111=1;
            LEFT112=0;
            // 左轮反转计算公式
            LEFT_PWM_Value=L_Spend*600;
    }
    if(R_Spend>=0)
    {
            // 限制速度参数
            if(R_Spend>100)
                R_Spend=100;
            if(R_Spend<5)
                R_Spend=5;
            RIGHT112=0;
            RIGHT111=1;
            // 右轮正转计算公式
            RIGHT_PWM_Value=R_Spend*600;
    }
    else
    {
            // 限制速度参数
            if(R_Spend<-80)
                R_Spend=-80;
            if(R_Spend>-5)
                R_Spend=-5;
            RIGHT112=1;
            RIGHT111=0;
            // 右轮反转计算公式
            RIGHT_PWM_Value=R_Spend*600;
    }
    // 开启 OC 和 OCN 输出
    TIM1->BDTR|=1<<15;
}
```

4. 准备循迹驱动

嵌入式车型机器人的一个重要功能就是循迹。在为其准备的专用地图上，有白底黑线的跑道，黑线的宽度大概为 3 cm。在嵌入式车型机器人循迹板上有 8 个光电对管，当光电对管照到黑白的跑道上面，会输出不同的电平，一般就是高低电平。当照到黑线时输出低电平，照到白线时输出高电平，从而可以识别路线。循迹板上有 8 个指示灯，分别对应 8 个光电对管，当光电对管在黑线上时，对应的指示灯亮。

注意：由于光电传感器的灵敏度和高度不一样，环境光照强度也不一样，所以可通过适当调节传感器上响应的电位器，使其能够在黑线上输出低电平，白线上输出高电平。关于硬件资源连接，可参考前述内容。

建立项目工程后，需要将 sys 文件夹、uart 文件夹、delay 文件夹导入项目中。下面通过代码具体讲解循迹驱动的实现。

（1）在 HARDWARE 文件夹下创建文件夹 XJ，在 XJ 文件夹下创建文件 xj.h。该接口文件的具体代码如下：

```
#ifndef _ _XJ_H
#define _ _XJ_H
#include "sys.h"
#include "djqd.h"
#include "test.h"

extern u8 gd;
void XJ_Init(void);                   // 初始化
void Track(void);                     // 循迹函数

#endif
```

（2）在 XJ 文件夹下创建文件 xj.c。具体代码如下：

```
#include <stm32f10x_lib.h>
#include "usart.h"
#include "xj.h"
#include "djqd.h"
#include "test.h"
u8 gd;

/*********************************************************
** 函数名: XJ_Init
** 函数描述: 循迹初始化                    返回值: 无
*********************************************************/
void XJ_Init()
{
    GPIOA->CRL&=0X00000000;
```

学习笔记

```
    GPIOA->CRL|=0X88888888;  //PA0.PA1.PA2.PA3.PA4.PA5.PA6.PA7 设置成输入
    GPIOA->ODR|=0X00FF;   //PA0.PA1.PA2.PA3.PA4.PA5.PA6.PA7 上拉
}
/*************************************************************
** 函数名: Track
** 函数描述: 循迹函数                      返回值: 无
*************************************************************/
void Track(void)
{
    gd=GPIOA->IDR&0Xff;
    if((gd==0)||(gd==0xff))
    {
        STOP
        Track_Flag=0;
        Stop_Flag=1;
    }
    else
    {
        Stop_Flag=0;
        //1.中间 3/4 传感器检测到黑线，全速运行
        if(gd==0XE7||gd==0XF7||gd==0XEF)
        {
            LSpeed=Car_Spend;
            RSpeed=Car_Spend;
        }
        if(Line_Flag!=2)
        {
            //2.中间 4、3 传感器检测到黑线，微右拐
            if(gd==0XF3||gd==0XFB)
            {
                LSpeed=Car_Spend+10;
                RSpeed=-LSpeed;
                Line_Flag=0;
            }
            //3.中间 3、2 传感器检测到黑线，再微右拐
            if(gd==0XF9||gd==0XFD)
            {
                LSpeed=Car_Spend+20;
                RSpeed=-LSpeed;
                Line_Flag=0;
            }
            //4.中间 2、1 传感器检测到黑线，强右拐
```

```
            if(gd==0XFC)
            {
                LSpeed=Car_Spend+30;
                RSpeed=-LSpeed;
                Line_Flag=0;
            }
            //5.最右边1传感器检测到黑线，再强右拐
            if(gd==0XFE)
            {
                LSpeed=Car_Spend+40;
                RSpeed=-LSpeed;
                Line_Flag=1;
            }
        }
        if(Line_Flag!=1)
        {
            //6.中间6、5传感器检测到黑线，微左拐
            if(gd==0XCF)
            {
                RSpeed=Car_Spend+10;
                LSpeed=-RSpeed;
                Line_Flag=0;
            }
            //7.中间7、6传感器检测到黑线，再微左拐
            if(gd==0X9F||gd==0XDF)
            {
                RSpeed=Car_Spend+20;
                LSpeed=-RSpeed;
                Line_Flag=0;
            }
            //8.中间8、7传感器检测到黑线，强左拐
            if(gd==0X3F||gd==0XBF)
            {
                RSpeed=Car_Spend+30;
                LSpeed=-RSpeed;
                Line_Flag=0;
            }
            //9.最左8传感器检测到黑线，再强左拐
            if(gd==0X7F)
            {
                RSpeed=Car_Spend+40;
                LSpeed=-RSpeed;
```

```
            Line_Flag=2;
        }
    }
if(gd==0xFF)
{
    if(Line_Flag==0)
    {
        if(count++>1000)
        {
            count=0;
            STOP
            Track_Flag=0;
            Stop_Flag=4;
        }
    }
    if(Line_Flag==1)
    {
        LSpeed=Car_Spend+40;
        RSpeed=-LSpeed;
    }
    if(Line_Flag==2)
    {
        RSpeed=Car_Spend+40;
        LSpeed=-RSpeed;
    }
}
else    count=0;
if(!Track_Flag==0)
{
    Control(LSpeed,RSpeed);
}
    }
}
```

5. 准备红外驱动

红外线属于一种电磁射线，其特性等同于无线电或 X 射线。人眼可见的光波是 380 ～ 780 nm，发射波长为 780 nm ～ 1 mm 的长射线称为红外线。尽管肉眼看不到，但利用红外线发送和接收装置却可以发送和接收红外线信号，实施红外线通信。利用红外线通信无须连线，只需将两设备的红外线装置对正即可。红外线通信方向性很强，适用于近距离的无线传输。

嵌入式车型机器人可通过任务板上的红外发射头发射红外控制码，已具有控制红外报警器、调节光照强度、控制电子相框翻页和控制隧道风扇的功能。硬件资源连接可参考前述相关内容。

建立项目工程后，需要将 sys 文件夹、uart 文件夹、delay 文件夹导入项目中。

下面介绍红外发射驱动的代码实现。

（1）在 HARDWARE 文件夹下创建文件夹 HW，在 HW 文件夹下创建文件 hw.h。该接口文件的具体代码如下：

```
#ifndef _ _HW_H
#define _ _HW_H
#include "sys.h"
#define RI_TXD PEout(1)  //PE1

void HW_Init(void);
void Transmition(u8 *s,int n);

#endif
```

（2）在 HW 文件夹下创建文件 hw.c。具体代码如下：

```
#include <stm32f10x_lib.h>
#include "delay.h"
#include "hw.h"


/**********************************************************
** 函数名: HW_Init
** 函数描述: 红外初始化                      返回值: 无
**********************************************************/
void HW_Init()
{
    GPIOE->CRL&=0XFFFFFF0F;
    GPIOE->CRL|=0X00000030;              //PE1 推挽输出
    GPIOE->ODR|=0X0002;                  //PE1 输出高
    RI_TXD=1;
}


/**********************************************************
** 函数名: Transmition
** 函数描述: 红外发射子程序                  返回值: 无
** 输入参数:
**                                  *s -  指向要发送的数据
**                                   n -  数据长度
**********************************************************/
void Transmition(u8 *s,int n)
{
    u8 i,j,temp;
```

```
    RI_TXD=0;
    delay_ms(9);
    RI_TXD=1;
    delay_ms(4);
    delay_us(560);
    for(i=0;i<n;i++)
    {
        for(j=0;j<8;j++)
        {
        temp=(s[i]>>j)&0x01;
        if(temp==0)                    // 发射 0
          {
              RI_TXD=0;
              delay_us(560);  // 延时 0.56 ms
              RI_TXD=1;
              delay_us(560);  // 延时 0.56 ms
          }
        1 if(temp==1)                  // 发射 1
          {
              RI_TXD=0;
              delay_us(560);  // 延时 0.56 ms
              RI_TXD=1;
              delay_ms(1);
              delay_us(690);  // 延时 1.69 ms
          }
        }
    }
    RI_TXD=0;                          // 结束
    delay_us(560);                     // 延时 0.56 ms
    RI_TXD=1;                          // 关闭红外发射
}
```

任务实施

1. 主要业务逻辑

前述驱动准备好以后，接下来在项目中创建一个 USER 文件夹，在该文件夹下创建文件 test.c，用于编写主要业务逻辑。具体代码如下：

```
#include <stm32f10x_lib.h>
#include "sys.h"
#include "usart.h"
#include "delay.h"
```

学习笔记

学习笔记

```c
#include "init.h"
#include "led.h"
#include "test.h"
#include "djqd.h"
#include "xj.h"
#include "hw.h"

#define  NUM  10                            // 定义接收数据长度

void IO_Init(void);                         //IO 初始化

//u8 mp;
u8 G_Tab[6];                                // 定义红外发射数组
u8 S_Tab[NUM];                              // 定义主返回数据数组

u8 Stop_Flag=0;                             // 状态标志位
u8 Track_Flag=0;                            // 循迹标志位
u8 G_Flag=0;                                // 前进标志位
u8 B_Flag=0;                                // 后退标志位
u8 L_Flag=0;                                // 左转标志位
u8 R_Flag=0;                                // 右转标志位

u16 CodedDisk=0;                            // 码盘值统计
u16 tempMP=0;                               // 接收码盘值
u16 MP;                                     // 控制码盘值
int Car_Spend = 70;                         // 小车速度默认值
int count = 0;                              // 计数
int LSpeed;                                 // 循迹左轮速度
int RSpeed;                                 // 循迹右轮速度
u8 Line_Flag=0;

unsigned Light=0;                           // 光照度

static u8 H_S[4]={0x80,0x7F,0x05, ~ (0x05)};   // 照片上翻
static u8 H_X[4]={0x80,0x7F,0x1B, ~ (0x1B)};   // 照片下翻

static u8 H_1[4]={0x00,0xFF,0x0C, ~ (0x0C)};   // 光源档位加1
static u8 H_2[4]={0x00,0xFF,0x18, ~ (0x18)};   // 光源档位加2
static u8 H_3[4]={0x00,0xFF,0x5E, ~ (0x5E)};   // 光源档位加3

static u8 H_SD[4]={0x00,0xFF,0x45, ~ (0x45)};  // 隧道风扇系统打开
```

```
static u8 HW_K[6]={0x03,0x05,0x14,0x45,0xDE,0x92};  // 报警器打开
static u8 HW_G[6]={0x67,0x34,0x78,0xA2,0xFD,0x27};  // 报警器关闭

static u8 CP_G1[6]={0xFF,0x12,0x01,0x00,0x00,0x00};
static u8 CP_G2[6]={0xFF,0x13,0x01,0x00,0x00,0x00};

int main(void)
{
    u8 i;
    Stm32_Clock_Init(9);              // 系统时钟设置
    delay_init(72);                   // 延时初始化
    uart1_init(72,115200);            // 串口初始化为 115200
    uart2_init(72,115200);            // 串口初始化为 115200
    IO_Init();                        //IO 初始化

    STOP();
    S_Tab[0]=0x55;
    S_Tab[1]=0xaa;
    while(1)
    {
        LED0=!LED0;                   // 程序状态

        if(flag1==1)                  // 接收到控制指令
            STOP();
            delay_us(5);
        if(USART1_RX_BUF[1]==0xAA)    // 主车控制
        {
            switch(USART1_RX_BUF[2])
            {
                case 0x01:            // 停止
                    Track_Flag=0;
                    MP=0;
                    Stop_Flag=0;
                    G_Flag=0;
                    B_Flag=0;
                    L_Flag=0;
                    R_Flag=0;
                    STOP();
                    break;
                case 0x02:            // 前进
                    MP=0;
                    G_Flag=1;
```

学习笔记

```
                Stop_Flag=0;
                tempMP=0;
                tempMP=USART1_RX_BUF[5];
                tempMP<<=8;
                tempMP|=USART1_RX_BUF[4];
                Car_Spend=USART1_RX_BUF[3];
                Control(Car_Spend,Car_Spend);
                break;
            case 0x03:              // 后退
                MP=0;
                B_Flag=1;
                Stop_Flag=0;
                tempMP=0;
                tempMP=USART1_RX_BUF[5];
                tempMP<<=8;
                tempMP+=USART1_RX_BUF[4];
                Car_Spend = USART1_RX_BUF[3];
                Control(-Car_Spend,-Car_Spend);
                break;
            case 0x04:              // 左转
                MP=0;
                L_Flag=1;
                Stop_Flag=0;
                Car_Spend = USART1_RX_BUF[3];
                Control(-Car_Spend,Car_Spend);
                break;
            case 0x05:              // 右转
                MP=0;
                R_Flag=1;
                Stop_Flag=0;
                Car_Spend=USART1_RX_BUF[3];
                Control(Car_Spend,-Car_Spend);
                break;
                case 0x06:          // 循迹
                Car_Spend = USART1_RX_BUF[3];
                Track_Flag=1;
                MP=0;
                break;
            case 0x07:                      // 码盘值清零
                CodedDisk=0;
                break;
            case 0x10:                      // 红外数据前3位
```

```
        G_Tab[0]=USART1_RX_BUF[3];
        G_Tab[1]=USART1_RX_BUF[4];
        G_Tab[2]=USART1_RX_BUF[5];
        break;
    case 0x11:                          // 红外数据后 3 位
        G_Tab[3]=USART1_RX_BUF[3];      // 数据第 4 位
        G_Tab[4]=USART1_RX_BUF[4];      // 低位校验码
        G_Tab[5]=USART1_RX_BUF[5];      // 高位校验码
        break;
    case 0x12:                          // 通知小车单片机发送红外线
        Track_Flag=0;
        MP=0;
        Stop_Flag=0;
        G_Flag=0;
        B_Flag=0;
        L_Flag=0;
        R_Flag=0;
        STOP();
        Transmition(G_Tab,6);
        break;
    case 0x20:                          // 转向灯控制
        if(USART1_RX_BUF[3])
            LED_L=0;
        else
            LED_L=1;
        if(USART1_RX_BUF[4])
            LED_R=0;
        else
            LED_R=1;
        break;
    case 0x30:                          // 蜂鸣器控制
        if(USART1_RX_BUF[3])
            BEEP=0;
        else
            BEEP=1;
        break;
        case 0x50:                      // 红外发射控制照片上翻
            Track_Flag=0;
            MP=0;
            Stop_Flag=0;
            G_Flag=0;
            B_Flag=0;
```

```
                    L_Flag=0;
                    R_Flag=0;
                    STOP();
                    Transmition(H_S,4);
                    break;
                case 0x51:                  // 红外发射控制照片下翻
                    Track_Flag=0;
                    MP=0;
                    Stop_Flag=0;
                    G_Flag=0;
                    B_Flag=0;
                    L_Flag=0;
                    R_Flag=0;
                    STOP();
                    Transmition(H_X,4);
                    break;
            // 红外发射控制光源强度档位加1
            case 0x61:
                    Track_Flag=0;
                    MP=0;
                    Stop_Flag=0;
                    G_Flag=0;
                    B_Flag=0;
                    L_Flag=0;
                    R_Flag=0;
                    STOP();
                    Transmition(H_1,4);
                    break;
            // 红外发射控制光源强度档位加2
            case 0x62:
                    Track_Flag=0;
                    MP=0;
                    Stop_Flag=0;
                    G_Flag=0;
                    B_Flag=0;
                    L_Flag=0;
                    R_Flag=0;
                    STOP();
                    Transmition(H_2,4);
                    break;
            // 红外发射控制光源强度档位加3
```

```
                case 0x63:
                    Track_Flag=0;
                    MP=0;
                    Stop_Flag=0;
                    G_Flag=0;
                    B_Flag=0;
                    L_Flag=0;
                    R_Flag=0;
                    STOP();
                    Transmition(H_3,4);
                    break;
                default:
                    Track_Flag=0;
                    MP=0;
                    Stop_Flag=0;
                    G_Flag=0;
                    B_Flag=0;
                    L_Flag=0;
                    R_Flag=0;
                    STOP();
                    break;
            }
            flag1=0;
        }
    }
}
```

　　该部分程序功能实现后，Android 智能移动端 App 程序可通过 Android 智能移动端控制嵌入式智能车型机器人前进、后退、左转、右转、循迹、红外发射等操作。

2. Android UI 设计

　　图 3.9.2 所示为 Android 智能移动终端的应用程序界面。
UI 界面的具体代码如下：

```
<LinearLayout xmlns:android="http://schemas.android.com/apk/res/android"
    android:layout_width="fill_parent"
    android:layout_height="fill_parent"
    android:orientation="vertical" >

    <LinearLayout
        android:layout_width="match_parent"
```

图 3.9.2　UI 界面

```
                android:layout_height="wrap_content"
                android:background="#000" >

        <TextView
            android:id="@+id/textView1"
            android:layout_width="match_parent"
            android:layout_height="match_parent"
            android:gravity="center"
            android:text="@string/title"
            android:textColor="#fff"
            android:textSize="30dp" />
    </LinearLayout>

    <LinearLayout
        android:layout_width="match_parent"
        android:layout_height="match_parent"
        android:layout_weight="2">

        <TextView
            android:id="@+id/show"
            android:layout_width="match_parent"
            android:layout_height="match_parent"
            android:textSize="20dp"/>
    </LinearLayout>
    <LinearLayout
        android:layout_width="match_parent"
        android:layout_height="match_parent"
        android:layout_weight="2">
    <LinearLayout
        android:layout_width="match_parent"
        android:layout_height="match_parent"
        android:layout_weight="4">

        <TextView
            android:layout_width="wrap_content"
            android:layout_height="match_parent"
            android:gravity="center"
            android:text=" 速度: "
            android:textSize="20dp"
            />
        <EditText
            android:id="@+id/speed"
```

```
                android:layout_width="match_parent"
                android:layout_height="match_parent"
                android:textSize="20dp"
                />
    </LinearLayout>
    <LinearLayout
        android:layout_width="match_parent"
        android:layout_height="match_parent"
        android:layout_weight="4">
        <TextView
            android:layout_width="wrap_content"
            android:layout_height="match_parent"
            android:gravity="center"
            android:text=" 码盘: "
            android:textSize="20dp"
            />
        <EditText
            android:id="@+id/encoder"
            android:layout_width="match_parent"
            android:layout_height="match_parent"
            android:textSize="20dp"
            />
    </LinearLayout>
    </LinearLayout>
    <LinearLayout
        android:layout_width="match_parent"
        android:layout_height="match_parent"
        android:layout_weight="2">

        <Button
            android:id="@+id/tracking"
            android:layout_width="match_parent"
            android:layout_height="match_parent"
            android:layout_weight="1"
            android:text="@string/tracking" />

    </LinearLayout>

    <LinearLayout
        android:layout_width="match_parent"
        android:layout_height="match_parent"
        android:layout_weight="2" >
```

```xml
        <Button
            android:id="@+id/go"
            android:layout_width="match_parent"
            android:layout_height="match_parent"
            android:text="@string/go" />

    </LinearLayout>

    <LinearLayout
        android:layout_width="match_parent"
        android:layout_height="match_parent"
        android:layout_weight="2">

        <Button
            android:id="@+id/left"
            android:layout_width="match_parent"
            android:layout_height="match_parent"
            android:layout_weight="1"
            android:text="@string/car_left" />

        <Button
            android:id="@+id/stop"
            android:layout_width="match_parent"
            android:layout_height="match_parent"
            android:layout_weight="1"
            android:text="@string/stop" />

        <Button
            android:id="@+id/right"
            android:layout_width="match_parent"
            android:layout_height="match_parent"
            android:layout_weight="1"
            android:text="@string/car_right" />
    </LinearLayout>

    <LinearLayout
        android:layout_width="match_parent"
        android:layout_height="match_parent"
        android:layout_weight="2" >

        <Button
```

```
            android:id="@+id/back"
            android:layout_width="match_parent"
            android:layout_height="match_parent"
            android:text="@string/hou" />
    </LinearLayout>

    <LinearLayout
        android:layout_width="match_parent"
        android:layout_height="match_parent"
        android:layout_weight="2" >

        <Button
            android:id="@+id/lamp"
            android:layout_width="match_parent"
            android:layout_height="match_parent"
            android:layout_weight="1"
            android:text="@string/lamp" />

        <Button
            android:id="@+id/infrared"
            android:layout_width="match_parent"
            android:layout_height="match_parent"
            android:layout_weight="1"
            android:text="@string/infrared" />

        <Button
            android:id="@+id/buzzer"
            android:layout_width="match_parent"
            android:layout_height="match_parent"
            android:layout_weight="1"
            android:text="@string/buzzer" />
    </LinearLayout>
</LinearLayout>
```

以上代码实现了 Android 智能移动终端上的 UI 界面显示。这里要注意，界面上显示的文字，部分是在 values 文件下的 strings.xml 文件中定义的。以下为 strings.xml 中的具体代码。

```
<resources>
    <string name="app_name">Control_Car_Command</string>
    <string name="menu_settings">Settings</string>
    <string name="title_activity_main"> 小车控制 </string>
    <!-- 小车控制界面 -->
```

```xml
        <string name="title_activity_car">小车控制 </string>
        <string name="title">小车控制 </string>
        <string name="wave">超声波 </string>
        <string name="light">光照强度 </string>
        <string name="save">显示数据 </string>
        <string name="tracking">循迹 </string>
        <string name="back">倒车 </string>
        <string name="speed">速度档 </string>
        <string name="go">前进 </string>
        <string name="hou">后退 </string>
        <string name="car_left">左转 </string>
        <string name="car_right">右转 </string>
        <string name="stop">停车 </string>
        <string name="infrared">红外 </string>
        <string name="lamp">双色灯 </string>
        <string name="buzzer">蜂鸣器 </string>
    </resources>
```

实操视频

实现 Android 控制小车基本功能

3. Android 功能实现

1）获取嵌入式车型机器人 IP 地址

嵌入式车型机器人与 Android 智能移动终端是通过 Wi-Fi 进行连接的。连接好以后，需要建立 Socket 通信。建立 Socket 通信的前提是获得嵌入式车型机器人的 IP 地址。以下为获取嵌入式车型机器人 IP 地址的代码段：

```java
// 获取 wifiManager 类对象
wifiManager=(WifiManager) getSystemService(Context.WIFI_SERVICE);
// 获取 DHCP 信息
dhcpInfo=wifiManager.getDhcpInfo();
// 通过 DHCP 的网关，获取嵌入式车型机器人 IP 地址
IP=Formatter.formatIpAddress(dhcpInfo.gateway);
```

2）Socket 通信

获得嵌入式车型机器人 IP 地址以后，就可以建立 Socket 通信，传输数据。首先，看一下 Socket 连接方法是如何实现的。具体代码如下：

```java
/**
* 方法名: connect
* 描述: 实现数据通信连接
* 参数:
*        context 上下文
*        IP      嵌入式车型机器人 IP 地址
*
*/
```

```
public void connect(Context context, String IP) {
    // 获取上下文
    this.context=context;
    try {
        // 获取 Socket 对象
        socket=new Socket(IP, port);
        // 获取字节输出流
        dataOutputStream=new DataOutputStream(socket.getOutputStream());
        // 获取字节输出流
        dataInputStream=new DataInputStream(socket.getInputStream());
    } catch (UnknownHostException e) {
        e.printStackTrace();
    } catch (IOException e) {
        e.printStackTrace();
    }
}
```

连接实现以后，就要通过 Socket 发送指令，下面介绍如何实现指令的发送。具体代码如下：

```
/**
* 方法名: connect
* 描述: 实现数据通信连接
* 参数: 无
*
*/
public void send() {
    try {
        // 定义指令字节数组
        byte[] sbyte={0x55,(byte) 0xAA,MAJOR,FIRST,SECOND,THRID};
        // 将指令字节数组写入字节输出流
        dataOutputStream.write(sbyte);
        // 刷新字节输出流
        dataOutputStream.flush();
    } catch (UnknownHostException e) {
        e.printStackTrace();
    } catch (IOException e) {
        e.printStackTrace();
    }
}
```

至此，socket 通信连接建立与通信已经完成。但是需要注意，Android 规定，在 Android 4.0 以后如果使用 Socket 通信，必须使用一个单独线程，以及添加 INTENT 权限。

下面介绍有关控制嵌入式车型机器人的完成代码。首先是 MainActivity.java：

```java
package com.bkrcl.control_car_command;

import java.io.IOException;
import android.app.Activity;
import android.app.AlertDialog;
import android.content.Context;
import android.content.DialogInterface;
import android.net.DhcpInfo;
import android.net.wifi.WifiManager;
import android.os.Bundle;
import android.os.Handler;
import android.os.Message;
import android.os.StrictMode;
import android.text.format.Formatter;
import android.util.Log;
import android.view.Menu;
import android.view.View;
import android.view.View.OnClickListener;
import android.widget.Button;
import android.widget.EditText;
import android.widget.TextView;
import android.widget.Toast;
import com.bkrcl.control_car_command.util.Client;

public class MainActivity extends Activity {
    // 声明前进、左转、右转、停止、循迹、后退、红外、指示灯、蜂鸣器按键对象
    private Button go,left,right,stop,tracking,back,infrared,lamp,buzzer;
    // 声明速度文本输入框对象
    private EditText speed=null;
    // 声明码盘文本输入框对象
    private EditText encoder=null;
    // 声明速度值变量、码盘值变量
    private int sp_n,en_n;
    // 声明点击事件对象
    private myOnclick e;
    // 声明 WiFiManager 类对象
    private WifiManager wifiManager;
    // 声明 DHCP 信息对象
    private DhcpInfo dhcpInfo;
    // 声明嵌入式车型机器人 IP 地址
    private String IP=null;
```

```
// 声明客户端类对象
private Client client;

// 生命周期回调方法
@Override
public void onCreate(Bundle savedInstanceState) {
    super.onCreate(savedInstanceState);
    setContentView(R.layout.activity_main);
    // 严苛模式, Android 4.0 以后主线程访问网络必须加上此段代码
    StrictMode.setThreadPolicy(new StrictMode.ThreadPolicy.Builder().
detectDiskReads().detectDiskWrites().detectNetwork().penaltyLog().build());
    StrictMode.setVmPolicy(new StrictMode.VmPolicy.Builder().
detectLeakedSqlLiteObjects().detectLeakedClosableObjects().
penaltyLog().penaltyDeath().build());
    // 获取 WiFiManager 类对象
    wifiManager=(WifiManager) getSystemService(Context.WIFI_
SERVICE);
    // 获取 DHCP 信息对象
    dhcpInfo=wifiManager.getDhcpInfo();
    // 获取嵌入式车型机器人 IP 地址
    IP=Formatter.formatIpAddress(dhcpInfo.gateway);
    // 初始化, 绑定 UI 控件
    init();
    // 创建客户端类对象
    client=new Client();
    // 调用 Client 类中的 connect 方法建立 Socket 通信连接
    client.connect(this,IP);
}

private void init(){
// 以下为绑定控件
show=(TextView) findViewById(R.id.show);
speed=(EditText) findViewById(R.id.speed);
encoder=(EditText) findViewById(R.id.encoder);
go=(Button) findViewById(R.id.go);
back=(Button) findViewById(R.id.back);
left=(Button) findViewById(R.id.left);
right=(Button) findViewById(R.id.right);
stop=(Button) findViewById(R.id.stop);
tracking=(Button) findViewById(R.id.tracking);
infrared=(Button)findViewById(R.id.infrared);
lamp=(Button) findViewById(R.id.lamp);
```

学习笔记

```java
        buzzer=(Button) findViewById(R.id.buzzer);
        // 以下为监听事件设置
        e=new myOnclick();
        go.setOnClickListener(e);
        left.setOnClickListener(e);
        right.setOnClickListener(e);
        stop.setOnClickListener(e);
        tracking.setOnClickListener(e);
        back.setOnClickListener(e);
        infrared.setOnClickListener(e);
        lamp.setOnClickListener(e);
        buzzer.setOnClickListener(e);
    }

    // 监听事件响应
    private class myOnclick implements OnClickListener{
    public void onClick(View v) {
        switch (v.getId()) {
            case R.id.go:                      // 前进
                sp_n=getSpeed();
                en_n=getEncoder();
                client.MAJOR=0x02;
                client.FIRST=(byte) (sp_n&0xFF);
                client.SECOND=(byte) (en_n&0xff);
                client.THRID=(byte) (en_n>>8);
                break;
            case R.id.back:                    // 后退
                sp_n=getSpeed();
                en_n=getEncoder();
                client.MAJOR=0x03;
                client.FIRST=(byte) (sp_n&0xFF);
                client.SECOND=(byte) (en_n&0xff);
                client.THRID=(byte) (en_n>>8);
                break;
            case R.id.left:                    // 左转
                sp_n=getSpeed();
                client.MAJOR=0x04;
                client.FIRST=(byte) (sp_n&0xFF);
                client.SECOND=0x00;
                client.THRID=0x00;
                break;
            case R.id.right:                   // 右转
```

```
        sp_n=getSpeed();
        client.MAJOR=0x05;
        client.FIRST=(byte) (sp_n&0xFF);
        client.SECOND=0x00;
        client.THRID=0x00;
        break;
    case R.id.stop:                  // 停止
        client.MAJOR=0x01;
        client.FIRST=0x00;
        client.SECOND=0x00;
        client.THRID=0x00;
        break;
    case R.id.tracking:              // 循迹
        sp_n=getSpeed();
        client.MAJOR=0x06;
        client.FIRST=(byte) (sp_n&0xFF);
        client.SECOND=0x00;
        client.THRID=0x00;
        break;
    case R.id.infrared:              // 红外
        client.MAJOR=0x10;
        client.FIRST=0x00;
        client.SECOND=0x00;
        client.THRID=0x00;
        break;
    case R.id.lamp:                  // 双色灯
        client.MAJOR=0x40;
        client.FIRST=0x01;
        client.SECOND=0x00;
        client.THRID=0x00;
        break;
    case R.id.buzzer:                // 蜂鸣器
        client.MAJOR=0x30;
        client.FIRST=0x01;
        client.SECOND=0x00;
        client.THRID=0x00;
        break;
    default:
        break;
    }
    // 指令发送
    client.send();
```

```
            }
        }
    // 获取输入的速度值
    private int getSpeed(){
            int car_speed=0;
            String sp=speed.getText().toString();
            if(sp==null||sp.equals("")){
                Toast.makeText(MainActivity.this," 不能为空 ",1).show();
            }
            else
                car_speed=Integer.parseInt(sp);
            return car_speed;
        }
    // 获取输入的码盘值
    private int getEncoder(){
            int car_encoder=0;
            String en=encoder.getText().toString();
            if(en==null||en.equals("")){
                Toast.makeText(MainActivity.this," 不能为空 ",1).show();
            }
            else
                car_encoder=Integer.parseInt(en);
            return car_encoder;
        }
    }
```

以下为 Client 类的详细代码：

```
package com.bkrcl.control_car_command.util;
import java.io.DataInputStream;
import java.io.DataOutputStream;
import java.io.IOException;
import java.net.Socket;
import java.net.UnknownHostException;
import java.util.Timer;
import java.util.TimerTask;
import android.content.Context;
import android.os.Handler;
import android.os.Message;

public class Client {
    private Context context;
    public byte MAJOR=0x00;
    public byte FIRST=0x00;
```

学习笔记

```java
public byte SECOND=0x00;
public byte THRID=0x00;
// 端口号 60000
private int port=60000;
private Socket socket=null;
private DataInputStream dataInputStream = null;
private DataOutputStream dataOutputStream = null;
//socket 连接方法
public void connect(Context context, String IP) {
    this.context=context;
    try {
        socket=new Socket(IP, port);
        dataOutputStream=new DataOutputStream(socket.getOutput
Stream());
        dataInputStream=new DataInputStream(socket.getInput
Stream());
    } catch (UnknownHostException e) {
        e.printStackTrace();
    } catch (IOException e) {
        e.printStackTrace();
    }
}


// 指令发送
public void send() {
    try {
        byte[] sbyte ={0x55,(byte) 0xAA,MAJOR,FIRST,SECOND,THRID};
        dataOutputStream.write(sbyte);
        dataOutputStream.flush();
    } catch (UnknownHostException e) {
        e.printStackTrace();
    } catch (IOException e) {
        e.printStackTrace();
    }
}
}
```

以上为 Android 智能移动端关于嵌入式车型机器人控制的完整代码。有关控制指令的通信协议，可参考附录 A。

思考练习

动手实践独立完成 Android 智能移动终端控制嵌入式车型机器人。

任务9 实现
Android 控制小车
基本功能评价表

任务 10 实现 Android 智能车型机器人全功能

任务描述

综合前面功能模块，编写全自动程序，满足以下要求：

（1）Android 应用程序，可完成手动控制嵌入式车型机器人。

（2）Android 应用程序，可完成自动控制嵌入式车型机器人。

相关知识

实现该任务，需要回顾或拓展以下相关知识：

● Android Wi-Fi 和 Socket 原理及设计。

● Android 线程原理及设计。

● Android 控制摄像头原理及设计。

● Android NFC 开发原理及设计。

● Android 二维码解析原理及设计。

● Android 颜色识别原理及设计。

编程实现以下控制功能：

（1）手动控制嵌入式车型机器人前进、后退、左转、右转、循迹。

（2）手动控制嵌入式车型机器人蜂鸣器。

（3）手动控制嵌入式车型机器人云台摄像头。

（4）实现传感器回传数据实时显示。

（5）实现二维码解析。

（6）实现颜色识别。

（7）实现文件存储及读取。

（8）实现全自动。

通信协议设计请参考附录 A。

任务实施

1. 全自动实现机制

要让嵌入式车型机器人自动完成全部规定动作，需要设置"永动"机制。以下为参考代码：

```
1.    while(true){
2.        switch(mark){
3.            case 0:
4.                mark=1;
5.                break;
6.            case 1:
```

```
7.                 mark=2;
8.                 break;
9.         }
10.     }
```

在循环语句中根据 mark 值的变化依次往下执行，只要 mark 值有满足的条件语句，小车即可以按规定的动作执行。

2. UI 界面设计

（1）主界面程序清单。

```
<LinearLayout xmlns:android="http://schemas.android.com/apk/
res/android"
    android:layout_width="fill_parent"
    android:layout_height="fill_parent"
    android:orientation="vertical" >

    <LinearLayout
        android:id="@+id/title_layout"
        android:layout_width="match_parent"
        android:layout_height="0dp"
        android:layout_weight="1" >

        <TextView
            android:layout_width="match_parent"
            android:layout_height="match_parent"
            android:gravity="center"
            android:text="@string/title"
            android:textSize="25dp" />
    </LinearLayout>

    <FrameLayout
        android:layout_width="match_parent"
        android:layout_height="0dp"
        android:layout_weight="2.5" >

        <ImageView
            android:id="@+id/showView"
            android:layout_width="match_parent"
            android:layout_height="match_parent"
            android:src="@drawable/ic_launcher" />

    </FrameLayout>
    <LinearLayout
        android:layout_width="match_parent"
```

```
            android:layout_height="0dp"
            android:layout_weight="0.5"
            >
        <EditText
            android:id="@+id/show"
            android:layout_width="match_parent"
            android:layout_height="match_parent"
            android:textSize="8dp"
            android:editable="false"
            />
    </LinearLayout>

    <LinearLayout
        android:id="@+id/control_layout"
        android:layout_width="match_parent"
        android:layout_height="0dp"
        android:orientation="vertical"
        android:layout_weight="4" >

        <LinearLayout
            android:id="@+id/input_layout"
            android:layout_width="match_parent"
            android:layout_height="wrap_content"
            android:layout_weight="1" >

            <TextView
                android:layout_width="0dp"
                android:layout_height="match_parent"
                android:layout_weight="1"
                android:gravity="center"
                android:text=" 速度: " />

            <EditText
                android:id="@+id/speedText"
                android:layout_width="0dp"
                android:layout_height="match_parent"
                android:layout_weight="2"
                android:inputType="number"
                android:text="40" />

            <TextView
                android:layout_width="0dp"
```

```
            android:layout_height="match_parent"
            android:layout_weight="1"
            android:gravity="center"
            android:text=" 码盘: " />

        <EditText
            android:id="@+id/encoderText"
            android:layout_width="0dp"
            android:layout_height="match_parent"
            android:layout_weight="2"
             android:inputType="number"
            android:text="40" />
    </LinearLayout>
    <LinearLayout
        android:id="@+id/action_layout1"
        android:layout_width="match_parent"
        android:layout_height="wrap_content"
        android:layout_weight="1">

<Button
    android:id="@+id/qrbtn"
    android:layout_width="0dp"
    android:layout_height="match_parent"
    android:layout_weight="1"
    android:text="@string/qrtbtn" />

        <ImageButton
            android:id="@+id/upbtn"
            android:layout_width="0dp"
            android:layout_height="match_parent"
            android:layout_weight="1"
            android:scaleType="fitXY"
            android:src="@drawable/up"
            />

        <Button
            android:id="@+id/trackbtn"
            android:layout_width="0dp"
            android:layout_height="match_parent"
            android:layout_weight="1"
            android:text="@string/trackbtn" />
```

```
        </LinearLayout>
        <LinearLayout
            android:id="@+id/action_layout2"
            android:layout_width="match_parent"
            android:layout_height="wrap_content"
            android:layout_weight="1">
            <ImageButton
                android:id="@+id/leftbtn"
                android:layout_width="0dp"
                android:layout_height="match_parent"
                android:layout_weight="1"
                android:scaleType="fitXY"
                android:src="@drawable/left"
                />
            <Button
                android:id="@+id/stopbtn"
                android:layout_width="0dp"
                android:layout_height="match_parent"
                android:layout_weight="1"
                android:text=" 停止 "
                android:textSize="20dp"
                />
            <ImageButton
                android:id="@+id/rightbtn"
                android:layout_width="0dp"
                android:layout_height="match_parent"
                android:layout_weight="1"
                android:scaleType="fitXY"
                android:src="@drawable/right"
                />
        </LinearLayout>
        <LinearLayout
            android:id="@+id/action_layout3"
            android:layout_width="match_parent"
            android:layout_height="wrap_content"
            android:layout_weight="1">

            <Button
                android:id="@+id/LEDbtn"
                android:layout_width="0dp"
                android:layout_height="match_parent"
                android:layout_weight="1"
```

```
        android:text="@string/ledbtn"
         />

    <ImageButton
        android:id="@+id/downbtn"
        android:layout_width="0dp"
        android:layout_height="match_parent"
        android:layout_weight="1"
        android:scaleType="fitXY"
        android:src="@drawable/down"
        />

    <Button
        android:id="@+id/zigbeebtn"
        android:layout_width="0dp"
        android:layout_height="match_parent"
        android:layout_weight="1"
        android:text="@string/zigbeebtn" />

</LinearLayout>
    <LinearLayout
    android:id="@+id/other_layout1"
    android:layout_width="match_parent"
    android:layout_height="wrap_content"
    android:layout_weight="1">
    <Button
        android:id="@+id/infrarebtn"
        android:layout_width="0dp"
        android:layout_height="match_parent"
        android:layout_weight="1"
        android:text="@string/infrared" />
    <Button
        android:id="@+id/buzzerbtn"
        android:layout_width="0dp"
        android:layout_height="match_parent"
        android:layout_weight="1"
        android:text="@string/buzzer" />
    <Button
        android:id="@+id/lightbtn"
        android:layout_width="0dp"
        android:layout_height="match_parent"
        android:layout_weight="1"
```

```
                                android:text="@string/light" />
                    </LinearLayout>
                </LinearLayout>

            </LinearLayout>
```

（2）结果显示界面程序清单。

```
<?xml version="1.0" encoding="utf-8"?>
<LinearLayout  xmlns:android="http://schemas.android.com/apk/res/
android"
        android:layout_width="match_parent"
        android:layout_height="match_parent"
        android:orientation="vertical" >
        <LinearLayout
            android:layout_width="match_parent"
            android:layout_height="wrap_content"
            >

    <TextView
            android:id="@+id/tv"
            android:layout_width="0dp"
            android:layout_height="match_parent"
            android:layout_weight="1"
            android:gravity="center"
            android:text="@string/digital_title" />

    <Spinner
            android:id="@+id/spinner"
            android:layout_width="0dp"
            android:layout_height="match_parent"
            android:layout_weight="2" />
    <EditText
            android:id="@+id/editText1"
             android:layout_width="0dp"
            android:layout_height="match_parent"
            android:layout_weight="1"
            android:inputType="number" >
            <requestFocus />
        </EditText>
    <EditText
            android:id="@+id/editText2"
            android:layout_width="0dp"
            android:layout_height="match_parent"
```

```
            android:layout_weight="1"
            android:inputType="number" >
            <requestFocus />
        </EditText>
        <EditText
            android:id="@+id/editText3"
            android:layout_width="0dp"
            android:layout_height="match_parent"
            android:layout_weight="1"
            android:ems="10"
            android:inputType="number" >
        <requestFocus />
        </EditText>
    </LinearLayout>
</LinearLayout>
```

（3）主程序清单。

```
package com.bkrcl.carvideo_control;

import java.util.HashMap;
import java.util.Map;
import java.util.Timer;
import java.util.TimerTask;
import android.app.Activity;
import android.app.AlertDialog;
import android.app.AlertDialog.Builder;
import android.content.BroadcastReceiver;
import android.content.Context;
import android.content.DialogInterface;
import android.content.Intent;
import android.content.IntentFilter;
import android.graphics.Bitmap;
import android.net.DhcpInfo;
import android.net.wifi.WifiManager;
import android.os.Bundle;
import android.os.Handler;
import android.os.Message;
import android.text.format.Formatter;
import android.view.LayoutInflater;
import android.view.MotionEvent;
import android.view.View;
import android.view.View.OnClickListener;
import android.view.View.OnTouchListener;
```

```java
import android.widget.AdapterView;
import android.widget.AdapterView.OnItemSelectedListener;
import android.widget.ArrayAdapter;
import android.widget.Button;
import android.widget.EditText;
import android.widget.ImageButton;
import android.widget.ImageView;
import android.widget.Spinner;
import android.widget.Toast;
import com.bkrcl.carvideo_control.service.SearchService;
import com.bkrcl.carvideo_control.socket.Client;
import com.bkrcl.carvideo_control.util.RGBLuminanceSource;
import com.bkrcl.control_car_video.camerautil.CameraCommandUtil;
import com.google.zxing.BinaryBitmap;
import com.google.zxing.ChecksumException;
import com.google.zxing.DecodeHintType;
import com.google.zxing.FormatException;
import com.google.zxing.NotFoundException;
import com.google.zxing.Result;
import com.google.zxing.common.HybridBinarizer;
import com.google.zxing.qrcode.QRCodeReader;

public class MainActivity extends Activity implements OnClickListener {
    // 前进、后退、左转和右转
    private ImageButton upbtn, downbtn, leftbtn, rightbtn;
    // 停止、循迹、指示灯、红外和蜂鸣器、zigbee、LED 灯、二维码、
    //private Button stopbtn, trackbtn, lightbtn, infrarebtn, buzzerbtn,
    //zigbeebtn, ledbtn,qrbtn;
    // 速度、码盘和接收数据编辑框
    private EditText speedText, encoderText, show;
    // 图片
    private ImageView showView;
    //Wi-Fi管理器
    private WifiManager wifiManager;
    // 服务器管理器
    private DhcpInfo dhcpInfo;
    // 小车 IP
    private String IPCar;
    // 摄像头 IP
    private String IPCamera;
    //socket 类
    private Client client;
```

```java
// 接收传感器
long psStatus=0;                          // 状态
long UltraSonic=0;                        // 超声波
long Light=0;                             // 光照
long CodedDisk=0;                         // 码盘值
private byte[] mByte=new byte[11];
// 速度与码盘值
private int sp_n, en_n;
// 报警器, 指示灯, 蜂鸣器, 红外, 颜色
int k=3, i=3, h=1, m=-1, c=-1,zg=-1;
// 接收显示小车发送的数据
private Handler rehHandler=new Handler() {
    public void handleMessage(android.os.Message msg) {
        if(msg.what==1) {
        mByte=(byte[]) msg.obj;
        if(mByte[0]==0x55&&mByte[1]==(byte) 0xaa) {
            // 光敏状态
            psStatus=mByte[3]&0xff;
            // 超声波数据
            UltraSonic=mByte[5]&0xff;
            UltraSonic=UltraSonic<<8;
            UltraSonic+= mByte[4]&0xff;
            // 光照强度
            Light=mByte[7]&0xff;
            Light=Light<<8;
            Light+=mByte[6]&0xff;
            // 码盘
            CodedDisk=mByte[9]&0xff;
            CodedDisk=CodedDisk<<8;
            CodedDisk+=mByte[8]&0xff;
            // 显示数据
            show.setText("超声波:"+UltraSonic+"mm 光照:"+Light+"lx"+"\n"+
" 码盘:"+CodedDisk+" 光敏状态:"+psStatus+" 状态:"+(mByte[2]));
            }
        }
    };
};
// 广播名称
public static final String A_S="com.a_s";
// 广播接收器
private BroadcastReceiver myBroadcastReceiver = new BroadcastReceiver() {
    public void onReceive(Context arg0, Intent arg1) {
```

学习笔记

```
                IPCamera=arg1.getStringExtra("IP");
                phThread.start();

            }
    };
    // 图片
    private Bitmap bitmap;
    // 摄像头工具
    private CameraCommandUtil cameraCommandUtil;
    public boolean flag_camera;
    // 开启线程接收摄像头当前图片
    private Thread phThread=new Thread(new Runnable() {
        public void run() {
            while(true)
                getBitmap();
        }
    });
    // 显示图片
    public Handler phHandler=new Handler() {
        public void handleMessage(Message msg) {
            if(msg.what==10) {
            showView.setImageBitmap(bitmap);
            }
        }
    };

    public void getBitmap() {
        bitmap=cameraCommandUtil.httpForImage(IPCamera);
        phHandler.sendEmptyMessage(10);
    }

    // 搜索摄像cameraIP进度条
    private void search() {
        Intent intent=new Intent();
        intent.setClass(MainActivity.this, SearchService.class);
        startService(intent);
    }

    // 创建生命周期
    @Override
    protected void onCreate(Bundle savedInstanceState) {
        super.onCreate(savedInstanceState);
```

```
    setContentView(R.layout.activity_main);
    // 注册广播
    IntentFilter intentFilter=new IntentFilter();
    intentFilter.addAction(A_S);
    registerReceiver(myBroadcastReceiver, intentFilter);
    // 搜索摄像头图片工具
    cameraCommandUtil=new CameraCommandUtil();
    search();
    // 得到服务器的 IP 地址
    wifiManager=(WifiManager) getSystemService(Context.WIFI_SERVICE);
    dhcpInfo=wifiManager.getDhcpInfo();
    IPCar=Formatter.formatIpAddress(dhcpInfo.gateway);
    // 控件初始化
    init();
    // 同服务器连接
    client=new Client();
    client.connect(rehHandler, IPCar);
}

private final int MINLEN=30;
private float x1=0;
private float x2=0;
private float y1=0;
private float y2=0;

// 初始化方法
private void init() {
    // 前后左右
    upbtn=(ImageButton) findViewById(R.id.upbtn);
    downbtn=(ImageButton) findViewById(R.id.downbtn);
    leftbtn=(ImageButton) findViewById(R.id.leftbtn);
    rightbtn=(ImageButton) findViewById(R.id.rightbtn);
    // 停循迹
    stopbtn=(Button) findViewById(R.id.stopbtn);
    trackbtn=(Button) findViewById(R.id.trackbtn);
    // 其他
    lightbtn=(Button) findViewById(R.id.lightbtn);
    infrarebtn=(Button) findViewById(R.id.infrarebtn);
    buzzerbtn=(Button) findViewById(R.id.buzzerbtn);
    qrbtn=(Button) findViewById(R.id.qrbtn);
    zigbeebtn=(Button) findViewById(R.id.zigbeebtn);
    ledbtn=(Button) findViewById(R.id.LEDbtn);
```

```java
// 速度和码盘编辑框
speedText=(EditText) findViewById(R.id.speedText);
encoderText=(EditText) findViewById(R.id.encoderText);
// 接收到的数据显示框
show=(EditText) findViewById(R.id.show);
// 摄像头图片
showView=(ImageView) findViewById(R.id.showView);
// 前进、后退、左右、停止和循迹按钮监听
upbtn.setOnClickListener(this);
downbtn.setOnClickListener(this);
leftbtn.setOnClickListener(this);
rightbtn.setOnClickListener(this);
stopbtn.setOnClickListener(this);
trackbtn.setOnClickListener(this);
// 其他按钮监听
lightbtn.setOnClickListener(this);
infrarebtn.setOnClickListener(this);
buzzerbtn.setOnClickListener(this);
qrbtn.setOnClickListener(this);
zigbeebtn.setOnClickListener(this);
ledbtn.setOnClickListener(this);
showView.setOnTouchListener(new OnTouchListener() {
    @Override
    public boolean onTouch(View v, MotionEvent event) {
        switch (event.getAction()& MotionEvent.ACTION_MASK) {
        case MotionEvent.ACTION_DOWN:
         x1=event.getX();
         y1=event.getY();
         break;
        case MotionEvent.ACTION_UP:
         x2=event.getX();
         y2=event.getY();

         float xx=x1>x2?x1-x2:x2-x1;
         float yy=y1>y2?y1-y2:y2-y1;
         if(xx > yy) {
            if((x1>x2)&&(xx>MINLEN)) {// 左转
                cameraCommandUtil.postHttp(IPCamera,4,1);
            } else if((x1<x2)&&(xx>MINLEN)) {// 右转
                cameraCommandUtil.postHttp(IPCamera,6,1);
            }
         } else {
```

```
            if((y1>y2)&&(yy>MINLEN)) {// 下翻
                cameraCommandUtil.postHttp(IPCamera,2,1);
            } else if((y1<y2)&&(yy>MINLEN)) {// 上翻
                cameraCommandUtil.postHttp(IPCamera,0,1);
                }
            }
            x1=0;
            x2=0;
            y1=0;
            y2=0;
            break;
        }
        return true;
    }
});
}


// 单击事件处理方法
@Override
public void onClick(View v) {
    sp_n=getSpeed();
    en_n=getEncoder();
    switch(v.getId()) {
    case R.id.upbtn:                              // 前进
        client.MAJOR=0x02;
        client.FIRST=(byte) (sp_n&0xFF);
        client.SECOND=(byte) (en_n&0xff);
        client.THRID=(byte) (en_n>>8);
        client.send();
        break;
    case R.id.downbtn:                            // 后退
        client.MAJOR=0x03;
        client.FIRST=(byte) (sp_n&0xFF);
        client.SECOND=(byte) (en_n&0xff);
        client.THRID=(byte) (en_n>>8);
        client.send();
        break;
    case R.id.leftbtn:                            // 左转
        client.MAJOR=0x04;
        client.FIRST=(byte) (sp_n&0xFF);
        client.SECOND=0x00;
        client.THRID=0x00;
```

学习笔记

```
                            client.send();
                            break;
                    case R.id.rightbtn:                      // 右转
                        client.MAJOR=0x05;
                        client.FIRST=(byte)(sp_n&0xFF);
                        client.SECOND=0x00;
                        client.THRID=0x00;
                        client.send();
                        break;
                    case R.id.stopbtn:                       // 停止
                        client.MAJOR=0x01;
                        client.FIRST=0x00;
                        client.SECOND=0x00;
                        client.THRID=0x00;
                        client.send();
                        break;
                    case R.id.trackbtn:                      // 循迹
                        client.MAJOR=0x06;
                        client.FIRST=(byte)(sp_n & 0xFF);
                        client.SECOND=0x00;
                        client.THRID=0x00;
                        client.send();
                        break;
                    case R.id.lightbtn:                      // 指示灯
                        lightController();
                        break;
                    case R.id.buzzerbtn:                     // 蜂鸣器
                        buzzerController();
                        break;
                    case R.id.infrarebtn:                    // 红外线
                        Builder infrare_builder=new AlertDialog.Builder(Main
Activity.this);
                        infrare_builder.setTitle(" 红外 ");
                        String[] infrare_item={ "报警器", "图片器", "档位器",
"风扇" };

                        infrare_builder.setSingleChoiceItems(infrare_item,
m,new DialogInterface.OnClickListener() {
                            @Override
                            public void onClick(DialogInterface dialog,int which) {
                                    if(which==0) {      // 报警
                                            policeController();
```

```
                } else if(which==1) {// 图片
                    pictureController();
                } else if(which==2) {// 档位
                    gearController();
                } else if(which==4) {// 风扇
                    client.fan();
                }
                dialog.cancel();
            }
        });
        infrare_builder.create().show();
        break;
    case R.id.qrbtn:                            // 二维码识别
        qrHandler.sendEmptyMessage(10);
        break;
    case R.id.LEDbtn:                           //LED 灯
        ledController();
        break;
    case R.id.zigbeebtn:                        //zigbee 应用
        Builder zg_builder=new AlertDialog.Builder(MainActivity.
this);
        zg_builder.setTitle("zigbee");
        String[] zg_item={ " 闸门 ", " 数码管 " };
        zg_builder.setSingleChoiceItems(zg_item, zg,
                new DialogInterface.OnClickListener() {
                    @Override
                    public void onClick(DialogInterface dialog,
int which) {
                        if(which==0) {          // 闸门
                            gateController();
                        } else if (which==1) { // 数码管
            digitalController();
                        }
                        dialog.cancel();
                    }
                });
        zg_builder.create().show();
        break;
    default:
        break;
    }
}
```

```java
// 指示灯遥控器
private void lightController() {
    AlertDialog.Builder lt_builder=new AlertDialog.Builder(
            MainActivity.this);
    lt_builder.setTitle("指示灯");
    String[] item={ "左亮", "全亮", "右亮", "全灭" };
    lt_builder.setSingleChoiceItems(item, i,
            new DialogInterface.OnClickListener() {

                @Override
                public void onClick(DialogInterface dialog,
int which) {
                        if(which==0) {
                            client.light(1, 0);
                            i=00;
                        } else if(which==1) {
                            client.light(1, 1);
                            i=01;
                        } else if(which==2) {
                            client.light(0, 1);
                            i=02;
                        } else if(which==3) {
                            client.light(0, 0);
                            i=03;
                        }
                        dialog.dismiss();
                }
            });
    lt_builder.create().show();
}

// 蜂鸣器
private void buzzerController() {
    AlertDialog.Builder build=new AlertDialog.Builder(MainActivity.
this);
    build.setTitle("蜂鸣器");
    String[] im={ "开", "关" };
    build.setSingleChoiceItems(im, h,
            new DialogInterface.OnClickListener() {
                @Override
                public void onClick(DialogInterface dialog, int
which) {
```

学习笔记

```
        // 在此处写代码
        if(which==0) {
            // 打开蜂鸣器
            client.buzzer(1);
            h=0;
        } else if (which==1) {
            // 关闭蜂鸣器
            client.buzzer(0);
            h=1;
        }
        dialog.dismiss();
        }
    });
    build.create().show();
}


// 报警器
private void policeController() {
    AlertDialog.Builder police=new AlertDialog.Builder(MainActivity.this);
    police.setTitle(" 报警器 ");
    String[] item2={ " 开 ", " 关 " };
    police.setSingleChoiceItems(item2, k,
            new DialogInterface.OnClickListener() {
                @Override
                public void onClick(DialogInterface dialog, int which) {
                    // 在此处写代码
                    if(which==0) {
                        // 打开报警器
                        //0x03 0x05 0x14 0x45 0xDE 0x92
                        client.infrared((byte) 0x03, (byte) 0x05,
                                (byte) 0x14, (byte) 0x45, (byte) 0xDE,
                                (byte) 0x92);
                        k=0;
                    } else if (which==1) {
                        // 关闭报警器
                        //0x67 0x34 0x78 0xA2 0xFD 0x27
                        client.infrared((byte) 0x67, (byte) 0x34,
                                (byte) 0x78, (byte) 0xA2, (byte) 0xFD,
                                (byte) 0x27);
                        k=1;
                    }
                    dialog.dismiss();
```

```
                    }
                });
            police.create().show();
        }

        private int pt_index=-1;                // 图片指标

        private void pictureController() {
            Builder pt_builder=new AlertDialog.Builder(MainActivity.this);
            pt_builder.setTitle("图片遥控器");
            String[] pt_item={ "上翻", "下翻" };
            pt_builder.setSingleChoiceItems(pt_item, pt_index,
                    new DialogInterface.OnClickListener() {

                        @Override
                        public void onClick(DialogInterface dialog,
int which) {
                            // 在此处写代码
                            if(which==0) {
                                client.picture(1);
                                pt_index=0;
                            } else if (which==1) {
                                client.picture(0);
                                pt_index=1;
                            }
                            dialog.dismiss();
                        }
                });
            pt_builder.create().show();
        }

        // 档位控制
        private int gr_index=-1;

        private void gearController() {
            Builder gr_builder=new AlertDialog.Builder(MainActivity.
this);
            gr_builder.setTitle("档位遥控器");
            String[] gr_item={ "光强加1档", "光强加2档", "光强加3档" };
            gr_builder.setSingleChoiceItems(gr_item, gr_index,
                    new DialogInterface.OnClickListener() {
```

学习笔记

```
            @Override
            public void onClick(DialogInterface dialog, int which) {
                // 在此处写代码
                if(which==0) {
                    client.gear(1);
                    gr_index=0;
                } else if(which==1) {
                    client.gear(2);
                    gr_index=1;
                } else if(which==2) {
                    client.gear(3);
                    gr_index=2;
                }
                dialog.dismiss();
            }
        });
    gr_builder.create().show();
}

private String[] itmes={ "1", "2" };
int main, one, two, three;

private void digitalController() {

    AlertDialog.Builder dg_Builder=new AlertDialog.Builder(
            MainActivity.this);
    View view=LayoutInflater.from(MainActivity.this).inflate(
            R.layout.item_digital, null);
    dg_Builder.setTitle("数码管");
    dg_Builder.setView(view);
    Spinner spinner=(Spinner) view.findViewById(R.id.spinner);
    final EditText editText1=(EditText) view.findViewById(R.
id.editText1);
    final EditText editText2=(EditText) view.findViewById(R.
id.editText2);
    final EditText editText3=(EditText) view.findViewById(R.
id.editText3);
    ArrayAdapter<String> adapter=new ArrayAdapter<String>(
            MainActivity.this, android.R.layout.simple_spinner_
item, itmes);
    spinner.setAdapter(adapter);
    spinner.setOnItemSelectedListener(new OnItemSelectedListener() {
```

```
        @Override
        public void onItemSelected(AdapterView<?> parent, View view,
                int position, long id) {
            main=position + 1;
        }


        @Override
        public void onNothingSelected(AdapterView<?> parent) {


        }
});
dg_Builder.setPositiveButton("确定",
        new DialogInterface.OnClickListener() {

            @Override
            public void onClick(DialogInterface dialog, int which) {
                //TODO Auto-generated method stub
                String ones=editText1.getText().toString();
                String twos=editText2.getText().toString();
                String threes=editText3.getText().toString();
                if(ones.equals(""))
                    one=0x00;
                else
                    one=Integer.parseInt(ones) / 10*16
                            + Integer.parseInt(ones) % 10;
                if(twos.equals(""))
                    two=0x00;
                else
                    two=Integer.parseInt(twos) / 10*16
                            + Integer.parseInt(twos) % 10;
                if(threes.equals(""))
                    three=0x00;
                else
                    three=Integer.parseInt(threes) / 10*16
                            + Integer.parseInt(threes) % 10;
                client.digital(main, one, two, three);
            }
        });
dg_Builder.setNegativeButton("取消",
        new DialogInterface.OnClickListener() {
```

```
                @Override
                public void onClick(DialogInterface dialog, int which) {
                    // 在此处写代码
                    dialog.cancel();
                }
            });
        dg_Builder.create().show();

    }

    private int ld=-1;

    private void ledController() {//LED 灯
        AlertDialog.Builder builder1=new AlertDialog.Builder(
                MainActivity.this);
        builder1.setTitle("LED 灯 ");
        String[] item1={ " 亮绿灯 ", " 亮红灯 " };
        builder1.setSingleChoiceItems(item1, ld,
                new DialogInterface.OnClickListener() {

                    @Override
                    public void onClick(DialogInterface dialog, int which) {
                        // 在此处写代码
                        if(which==0) {
                            client.lamp((byte) 0xAA);
                            ld=0;
                        } else if(which==1) {
                            client.lamp((byte) 0x55);
                            ld=1;
                        }
                        dialog.dismiss();
                    }
                });
        builder1.create().show();
    }

    private int g=-1;

    // 闸门方法
    private void gateController() {
        Builder gt_builder=new AlertDialog.Builder(MainActivity.this);
        gt_builder.setTitle(" 闸门控制 ");
```

```java
            String[] gt={ "开", "关" };
            gt_builder.setSingleChoiceItems(gt, g,
                    new DialogInterface.OnClickListener() {
                        @Override
                        public void onClick(DialogInterface dialog, int which) {
                        // 在此处写代码
                            if(which==0) {
                                // 打开闸门
                                client.gate(1);
                                g=0;
                            } else if(which==1) {
                                // 关闭闸门
                                client.gate(2);
                                g=1;
                            }
                            dialog.dismiss();
                        }
                    });
        gt_builder.create().show();
    }

    private Timer timer;
    private String result_qr;
    // 二维码、车牌处理
    Handler qrHandler=new Handler() {
        public void handleMessage(Message msg) {
            switch (msg.what) {
            case 10:
                timer=new Timer();
                timer.schedule(new TimerTask() {
                    @Override
                    public void run() {
                        // 在此处写代码
                        Result result=null;
                        RGBLuminanceSource rSource=new RGBLuminanceSource(
                                bitmap);
                        try {
                            BinaryBitmap binaryBitmap=new BinaryBitmap(
                                new HybridBinarizer(rSource));
                            Map<DecodeHintType, String> hint=new HashMap
<DecodeHintType, String>();
                            hint.put(DecodeHintType.CHARACTER_SET,
"utf-8");
```

```
                    QRCodeReader reader=new QRCodeReader();
                    result=reader.decode(binaryBitmap, hint);
                    if(result.toString() != null) {
                        timer.cancel();
                        result_qr=result.toString();
                        qrHandler.sendEmptyMessage(20);
                    }

                } catch (NotFoundException e) {
                    e.printStackTrace();
                } catch (ChecksumException e) {
                    e.printStackTrace();
                } catch (FormatException e) {
                    e.printStackTrace();
                }
            }
        }, 0, 200);
        break;
    case 20:
        Toast.makeText(MainActivity.this, result_qr,
1).show();
        break;
    default:
        break;
    }
    };
};


// 速度和码盘方法
private int getSpeed() {
    String src=speedText.getText().toString();
    int speed=40;
    if(!src.equals("")) {
        speed=Integer.parseInt(src);
    } else {
        Toast.makeText(MainActivity.this, "请输入速度值", Toast.
LENGTH_LONG).show();
    }
    return speed;
}

private int getEncoder() {
```

学习笔记

```
            String src=encoderText.getText().toString();
            int encoder=70;
            if(!src.equals("")) {
                encoder=Integer.parseInt(src);
            } else {
                Toast.makeText(MainActivity.this, "", Toast.LENGTH_
SHORT).show();
            }
            return encoder;
        }
    }
```

（4）Client 类程序清单。

```
package com.bkrcl.carvideo_control.socket;

import java.io.DataInputStream;
import java.io.DataOutputStream;
import java.io.IOException;
import java.net.Socket;
import java.net.UnknownHostException;
import java.util.Timer;
import java.util.TimerTask;
import android.os.Handler;
import android.os.Message;

public class Client {
    private int port=60000;
    private DataInputStream bInputStream;
    private DataOutputStream bOutputStream;
    private Socket socket;
    private byte[] rbyte=new byte[512];
    private Timer timer;
    public byte TYPE=(byte) 0xAA;
    public byte MAJOR=0x00;
    public byte FIRST=0x00;
    public byte SECOND=0x00;
    public byte THRID=0x00;
    public static byte[] openbyte=new byte[6];
    public static byte[] closesbyte=new byte[6];
    private Thread reThread=new Thread(new Runnable() {
        @Override
        public void run() {
            // 在此处写代码
```

```
while(socket!=null&&!socket.isClosed()) {
try {
bInputStream.read(rbyte);
} catch (IOException e) {
// 自动生成的捕获块
        e.printStackTrace();
    }
  }
}
});


public void connect(final Handler handler, String IP) {
    try {
        socket=new Socket(IP, port);
        bInputStream=new DataInputStream(socket.getInputStream());
        bOutputStream=new DataOutputStream(socket.getOutputStream());
        reThread.start();
        Message message=new Message();
        message.obj=rbyte;
        timer=new Timer();
        timer.schedule(new TimerTask() {
            @Override
            public void run() {
                Message message=new Message();
                message.obj=rbyte;
                message.what=1;
                handler.sendMessage(message);
            }
        }, 0, 500);
    } catch(UnknownHostException e) {
        // 自动生成的捕获块
        e.printStackTrace();
    } catch (IOException e) {
        // 自动生成的捕获块
        e.printStackTrace();
    }
}


public void send() {
    try {
        // 发送数据字节数组
        byte[] sbyte={ 0x55, (byte) TYPE, MAJOR, FIRST, SECOND, THRID };
```

```java
                bOutputStream.write(sbyte, 0, sbyte.length);
                bOutputStream.flush();
        } catch (IOException e) {
                e.printStackTrace();
        }
    }
    // 红外
    public void infrared(byte one, byte two, byte thrid, byte
four, byte five, byte six) {
        MAJOR=0x10;
        FIRST=one;
        SECOND=two;
        THRID=thrid;
        send();
        yanchi(1000);
        MAJOR=0x11;
        FIRST=four;
        SECOND=five;
        THRID=six;
        send();
        yanchi(1000);
        MAJOR=0x12;
        FIRST=0x00;
        SECOND=0x00;
        THRID=0x00;
        send();
        yanchi(2000);
    }

    // 双色 LED 灯
    public void lamp(byte command) {
        MAJOR=0x40;
        FIRST=command;
        SECOND=0x00;
        THRID=0x00;
        send();
    }

    // 指示灯
    public void light(int left, int right) {
        if(left==1 && right==1) {
            MAJOR=0x20;
```

```
                FIRST=0x01;
                SECOND=0x01;
                THRID=0x00;
                send();
            } else if(left==1 && right==0) {
                MAJOR=0x20;
                FIRST=0x01;
                SECOND=0x00;
                THRID=0x00;
                send();
            } else if(left==0 && right==1) {
                MAJOR=0x20;
                FIRST=0x00;
                SECOND=0x01;
                THRID=0x00;
                send();
            } else if(left==0 && right==0) {
                MAJOR=0x20;
                FIRST=0x00;
                SECOND=0x00;
                THRID=0x00;
                send();
            }
    }
    //蜂鸣器
    public void buzzer(int i) {
        if(i==1)
            FIRST=0x01;
        else if(i==0)
            FIRST=0x00;
        MAJOR=0x30;
        SECOND=0x00;
        THRID=0x00;
        send();
    }

    public void picture(int i) {     // 图片上翻和下翻
        if(i==1)
            MAJOR=0x50;
        else
            MAJOR=0x51;
        FIRST=0x00;
```

学习笔记

```
            SECOND=0x00;
            THRID=0x00;
            send();
    }

    public void gear(int i) {        // 光照档位加
        if(i==1)
            MAJOR=0x61;
        else if(i==2)
            MAJOR=0x62;
        else if(i==3)
            MAJOR=0x63;
        FIRST=0x00;
        SECOND=0x00;
        THRID=0x00;
        send();
    }
    public void fan(){               // 风扇
        MAJOR=0x70;
        FIRST=0x00;
        SECOND=0x00;
        THRID=0x00;
        send();
    }
    public void gate(int i){         // 闸门
        if(i==1){
            TYPE=0x03;
            MAJOR=0x01;
            FIRST=0x01;
            SECOND=0x00;
            THRID=0x00;
            send();
        }
        else if(i==2){
            TYPE=0x03;
            MAJOR=0x01;
            FIRST=0x02;
            SECOND=0x00;
            THRID=0x00;
            send();
        }
        TYPE=(byte) 0xAA;
```

```
        }
    public void digital(int i,int one,int two,int three){// 数码管
        TYPE=0x04;
        if(i==1){
            MAJOR=0x01;
            FIRST=(byte) one;
            SECOND=(byte) two;
            THRID=(byte) three;
        }
        else if(i==2){
            MAJOR=0x02;
            FIRST=(byte) one;
            SECOND=(byte) two;
            THRID=(byte) three;
        }
        send();
        TYPE=(byte) 0xAA;
    }
    // 沉睡
    public void yanchi(int time) {
        try {
            Thread.sleep(time);
        } catch (InterruptedException e) {
            //TODO Auto-generated catch block
            e.printStackTrace();
        }
    }
}
```

（5）SearchService 类程序实现清单。

```
package com.bkrcl.carvideo_control.service;

import android.app.Service;
import android.content.Intent;
import android.os.Handler;
import android.os.IBinder;
import android.os.Message;

import com.bkrcl.carvideo_control.MainActivity;
import com.bkrcl.control_car_video.camerautil.SearchCameraUtil;

public class SearchService extends Service{
    // 搜索摄像头 IP 类
```

```java
    private SearchCameraUtil searchCameraUtil=null;
    // 摄像头 IP
    private String IP=null;
    @Override
    public IBinder onBind(Intent arg0) {
        // 在此处写代码
        return null;
    }
    @Override
    public void onCreate() {
        // 在此处写代码
        super.onCreate();
                thread.start();

    }
    private Thread thread=new Thread(new Runnable() {

        public void run() {
        // 在此处写代码
            while(IP==null||IP.equals("")){
            searchCameraUtil=new SearchCameraUtil();
                IP=searchCameraUtil.send();
                try {
                    Thread.sleep(1000);
                } catch (InterruptedException e) {
                    // 自动生成的捕获块
                    e.printStackTrace();
                }
            }
            handler.sendEmptyMessage(10);
        }
    });
    private Handler handler=new Handler(){
        public void handleMessage(Message msg) {
            if(msg.what==10){
                Intent intent=new Intent(MainActivity.A_S);
                intent.putExtra("IP", IP+":81");
                sendBroadcast(intent);
                SearchService.this.stopSelf();
            }
        };
    };
```

```
    @Override
    public int onStartCommand(Intent intent, int flags, int startId) {
        // 在此处写代码
        return super.onStartCommand(intent, flags, startId);
    }
    @Override
    public void onDestroy() {
        // 在此处写代码
        super.onDestroy();
    }

}
```

3. 其他功能程序

其余程序可参考前面任务自行添加、编写。

思考练习

1. 操作实践：完成 Android 智能移动终端嵌入式智能车型机器人的自动控制，可根据实际情况完成一些其他任务。

2. 操作实践：通过编写 Android 和 stm32 程序，控制沙盘中的标志物，完成响应识别、数据采集功能。

任务10　实现
Andoird 智能车型
机器人全功能评
价表

通信协议

学习笔记

平板向小车发送命令的数据结构如表 A.1 所示。

表 A.1　平板向小车发送命令的数据结构

0x55	0xAA	0xXX	0xXX	0xXX	0xXX	0xXX	0xBB
包头		主指令		副指令		校验和	包尾

数据由 8 位字节组成，前两位字节为数据包头固定不变，第 3 位字节为主指令，第 4 ~ 6 位字节为副指令，第 7 位为主指令和 3 位副指令的直接求和并对 256 取余得到校验值（以下校验和均是这样定义），第 8 位为数据包尾固定不变。

注意：在本协议中数据格式若无特殊说明，一般默认格式为十六进制。

主指令及说明如表 A.2 所示。

表 A.2　主指令及说明

主指令	说　明	主指令	说　明
0x01	竞赛平台停止	0x20	指示灯
0x02	竞赛平台前进	0x30	蜂鸣器
0x03	竞赛平台后退	0x40	双色 LED 灯
0x04	竞赛平台左转	0x50	相框照片上翻
0x05	竞赛平台右转	0x51	相框照片下翻
0x06	竞赛平台循迹	0x61	光源档位加 1
0x07	码盘清零	0x62	光源档位加 2
0x10	前 3 字节红外数据	0x63	光源档位加 3
0x11	后 3 字节红外数据	0x80	竞赛平台上传运输标志物数据
0x12	发射 6 字节红外数据		

主指令对应副指令功能如表 A.3 所示。

表 A.3 主指令对应副指令功能

主 指 令	副 指 令		
0x01	0x00	0x00	0x00
0x02	速度值	码盘低 8 位	码盘高 8 位
0x03	速度值	码盘低 8 位	码盘高 8 位
0x04	速度值	0x00	0x00
0x05	速度值	0x00	0x00
0x06	速度值	0x00	0x00
0x07	0x00	0x00	0x00
0x10	红外数据 [1]	红外数据 [2]	红外数据 [3]
0x11	红外数据 [4]	红外数据 [5]	红外数据 [6]
0x12	0x00	0x00	0x00
0x20	0x01/0x00（开 / 关）左灯	0x01/0x00（开 / 关）右灯	0x00
0x30	0x01/0x00（开 / 关）	0x00	0x00
0x40	0x55/0xAA（红灯 / 绿灯）	0x00	0x00
0x50	0x00	0x00	0x00
0x51	0x00	0x00	0x00
0x60	0x00	0x00	0x00
0x61	0x00	0x00	0x00
0x62	0x00	0x00	0x00
0x63	0x00	0x00	0x00
0x80	0x01/0x00（允许 / 禁止）	0x00	0x00

注：速度值取值范围为 0 ～ 100；码盘值取值范围为 0 ～ 65 635。

平板控制从车数据结构如表 A.4 所示。

表 A.4 平板控制从车数据结构

0x55	0x02	0xXX	0xXX	0xXX	0xXX	0xXX	0xBB
包头	主指令	副指令				校验和	包尾

说明：平板控制从车，其指令结构除去包头不完全一致之外，主指令和副指令是完全一致的。

平板控制道闸数据结构如表 A.5 所示。

表 A.5　平板控制道闸数据结构

0x55	0x03	0x01	0x01/0x02 （打开 / 关闭）	0x00	0x00	0xXX	0xBB
包头	主指令	副指令				校验和	包尾

说明：主指令 0x01 代表一号道闸，第一位副指令 0x01 控制道闸打开，0x02 控制道闸关闭，后两位副指令保留不用。

平板控制数码管发送数据结构如表 A.6 所示。

表 A.6　平板控制数码管发送数据结构

0x55	0x04	0xXX	0xXX	0xXX	0xXX	0xXX	0xBB
包头	主指令	副指令				校验和	包尾

说明：本组数据由 8 个字节构成，包括两字节固定包头，一字节主指令，三字节副指令，一字节校验和，一字节包尾。

控制数码等显示标志物主指令及说明如表 A.7 所示。

表 A.7　控制数码管显示标志物主指令及说明

主 指 令	说　明
0x01	数据写入第一排数码管
0x02	数据写入第二排数码管
0x03	数码管显示标志物进入计时模式
0x04	数码管显示标志物第二排显示距离

控制数码管显示标志物主指令对应副指令如表 A.8 所示。

表 A.8　控制数码管显示标志物主指令对应副指令

主 指 令	副 指 令		
0x01	数据 [1]、数据 [2]	数据 [3]、数据 [4]	数据 [5]、数据 [6]
0x02	数据 [1]、数据 [2]	数据 [3]、数据 [4]	数据 [5]、数据 [6]
0x03	0x00/0x01/0x02 （关闭 / 打开 / 清零）	0x00	0x00
0x04	0x00	0x0X	0xXX

说明：数码管显示标志物在第二排显示距离时，第二位和第三位副指令中的 X 代表要显示的距离值（注意：距离显示格式为十进制）。

码盘信息附加表如表 A.9 所示。

表 A.9　码盘信息附加表

车轮旋转圈数	电动机旋转圈数	脉冲数	车轮直径 /mm	路程 /mm
1	80	160	68	213.52

小车向平板发送参数的数据结构如表 A.10 所示。

表 A.10　小车向平板发送参数的数据结构

0x55	0xAA	0xXX	0xXX	0xXX	0xXX	0xXX	0xXX	0xXX	0xXX
包头		小车运行状态	光敏状态	超声波低 8 位	超声波高 8 位	光照低 8 位	光照高 8 位	码盘低 8 位	码盘高 8 位

此数据由 10 个字节组成。其中前两个字节为固定值，属于包头；第 3 个字节为可变的数据，属于小车循迹过程中的当前状态值；第 4 位字节为可变的数据，数据变化范围为 0 或者 1，属于任务板上当前光敏状态；第 5 位与第 6 位字节为可变的数据，属于当前超声波数据；第 7 位与第 8 位字节为可变的数据，属于当前环境中光照强度数据；后两位字节为可变的数据，属于当前码盘值。

小车运行状态表如表 A.11 所示。

表 A.11　小车运行状态表

小车运行状态值	状态说明
0x00	循迹状态
0x01	十字路口状态
0x02	转弯完成
0x03	倒车完成
0x04	出循迹线
0x05	道闸打开完成

Wi-Fi 配置

学习笔记

在这里以嵌入式车型机器人 16 号为例，讲解 Wi-Fi 的有线配置方法。

嵌入式车型机器人的初始化 Wi-Fi 模块的 ID 为 BKRC_CAR 加数字，初始化的密码为 13245678。据此，通过计算机 Wi-Fi 与嵌入式车型机器人进行连接。连接成功后，在浏览器中输入 192.168.16.254（说明：IP 的命名规则为 192.168. 车编号 .254），在这里的登录用户名为 admin，密码为 admin。成功登录后进入图 B.1 所示的初始化页面。

图 B.1　初始化界面

在这里，网络模式选择默认模式。同时，可以在 Password 中输入自设的密码，其他不需要设置。在以上所有设置成功后 Wi-Fi 模块会自动重启。

在 Wi-Fi 设置成功以后，需要在 PC 端查看摄像头。此时，需要将配带的网线一端插入摄像头的网口，另一端插入 PC 端的网口。要注意摄像头上电。打开软件 app-find-vstarcam.exe，在"网络摄像机 – 查找器"窗口的软件摄像机列表下面会显示当前连接的摄像头，以及摄像头的 IP 地址，如图 B.2 所示。

图 B.2　查看摄像机列表

再确定摄像头 IP 地址的网段。这里是 192.168.16 网段的，所以下面设置本地连接时的 IP 地址也应是 192.168.16 网段的，这样才能确保 PC 可以访问到摄像头。接下来设置 PC 本地连接的 IP 地址，在"我的电脑"→"网络"→"网络和共享中心"→"更改适配器设置"→"本地连接"→"Internet 协议版本 4（TCP/IPv4）"中进行设置。需要大家注意的是，IP 地址应该与当前摄像头位于相同的网段，本例中的 IP 网段是 192.168.1.16，产品的网段规则为 192.168. 车编号网段。然后，关闭 PC 的防火墙。关闭 app-find-vstarcam.exe。重新打开，选择图 B.3 所示的模式，双击图中方框圈出的位置。

图 B.3　选择模式

在摄像头管理页面，选择 IE 浏览器登录模式，查看摄像头是否正常显示画面，以及是否可以正常转动。登录时，用户名为 admin，密码为 888888。进入摄像头管理页面后，单击"设置"按钮，进入摄像头设置页面，依次选择"网络设置"→"无线局域网设置"→"搜索"，选中刚刚设置好的 Wi-Fi 模块，然后输入自己设置的密码。设置成功后摄像头会自动重启。拔掉连在摄像头上的网线，即可完成摄像头重新绑定 Wi-Fi 模块。

电路图形符号对照表

学习笔记	软件中的画法	国家标准中的画法